现代民用航空燃气涡轮发动机

赵洪利　编著

U0273723

中国民航出版社

图书在版编目（CIP）数据

现代民用航空燃气涡轮发动机/赵洪利编著．—北京：中国民航出版社，2010.6
ISBN 978-7-80110-985-9

Ⅰ.①现… Ⅱ.①赵… Ⅲ.①民用飞机 - 航空发动机 - 燃气轮机 Ⅳ.①V235.1

中国版本图书馆 CIP 数据核字（2010）第 109623 号

责任编辑：姚祖梁　李婷婷

现代民用航空燃气涡轮发动机

赵洪利　编著

出版	中国民航出版社
地址	北京市朝阳区光熙门北里甲 31 号楼（100028）
排版	中国民航出版社照排室
印刷	北京金吉士印刷有限责任公司
发行	中国民航出版社（010）64297307　64290477
开本	787×1092　1/16
印张	22.5
字数	506 千字
印数	1000 册
版本	2010 年 10 月第 1 版　2010 年 10 月第 1 次印刷

书号　ISBN 978-7-80110-985-9
定价　52.00 元

（如有印装错误，本社负责调换）

前　言

　　发动机系统是民用航空发动机维修技术人员需要深刻了解的内容，各系统是发动机日常维护的重要内容。一直以来想写一本适合于从事民用航空工作的技术人员、维护人员和学生的关于燃气涡轮发动机的书，以求突出民航特点。

　　本书详细介绍了航空发动机各系统的组成、功用、工作原理、最新技术、维护特点和维护中容易出现的问题，力求联系实际，为读者实际工作提供参考。本书在介绍发动机原理时力求简洁明了，突出各部件的工作原理和各部件对发动机性能的影响，以及工作中各部件容易出现的问题，以便读者在实际工作中能应用这些知识来分析判断发动机的性能问题和故障问题，解决工作中遇到的实际问题。本书可作为民航院校学生的教材和参与民航维护工作的技术人员系统地学习航空燃气涡轮发动机的参考用书。

　　本书在编写过程中，借鉴了罗·罗公司、通用电气公司、波音公司和空客公司培训手册和飞机维护手册中的相关资料。

　　由于编者学术水平有限，书中难免有不当之处，敬请读者提出宝贵意见。

　　在本书的编写过程中，中国民航－罗·罗公司培训中心的陈玉宝经理给予了极大的帮助，在此表示衷心的感谢。

目　录

第一章 燃气涡轮喷气发动机概述

第一节 喷气推进发动机的类型

涡轮喷气发动机工作的依据就是喷气推进理论，很早以前人们就发现了这一现象，但真正的涡轮喷气发动机直到20世纪40年代才被发明出来。涡轮喷气发动机是通过把热能转换为动能，使大量的气体向后移动来产生向前的推力。这一设计的根据是牛顿第三定律，即每一作用力都有一与其大小相等、方向相反的反作用力。对于涡轮喷气发动机来说，这一作用力就是迫使大量气体向后流动而排出发动机的力。空气从发动机进口以一定的速度（取决于发动机向前的移动速度）进入发动机，发动机对气体做功，使它向后流动，并在燃烧室内燃烧，加入热能。之后，气体以更大的速度从发动机出口排出。而这一喷气的反作用力则作用在发动机上，再由发动机传给飞机，使飞机向前运动。推力的大小取决于流过发动机的气体流量和对气体加速的大小。

图1.1为喷气推进示意图，一定量的空气以速度 v_1 进入发动机，以更高的速度 v_2 从发动机中喷出，也就是说气体流过发动机产生了加速度。根据牛顿第二定律，任何物体产生了加速度，就一定有外力作用在这个物体上。这就是说，在发动机内部给气体施加了一个向后的作用力，而这一作用力的反作用力就是发动机所产生的推力。反作用力并非作用在发动机出口截面的气体上，而是作用在发动机内表面和内部各部件上。

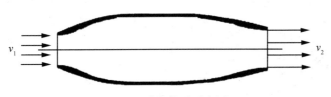

图1.1 喷气推进示意图

喷气推进发动机有很多种类型，如火箭、脉冲喷气发动机、涡轮喷气发动机和涡轮风扇发动机等。除火箭外，所有这些发动机，都需要从大气中吸入大量的空气，然后加入燃油燃烧。加热后，气体膨胀扩张，从发动机后部排出。加热后的气体（燃气）的热能很高，发动机类型不同，对燃气的热能利用也不同，涡轮喷气发动机是利用涡轮从燃气中提取部分能量，把它转化为机械能来驱动压气机或风扇的。

一、火箭

火箭是最古老的喷气动力装置，我国古代就有发明利用。它结构简单，可用金属甚至纸做的一根管子，里面装满固体燃料，如火药或液体燃料（如酒精和液氧）。燃料燃烧后产生的燃气从尾喷管中以高速喷出，产生推力。现代火箭可用于导弹发射和宇航飞行。其尾喷管一般为收敛-扩张形，这样可得到很高的喷气速度。图 1.2 为液体火箭示意图，火箭内有两个容器，分别装有液氧和另外一种液体燃料。用泵把液氧和燃料供到燃烧室，在那里混合燃烧，产生的燃气从尾部的收敛-扩张形喷管中喷出。液体火箭发动机的工作时间长，推力大小可以调节，是宇宙航行的主要动力装置。固体燃料火箭发动机构造简单，制造方便，能产生巨大的推力，但它的工作时间短，并且不容易控制。

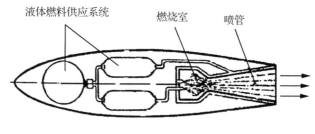

液体燃料供应系统　　燃烧室　　喷管

图 1.2　液体火箭

二、冲压喷气发动机

冲压喷气发动机是最简单的喷气发动机。它由进气道、燃烧室和喷管组成，内部不含任何转动部件。进气道为扩张形，喷管是收敛形或收敛-扩张形。进来的气体在进气道内降速增压，之后在燃烧室内与燃料混合，在等压的条件下连续燃烧，产生的高温、高压燃气在喷管中膨胀加速后喷出，产生推力，见图 1.3。这种发动机要想工作，首先需要获得很高的前行速度，一般速度要大于 400 公里/小时，只有这样才能保证燃烧室内气体的压力足够维持燃烧。所以，冲压发动机需要靠其他移动工具先获得这么高的速度，之后才能开始工作。飞行速度越高，冲压作用越大，产生的推力也就越大，因而它更适合于超音速飞行。也可把它用在涡轮喷气发动机上，装在排气系统中，用作加力燃烧室，来进一步提高喷气速度。

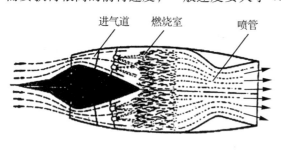

进气道　燃烧室　　喷管

图 1.3　冲压喷气发动机示意图

三、燃气涡轮发动机

用在飞机上的燃气涡轮发动机，一般可分为四种：涡轮喷气发动机、涡轮螺旋桨发动机、涡轮风扇发动机和涡轮轴发动机。这些发动机都包含下列主要组成部件：压气机、燃烧室、驱动压气机的涡轮以及排气管。但不同类型的发动机对这些部件的布局不同。发动机工作时，压气机吸入空气并压缩，使空气的压力提高；在燃烧室内把燃料混入增压后的空气，并点燃燃烧，产生高压、高温燃气；燃气进入涡轮，涡轮把燃气的部分能量转换为机械能，高速旋转，而涡轮与压气机之间靠轴连接在一起，从而带动压气机旋转；最后燃气在喷管中膨胀加速喷出，产生推力。不同的是，涡轮喷气和涡轮风扇发动机都是靠喷气产生推力；而涡轮螺旋桨发动机则主要靠螺旋桨产生拉力，喷气产生的推力只占很小一部分；涡轮轴发动机不产生喷气推力，燃气的能量基本都被涡轮转换为轴功率了。

1. 涡轮喷气发动机

涡轮喷气或叫纯涡轮喷气发动机，是利用高速喷出的燃气来产生推力。这种发动机是最早的燃气涡轮喷气发动机。但它产生的推力受到发动机尺寸限制，同时噪音也大。所以，在大多数民用飞机上，这种发动机已被涡轮风扇发动机所取代。但它适合于高速飞行的飞机，所以在军用飞机上，它仍然被使用。根据压气机类别的不同，涡轮喷气发动机又可分为轴流压气机式涡轮喷气发动机［图1.4（a）］和离心压气机式涡轮喷气发动机［图1.4（b）］。

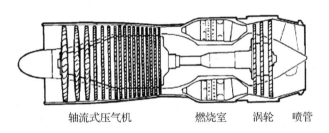

轴流式压气机　　　　　燃烧室　　涡轮　　喷管

图1.4（a）　轴流压气机式涡轮喷气发动机

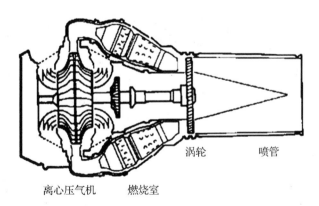

涡轮　　　喷管

离心压气机　　　燃烧室

图1.4（b）　离心压气机式涡轮喷气发动机

2. 涡轮螺旋桨发动机

在燃气涡轮发动机或涡轮喷气发动机上加一个减速齿轮箱和螺旋桨，就形成涡轮螺旋桨发动机，如图1.5所示。这种发动机一般用在飞行速度较低的飞机上（速度为480~720公里/小时），飞行高度一般在6000米左右，其燃料消耗水平较低。

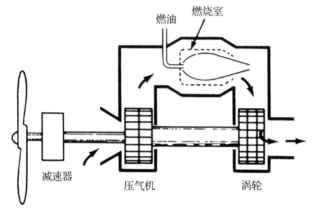

图1.5　涡轮螺旋桨发动机示意图

涡轮螺旋桨发动机与纯涡轮喷气发动机类似，也包括压气机、燃烧室、涡轮和排气管这几大部件。但为了驱动螺旋桨，它要借助于减速齿轮系，把高转速降下来，以适合螺旋桨的工作。螺旋桨旋转使大量的空气得到加速而在桨叶上产生拉力。这样涡轮螺旋桨发动机与纯喷气发动机相比，其最大区别就在涡轮。在涡轮喷气发动机上，涡轮主要用来驱动压气机和附件系统，涡轮从燃气中提取的能量能驱动压气机和附件就可以了，燃气中剩余的能量用于使燃气在尾喷管中膨胀加速。而在涡轮螺旋桨发动机上，涡轮不仅要驱动压气机和附件，而且还要驱动螺旋桨，并且涡轮的主要作用就是驱动螺旋桨，产生拉力。一般来说，涡轮要把燃气能量的75%~85%提取出来用于驱动螺旋桨，而排气产生的推力很小。所以在涡轮螺旋桨发动机上涡轮级数就要多些，且涡轮叶片也要设计成能从燃气中多提取能量的那种叶型。

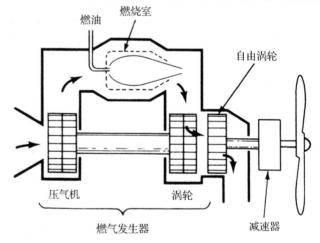

图1.6　带自由涡轮的涡轮螺旋桨发动机

驱动螺旋桨有不同的方式，从图1.5可见，驱动压气机的轴向前传动减速齿轮箱，通过减速齿轮箱把高转速低扭矩转换成低转速高扭矩，然后再驱动螺旋桨；另外一种方式就是自由涡轮（或叫动力涡轮），见图1.6。

从图1.6可见，自由涡轮与前面驱动压气机的涡轮间没有机械连接，它们之间只是气动配合。自由涡轮只驱动螺旋桨。涡轮螺旋桨发动机的功率一般用轴功率（马力）来衡量，而不是用推力来表达。图1.7为TPE331涡轮螺旋桨发动机简图，可见压气机轴前伸，驱动减速齿轮系，减速齿轮的输出轴驱动螺旋桨。

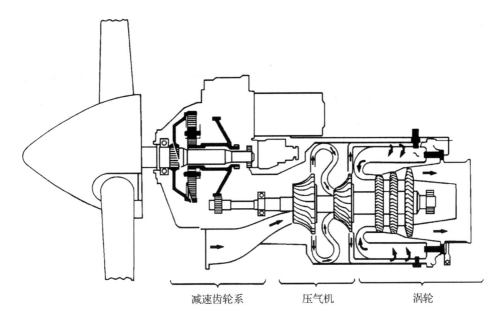

减速齿轮系　　　　压气机　　　　涡轮

图 1.7　TPE331 涡轮螺旋桨发动机

3. 涡轮风扇发动机

涡轮风扇发动机是介于纯喷气发动机和涡轮螺旋桨发动机之间的发动机。相对于纯涡轮喷气发动机来说，其压缩空气量大，排气速度低些；而相对于涡轮螺旋桨发动机而言，涡扇发动机加速的空气量要少些。风扇发动机有两个涵道，即外涵道和内涵道。外涵道和内涵道空气流量的比值，叫涵道比。按涵道比的大小划分，涡轮风扇发动机可分为低涵道比、中涵道比和高涵道比三种类型。大多数涡轮风扇发动机，都是把风扇放在前面，有的还与低压压气机连在一起（双转子涡轮风扇发动机），有的是风扇单独形成一个压气机，由低压涡轮来驱动，如罗·罗公司的 RB211 系列三转子涡轮风扇发动机，见图 1.8。

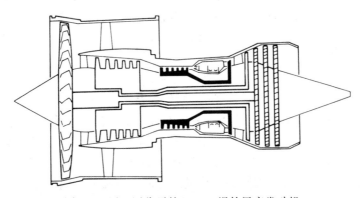

图 1.8　罗·罗公司的 RB211 涡轮风扇发动机

5

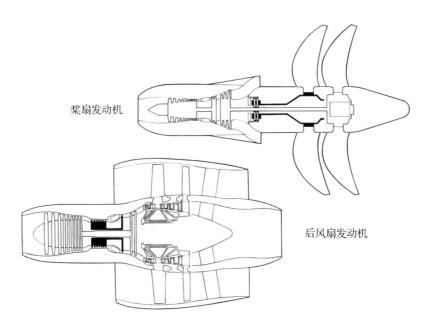

桨扇发动机

后风扇发动机

图 1.9　桨扇和后风扇发动机

　　另外，涡轮风扇发动机还有一种布局，就是把风扇放在后部，见图 1.9。这种结构方案很早就有，但一直未被实际应用。由于后风扇发动机有其独特之处，因此，将来也许会被重新考虑。现代大型民用飞机上的涡轮风扇发动机一般都是高涵道比的，并且为前风扇布局。如罗·罗公司的 RB211 系列涡轮风扇发动机，通用电气公司的 CF6 和 GE90 系列涡轮风扇发动机，普惠公司的 PW4000 系列涡轮风扇发动机和 IAE 公司的 V2500 系列发动机。

　　对于高涵道比的涡轮风扇发动机而言，75% ~ 80% 以上的推力都是由外涵道产生的，内涵道产生的推力很小。所以，又把内涵部分（包括压气机、燃烧室、涡轮）叫做燃气发生器。其作用就是产生大量燃气，来驱动低压涡轮转动，低压涡轮再驱动风扇。高涵道比的涡轮风扇发动机燃油消耗较低，噪音也小。现在各发动机制造商都在研制高增压比、高涵道比的涡轮风扇发动机，以满足用户对高推力、低燃油消耗和低噪音的要求。如 PW8000 的涵道比为 11，总压比为 40；GE90 发动机的涵道比为 9，总压比约为 40；Genx 的涵道比大约为 9.5，总压比大约在 45 左右；而 TRENT900 发动机的涵道比为 8.5，总压比为 44。但涵道比若太高，会增加发动机的尺寸和重量，其带来的好处会被抵消。根据罗·罗公司的建议，涵道比最大为 10 ~ 11，而美国国家宇航局（NASA）正在探索把涵道比提高到 15。表 1-1 给出了目前典型大型涡轮风扇发动机的一些性能数据。涡轮风扇发动机的另一个发展方向就是对转。即采用两级风扇，但它们的转向相反。通过这一技术可进一步降低油耗和噪音。

　　齿轮传动的涡轮风扇发动机是另一个发展方向，即在低压涡轮和风扇之间加装减速齿轮系。低压涡轮直接驱动低压压气机，使其在较高的转速下工作，压气机能较好地发挥其能力。但低压涡轮的转动要经减速齿轮系降速后，再传动风扇，降低风扇的转速，从而可实现既让低压涡轮在其理想的转速下工作，又优化了风扇的转速。根据普惠公司的研究，采用齿轮传动后，可采用更高的涵道比，可进一步降低发动机的燃油消耗、污染排放和噪音水平。但减速齿轮系的传动效率和润滑冷却是关键因素。

桨扇发动机（图1.9）是在涡轮螺旋桨发动机的基础上演变而来的，它能在高速下飞行，相应的涵道比很高。但目前由于噪音和安全方面的原因，一直没有得到使用。

4. 涡轮轴发动机

涡轮轴发动机（图1.10）与涡轮螺旋桨发动机类似，只不过它的输出轴不是驱动螺旋桨，而是驱动其他设备。燃气的能量基本都被涡轮吸收了。因此，相对于涡轮喷气发动机而言，其涡轮的级数要多。在航空上，涡轮轴发动机经常用在直升飞机上，用来驱动旋翼，或用作大型飞机上的辅助动力装置（APU），驱动发电机，以及给飞机气源系统供气。

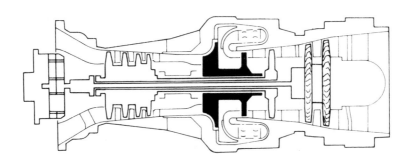

图1.10 涡轮轴发动机

现在多数的涡轮轴发动机都采用自由涡轮结构（见图1.10），自由涡轮输出到减速齿轮系，然后再传动其他的设备。

当然，燃气轮机还可用于工业（如驱动大型发电设备、天然气管道压缩机）和舰船动力设备等。工业燃气轮机与航空燃气轮机类似，并且许多工业用燃气轮机就是从航空发动机改型而来的，只不过工业燃气轮机的部件更大、更重些，相应的燃料也可用双燃料：即天然气和燃油。发动机的一些附件系统就可不装在发动机上，而是固定在地面其他部位。

表1-1 主要现代民用航空涡轮风扇发动机

机型	涵道比	总增压比	推力（磅）	风扇直径（米）	主要应用机型
RB211-535E4	4.4	25.8	40100~43100	1.882	波音757-200、-300，图204
RB211-524B	4.5	28	50000	2.1	L1011
RB211-524D	4.3	30	53000	2.1	空客340
RB211-524G	4.3	33	59000	2.19	波音747-400

续表

机型	涵道比	总增压比	推力（磅）	风扇直径（米）	主要应用机型
RB211-524H	4.1	34.5	61000	2.19	波音747，波音767
TRENT500	7.5~7.6	36.6	55000~62000	2.474	空客340-500、-600
TRENT700	5	33.7~35.5	68000~72000	2.474	空客330-200、-300
TRENT800	5.7~6.2	42	75000~95000	2.794	波音777-200、-200ER、-300
TRENT900	8.5~8.7	37~39	70000~76500	2.946	空客380-800、-800F
TRENT1000	10~11	50	53000~75000	2.845	波音787
TRENTXWB	8~9		75000~93000	2.997	空客350XWB
JT9D-7R4	5	22	48000~56000	2.463	波音747，波音767，空客310
PW2037	5.8	27.6	38250	1.994	波音757
PW4168	5.34	33.9	68000/72000	2.535	空客330
PW4000系列	5.8~6.4	34.2~42.8	74000~98000	2.845	
主要包括			PW4084		波音777
			PW4090		波音777-200ER
			PW4098		波音777-200ER，波音777-300
PW6000	4.9	26.6~28.7	18000~24000	1.435	空客318
PW600	2.8		900~3000	0.368~0.447	Embarer Phenom100，赛斯纳 Citation
PW500	4.12	15.49	2900~4500	0.5842~0.6934	赛斯纳 Citation 和 Embarer Phenom300
PW300	4.24	20.58	4700~7000	最大0.818	庞巴迪 Learjet60，湾流 G200
GP7270	8.7	43.9	70000	2960	空客380客机
GP7277	8.7	45.7	77000	2960	空客380货机
GE90-94B	8.4	40	93700	3.124	波音777-200ER
GE90-115B	7	42	115540	3.251	波音777-300ER、-200LR
Genx	9.5	41	53000~75000	3.66	波音787，波音747-8
CF6-80C2	5.05	30.4~32.7	48000	2.362	波音767、747，空客300、310
CF6-80E1	5.28	32~34.6	64000~68000	2.438	空客330
CFM56-2	5.9~6	30.5~31.8	24000	1.734	麦道DC-8系列
CFM56-3	5.9~6	27.5~30.6	18500~23500	1.524	波音737-300、-400、-500
CFM56-5	5.4~6.6	31.3~38.3	22000~34000	1.734	波音737-300、-400、-500，空客340-200、-300，319，320 和321
CFM56-7	5.1~5.5	32.8	19500~27300	1.549	波音737-600、-700、-800、-900
V2500-A1	5.4	29.4	25000	1.6	空客320
V2500-A5	4.5~4.9	27.7~31.4	22000~33000	1.61	空客320，321，319
V2500-D5	4.8/4.7	27.7/30.4	25000/28000	1.61	波音 MD90
AE3007A	5.15	22	7000~8000	0.98	ERJ145

注：推力为海平面高度下的最大额定推力。

第二节　燃气涡轮喷气发动机的基本工作原理

一、燃气涡轮喷气发动机的工作循环

燃气涡轮喷气发动机也是一种热机，像活塞式发动机一样，它也要吸入空气（靠进气道），压缩空气（由压气机来完成），然后再加入热能（在燃烧室内加油燃烧），做功（涡轮把部分能量转换为机械能），最后再把燃气排出（尾喷管）。与活塞发动机不同的是，这些过程是在发动机内部连续不断进行的，即空气连续进入，不断被压缩，燃烧，做功和排气；而在活塞发动机上这些过程是间歇的，它只有把燃烧后的气体排出后，才能再吸入新的空气。

活塞式发动机的循环是定容循环，即在燃烧的瞬间，容积是不变的，也叫奥托循环。图 1.11 为活塞式发动机工作循环的压－容图。

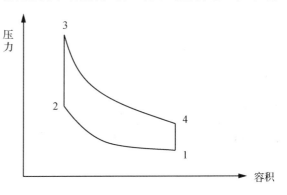

图 1.11　定容循环

燃气涡轮发动机的循环为布莱顿循环，即气体压缩后加入热能时（加入燃油燃烧），压力保持不变，所以也叫定压循环，如图 1.12 所示。

图 1.12 中，点 1 代表空气进入发动机之前的状态，即还没进入发动机的进气道。当空气进入进气道后，空气要稍微扩张，其静压升高，图中为 1 到 2 段。从点 2 开始，空气进入压气机，即点 2 代表压气机进口。2 到 3 这段表示空气在压气机内的压缩过程。压气机对气体做功，使气体的压力升高，容积减小。压缩得越厉害，发动机的热效率越高。现代涡轮发动机的热效率可达

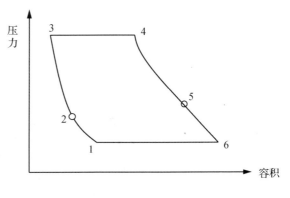

图 1.12　定压循环

45% 左右。点 3 代表加入燃油并点燃，3 到 4 段代表空气在燃烧室内的燃烧过程。在这一过程中，温度升高，压力基本不变，体积迅速增大。实际上由于燃烧室的结构，气体在燃烧室内流动过程中要有损失，压力稍有下降。点 4 代表燃气进入涡轮，4 到 5 段代

9

表燃气在涡轮中的膨胀过程。5 到 6 段代表气体在喷管中的膨胀。在整个膨胀过程中，涡轮要从燃气中提取部分能量，剩下的热能一部分转化为动能，使燃气高速喷出，还有一部分热能随燃气排掉。在这一过程中，压力、温度下降，体积不断增加。6 到 1 段反映了燃气在大气中降温过程。

二、气体流动过程

气体在涡轮发动机内部流动过程中，其压力、温度、体积和速度都要发生变化。根据空气动力学，气体在以亚音速流动过程中要遵守伯努力定律，即当气体或液体以一定的流量在管道内流动时，其压力势能和动能的和保持不变，可用式（1-1）来表示：

$$p + \frac{1}{2}\rho v^2 = 常数 \qquad (1-1)$$

式中，p——气体静压；

$\quad\quad v$——流动速度；

$\quad\quad \rho$——气体密度。

这就是说，在流动过程中，若速度下降了，则压力升高；而反过来，若压力下降了，则速度增加，总压不变。图 1.13 解释了气体流动过程中压力和速度的变化关系。

图 1.13　气体流动过程中压力和速度的变化关系

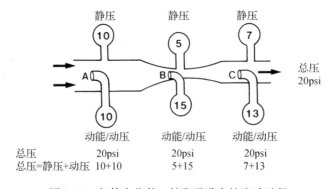

图 1.14　气体在收敛 - 扩张通道中的流动过程

由此，我们会发现，当气体以一定的流量流过收敛通道时，气体的压力势能就变成了动能，即压力下降，速度升高；而当它在扩张通道中流动时，则动能转化成压力势能，即压力增加，速度下降，图 1.14 给出了气体在收敛－扩张形通道中的流动情况。我们可测量出 A、B、C 三个位置处的静压和动压的大小，结果发现这三个截面的总压是一样的，这也说明了气体的流动过程是动能和压力势能相互转换的过程。

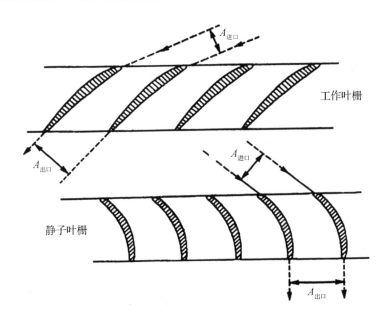

图 1.15　压气机叶栅通道

在涡轮喷气发动机内部，叶栅通道的设计也是根据这一原理来设计的。气体在叶栅通道内以亚音速流动，所以，为了提高空气的压力，压气机叶栅通道是扩张的，如图 1.15 所示，进口面积 $A_{进口}$ 比出口面积 $A_{出口}$ 小。

而燃气是在涡轮中膨胀做功，即压力下降，速度增加，所以，相应的叶栅通道是收敛的，如图 1.16 所示，$A_{进口}$ 大于 $A_{出口}$。

有关压气机和涡轮的工作原理在后面的相应章节中再详细叙述。

三、涡轮喷气发动机的主要性能参数

在这里我们主要讨论推力和耗油率这两个比较直观的参数。

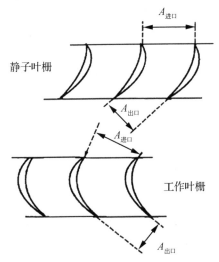

图 1.16　涡轮叶栅通道

1. 推力

涡轮喷气发动机所产生的推力大小，取决于流过发动机的气体流量及对这些气体加速的大小。气体的流量大，或对气体的加速大都会使推力大。推力分为总推力和净推力两种，总推力是指当飞机静止时，发动机所产生的推力；而净推力是指飞机飞行时，发动机所产生的推力，所以要计算净推力就得考虑飞机前进的速度。

计算涡轮喷气发动机所产生的推力时，在气体从尾喷口出来时是完全膨胀的情况下，推力的计算公式如式（1-2）所示：

$$F = m_a(v_2 - v_1) \tag{1-2}$$

式中，F——推力（kg 或 N）；

m_a——进入发动机的空气流量（kg/s），质量流量；

v_2——排气速度，即发动机出口处燃气的速度（m/s）；

v_1——进气速度，空气进入发动机时的速度。若飞机静止不动，则此速度为 0，即为总推力；若飞机以一定的速度前进，则此前进速度就是 v_1（m/s）。

这里的计算，忽略了燃油流量，因为相对于空气流量来说，每秒的燃油流量很小。

若燃气在发动机的出口未完全膨胀，则出口截面的燃气压力就会大于外界大气压，这个压差也会产生一定的推力，此时推力的计算方法如式（1-3）所示：

$$F = m_a(v_2 - v_1) + F_n \tag{1-3}$$

式中，F_n——喷口处由于压差所产生的推力（kg）；

若：p_n——喷口界面处的燃气压力（静压）（kg/m²）；

p_0——大气压力（静压）（kg/m²）；

A_n——喷口面积（m²）。

则推力的计算式为式（1-4）：

$$F = m_a(v_2 - v_1) + A_n(p_n - p_0) \tag{1-4}$$

从推力的计算式可看到，对于涡轮喷气发动机来说，要增加推力有两个途径，一是增加排气速度 v_2，二是增加发动机的空气流量。增加排气速度会带来噪音大的问题，所以，现代民用航空发动机都采用涡轮风扇发动机。因为它空气流量大，但排气速度低，能很好地满足增加推力的同时，又降低了噪音这一要求。

影响推力的因素主要有：

（1）飞行高度

飞行高度对推力的影响主要反映在空气密度上，进入发动机的空气流量取决于进气道的进口面积、发动机的转速和空气密度。当进气道面积不变，发动机转速不变时，就只取决于空气密度。空气密度受大气压力和温度的影响，大气压力升高，其密度就增大；而温度升高，密度则减小。当飞机飞行高度增加时，大气温度和压力都下降，温度下降使空气密度增加，而压力下降又使空气密度下降。但温度变化对大气密度的影响要小于大气压力下降对大气密度的影响，所以结果是飞行高度增加，大气密度下降。所以，飞行高度增加时，发动机所产生的推力下降。但是，当达到一定高度后（大约36000 英尺），高度再增加，大气温度就不变了，即进入同温层。所以，这时只有大气压力这一个参数影响大气密度了，这样一来，没了温度下降对密度的补偿，空气密度随高度上升而下降得就更快了，推力也就下降得快了，见图 1.17。现在的民用客机一般都在这一高度上巡航飞行。因为低于这一高度，空气密度大，对飞机的阻力也大，而高于此高度后，推力的下降就会很快。

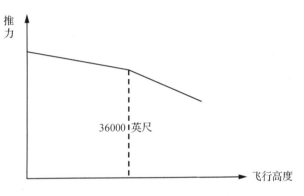

图 1.17　高度对发动机推力的影响

（2）大气温度

大气温度会影响空气密度，如前所述，在同样的高度和转速下，大气温度升高会使发动机的进气量减少，从而使发动机的推力下降，图 1.18 为发动机推力与大气温度之间的关系。也就是说夏天和冬天大气温度不同，在相同的转速下，产生的推力就不同。所以，早期的涡轮喷气发动机，夏天起飞时，采用在压气机进口喷水的技术，来降低进气温度，增加发动机进气量，从而增加推力。一般发动机厂家所给的发动机推力，都是修正到海平面高度，标准大气温度和压力下的值。

另外，现代涡轮风扇发动机一般还给出在海平面高度、静止状态下的最大额定平功率温度这一参数，此温度就是该发动机在海平面高度、静止

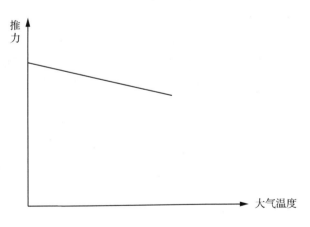

图 1.18　大气温度对推力的影响

状态下产生最大额定推力（额定起飞推力）时，所允许的最高外界温度。图 1.19 所示为某型号发动机的额定平功率（推力）曲线。

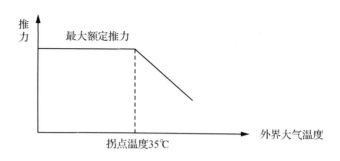

图 1.19　某发动机的额定平功率曲线

从图可见，环境温度在 35℃ 以内，该发动机能产生最大额定功率，超过此温度，则发动机的额定最大功率（推力）就要下降。在 35℃ 以内，温度升高，密度下降所造成的推力下降可通过增加发动机转速的方法来弥补。即增加发动机转速来弥补温度增加造成的进气量下降，这就要多供油，使涡轮进口的燃气温度升高。但此温度的升高要受到涡轮材料的限制，即升高到一定值后，就不能再升高了，否则，涡轮就不能承受了。当供油不能再增加时，推力就只能下降了。此温度就是额定平功率温度，有时也叫拐点温度。

当然，其他因素如飞行速度、空气湿度等也会影响推力，这里就不做详细讨论了。

2. 耗油量

耗油量是个经济指标，人们都希望发动机功率大，但烧油少。一般用耗油率（SFC，Specific Fuel Consumption）来衡量不同发动机之间的燃油消耗量，即发动机产生单位推力（如每千克推力或每牛顿推力）在单位时间内（每小时）所消耗的燃油量（千克）。其单位就是：千克／（牛顿·小时）。现代大型涡轮风扇发动机的燃油消耗率都比较低。大气温度、飞行高度、飞行速度等都对发动机的耗油量有影响。对民用飞机来说，SFC 是个很关键的因素，因为燃油费用占飞机运行费用的 15% ~ 25%。尤其是燃油价格在不断攀升，所以，发动机厂商都在致力于不断降低发动机的燃油消耗量。对于涡轮喷气发动机来说，压气机的增压比和燃烧室的出口温度是影响 SFC 的两个关键参数。对于涡轮风扇发动机来说，SFC 的影响因素还有涵道比和风扇增压比。

第三节　涡轮喷气发动机的基本结构

一、涡轮喷气发动机的基本构成

涡轮喷气发动机由下列几部分组成：进气道、压气机、燃烧室、涡轮、尾喷管、附件传动系统以及起动、燃油、点火和滑油系统。进气道的作用是为发动机提供较好的进口流场，压气机负责升高气体压力，在燃烧室内加入燃油进行燃烧，提高气体的热能，涡轮从燃气中吸收能量，来带动压气机和附件转动，而尾喷管则是让燃气加速后排出。图1.20给出了这四大部件的相互连接关系。涡轮喷气发动机都包括这几部分，只不过不同类型的发动机，其构形、结构、位置有所不同。而其他各系统是为发动机能正常工作提供保障，在以后的章节中我们将陆续详细讨论这些组成部分的工作原理和结构。

在涡轮发动机本体结构中，旋转的部件叫转子，不动的部件叫静子。如压气机转子、涡轮转子，压气机静子和涡轮静子。压气机转子和涡轮转子通过联轴器连在一起，组成发动机转子。其中，低压压气机转子与低压涡轮转子连接形成低压转子，其转速通常用N_1表示，而高压压气机转子与高压涡轮转子连在一起形成高压转子，其转速通常用N_2表示。对于三转子发动机来说，还有中压压气机和中压涡轮转子连在一起形成的中压转子，这样三个转子的转速就分别用N_1、N_2和N_3表示，这里N_2是中压转子的转速，N_3是高压转子的转速。最简单的涡轮喷气发动机为单转子结构，如图1.20所示。

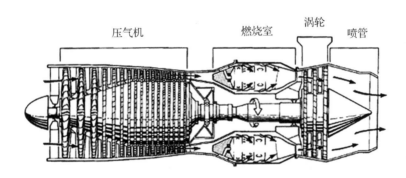

图1.20 涡轮喷气发动机的组成

现代涡轮喷气发动机一般都是双转子或三转子结构，图1.20即为典型的单转子结构涡轮喷气发动机。图1.21为双转子结构涡轮风扇发动机，图1.8是三转子涡轮风扇发动机。

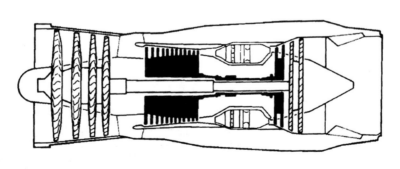

图1.21 双转子结构发动机

二、转子支承结构

1. 发动机主轴承

旋转的转子是靠轴承来支承的。一般把支承发动机转子的轴承叫做发动机的主轴承。轴承通过支承结构把负荷传给机匣，机匣再把这些负荷通过发动机安装点传给飞机。发动机的主轴承有两类：滚珠轴承和滚棒轴承，见图 1.22。滚珠轴承能承受径向和轴向载荷，它对转子起到轴向定位作用，即传递发动机转子的轴向负荷；而滚棒轴承只能承受径向负荷，即只给转子径向支承。所以有时又把滚珠轴承叫做定位轴承或推力轴承。

轴承包括三部分，即滚子（滚珠或滚棒），内、外环和滚子保持架。保持架用来保持相邻滚子之间的间隙。轴承的内、外环上一般都加工有滚子的滚动槽道，以便滚子在内、外环内滚动。图 1.22 中滚棒轴承的外环上有槽道，滚珠轴承的内、外环上都有槽道。轴承既可用在转轴与固定支承之间，即轴承的一个环转动，另一个环固定在支承上不动；也可用于两个转轴之间，即两个环都是转动的。需要承受大推力的滚珠轴承，可把内环做成两半的。

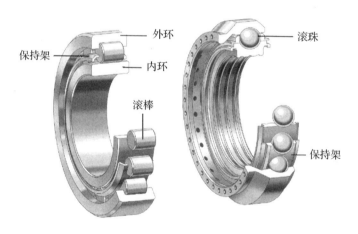

图 1.22　滚珠、滚棒轴承

2. 转子支承结构

一般来说，一根转轴至少要在两处有轴承支承（2 个支点），这样才能保持平衡。当有轴向载荷时，通常在两个支点中一处装滚棒轴承，另一处装滚珠轴承。发动机转子的支承也是这样，滚珠轴承限制转子轴向移动，滚棒轴承允许转子轴向自由移动。当然，当发动机转子比较长时，支点的个数可能会更多，但只在一处设置滚珠轴承，其他各处都是滚棒轴承,以保证转子既可轴向定位,又能轴向自由移动。承受负荷较大的滚珠轴承一般安排在工作环境温度较低的区域,以利于工作。有的情况下,可把滚棒轴承的内环直接做在转轴上,这样既减轻重量,又简化了结构,减小了径向尺寸。

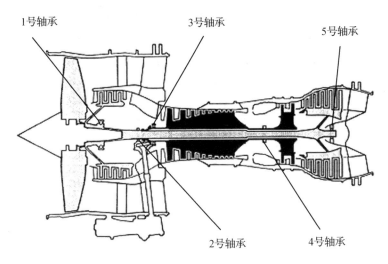

图 1.23 双转子支承布局

单转子和双转子发动机支承结构相对简单,而三转子发动机支承则复杂些,图 1.23 和图 1.24 给出了典型的双转子和三转子发动机的转子支承结构。

单转子支承相对简单,一般采用三点支承方案,即压气机转子前后各一个轴承,涡轮转子前一个轴承。三个支点中,一个为滚珠轴承,其余两个为滚棒轴承。

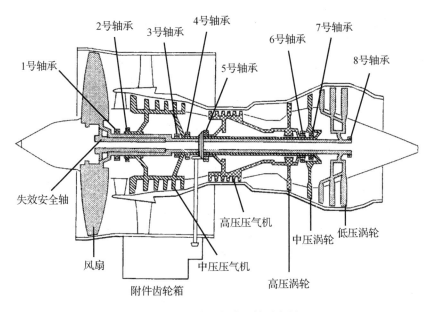

图 1.24 三转子发动机轴承布局

图 1.23 中的双转子发动机是 V2500 涡轮风扇发动机，可看到 2 个转子共用了 5 个轴承。其中低压转子较长，所以用了有 3 个轴承。1 号轴承为滚珠轴承，其余两个（2 号和 4 号）都是滚棒轴承。滚珠轴承装在喇叭形低压风扇短轴上，这样万一风扇轴断了，其可拽住风扇转子，避免风扇甩到发动机外面。

高压转子（图 1.23 中表示为黑色）短，且压气机转子和涡轮转子间采用刚性联轴器连接，整个转子的刚性较好，所以只在压气机转子的前端（3 号轴承）和压气机转子与涡轮转子之间（4 号轴承）装了轴承，其中 3 号轴承是滚珠轴承。两个滚珠轴承都在低温区（前轴承腔内）。

图 1.24 是罗·罗公司的 RB211-535 系列三转子涡轮风扇发动机。由于有 3 个转子需要支承，所以结构复杂些，轴承个数也多。总共有 8 个轴承，其编号顺序从前到后依次为 1~8 号。其中低压和中压转子各有 3 个轴承，高压转子上有 2 个轴承。在这些轴承中，3、4、5 号是滚珠轴承，其他都是滚棒轴承。

在低压转子上的三个轴承中，低压涡轮轴后端有一个轴承，风扇短轴上有 2 个轴承。风扇盘后面的轴承（1 号）是滚棒轴承，短轴后端的轴承（3 号）是滚珠轴承，它也是低压涡轮轴的前支承。这样，万一风扇轴断裂，则风扇盘会飞出发动机。为此，在此短轴内部又加了个失效安全轴。此轴的目的就是，若风扇短轴断裂，它可拽住风扇，避免其飞出发动机。

除 3 号滚珠轴承外，所有的轴承支承结构都类似，即外环支承在静子（或叫承力框架）上不动，内环固定在轴上，随轴旋转。3 号轴承的外环支承在中压转子上，内环支承在风扇短轴上，即内、外环都随轴转动，而且一个随低压轴转，另一个随中压轴转。一般把这种支承在两转轴之间的轴承叫做中介轴承或轴间轴承。这种轴承的润滑冷却困难，轴承工作条件差，且装配复杂。采用中介支点可使承力框架数目减少，缩短发动机长度，而且通过这种布局，3 个转子上的止推轴承（3 号、4 号、5 号）都集中在了一起，由一个承力框架支承。

在设计轴承支承结构时，为了改变转子的支承刚性，可采用弹性支承方案，即轴承不直接固定在承力框架上，而是经过一个刚性小、具有较大弹性的支座再固定到承力机匣上。采用弹性支承可以改变转子支承刚性，调节转子的临界转速，从而避免在发动机工作转速范围之内出现共振现象。

另外，弹性支承的弹性变形还会吸收一部分振动能量，起到降低转子振动的作用。常用的弹性支承有拉杆式和鼠笼式。图 1.25 为 V2500 发动机 3 号轴承的拉杆式支承结构，它主要包括轴承支承座，承力锥体和 18 根弹簧拉杆。拉杆把轴承支承座和承力锥体连接在一起，而承力锥体固定在承力框架上。轴承的外环直接固定在轴承支承座上，承力锥体与轴承支承座之间还有挤压油膜来减振。通过改变拉杆的粗细、长短和数目可以改变弹性支座的刚性。在普惠公司的 PW2037，PW4000 等发动机上也采用了类似的支承结构。

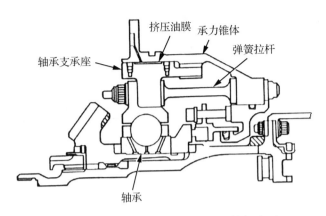

图 1.25　V2500 发动机轴承的弹簧拉杆支承

　　挤压油膜也是轴承支承结构中常用的一种用来减少转子振动的方式。一般是在轴承的外环和支承结构之间，加工一个很小的间隙槽，把高压滑油送到此槽中，形成油膜（见图 1.26）。为了防止漏油，油膜间隙两端有封严涨圈。油膜吸收转子旋转所产生的径向移动和振动能量，从而减小传给承力框架的振动负荷和振幅。图 1.25 中的支承就采用了挤压油膜。

　　挤压油膜的工作原理类似于一般的液压减振器或缓冲器。轴承在转子的不平衡力作用下，外环径向移动时挤压油膜，在液体动力特性的作用下，外环的径向移动受到阻碍，同时滑油吸收了外环的移动能量，即振动能量的大部分，从而使传到支承机匣上的振动能量和振幅减小。这种结构在许多发动机上都得到了采用，如 PW4000 系列，V2500 和罗·罗公司的 RB211 系列发动机、AE3007 发动机以及通用的 GE90 等。

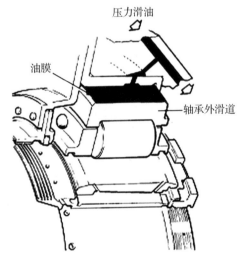

图 1.26　挤压油膜结构

　　那么轴承上的负荷是怎样传出的呢？轴承支承在静子结构上（承力框架上），这样就把轴承的负荷传给机匣，然后，再通过发动机安装点传给飞机。传递路线是：转子的负荷→轴承→承力框架→发动机机匣→安装点→飞机。图 1.27 是 CFM56-3 发动机转子支承结构，两个转子共有 5 个轴承，它们分别被布置在两个轴承腔内。前轴承腔内轴承的负荷经支承结构、风扇出口支板传给风扇机匣；后轴承腔内的两个轴承上的负荷经涡轮排气机匣上的支板传出。高压转子的后轴承支承在低压轴上，再经低压转子的后支承传出。

　　图 1.27 中加粗、加黑的部分为轴承承力框架。风扇支板为空心结构，给轴承供油、回油和轴承腔通风管路都从其中的某些支板穿过。

19

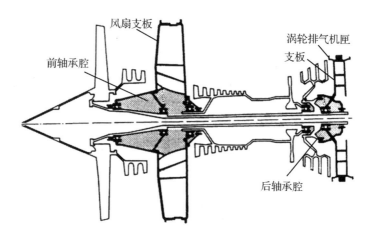

图 1.27　CFM56-3 发动机转子支承结构

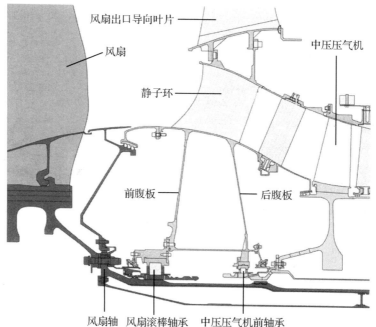

图 1.28　RB211 发动机前轴承腔支承结构

　　图 1.28 给出了罗·罗公司 RB211 发动机上前轴承腔的支承结构图。前轴承腔内两个轴承的负荷经前、后腹板传给中压压气机进口导向叶片静子环，再经外涵道的风扇出口导向叶片传给风扇机匣。中压压气机进口导向叶片中的某些叶片比较厚，前轴承腔的滑油系统的管路从中穿过。

3. 轴承的滑蹭损伤

不管是滚珠轴承还是滚棒轴承，它们转动时，滚子（滚珠、滚棒）应该是滚动的，而不是滑动的。若滚子在内、外环间滑动，就会出现滑蹭而造成损伤。这种损伤的一种表现就是产生大量的金属细末。由于发动机主轴承转速高，再加上作用在轴承上的载荷轻，所以，轴承可能会出现打滑现象。当然这可从结构、材料方面改进轴承设计，防止其工作时打滑。另外，在发动机结构设计上也可采取以下措施来防止轴承打滑：

（1）控制轴承负荷。气流从前向后在发动机内部流动时，作用在压气机转子上的轴向负荷是向前的，而作用在涡轮转子上的轴向负荷是向后的。这样压气机转子和涡轮转子连接后，作用在整个转子上的轴向负荷就是这两个负荷的差值。在发动机工作过程中，这两个转子上的负荷是变化的，在某些情况下可能会出现转子负荷换向这一情况。例如，整个转子上的负荷原来是向后的，但某些工况下会变成向前的，而在转子负荷转换的过程中，就会出现零负荷现象。转子上的轴向负荷是由滚珠轴承承受的，一旦滚珠轴承出现轴向零载荷现象，滚珠就会打滑而出现滑蹭现象。我们可采取控制转子气动负荷的方法以防止发动机转子的轴向负荷在工作过程中换向。通常是把压气机某级的压缩空气引到转子腔内部，或引入转子的卸荷腔，让气体压力作用在盘、轴以及封严装置上，使整个转子的轴向净负荷总是向前或向后，见图1.29。

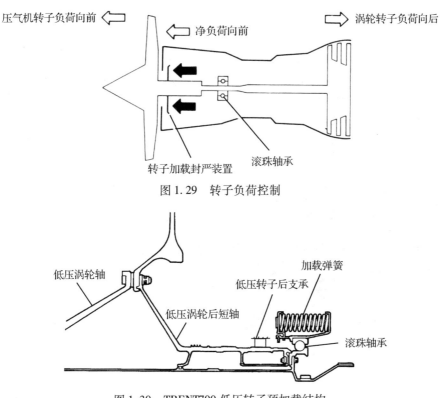

图 1.29 转子负荷控制

图 1.30 TRENT700 低压转子预加载结构

（2）给转子加预载。即预先给转子加一轴向载荷，使发动机在工作过程中，该转子的轴向负荷总是朝一个方向。如 TRENT700 发动机的低压转子，为了防止该转子轴向负荷换向，预先给低压转子加一向后的载荷，从而实现在发动机工作过程中，低压转子的轴向负荷总是向后的，其结构见图 1.30。预加载装置包括弹簧和滚珠轴承。在低压涡轮后支承轴承机匣内安装了一个加载弹簧和滚珠轴承，弹簧的载荷通过滚珠轴承传给低压涡轮后短轴。这样确保了在各功率状态下，低压转子的轴向负荷总是向后的，从而避免了低压转子上的滚珠轴承因零负荷现象而出现的滑蹭损伤。

三、轴承腔封严

轴承在工作过程中需要大量滑油来冷却、润滑。但要防止滑油漏入气流通道（如果这样，不仅会大大增加滑油的消耗量，而且漏入压气机转子通道中的滑油还可能会随引气进入飞机空调系统，给客舱带来危害）。另外，涡轮燃气通道中的高温燃气也不能向轴承腔泄漏，否则会对滑油有一定的影响。为此，应对轴承腔采取一定的封严措施，即把轴承的工作腔与外界的气流通道之间用封严装置隔开，这个靠封严装置与外界气流通道隔开的轴承工作腔就叫做轴承腔，也叫油槽。一个轴承腔内可以有一个或多个轴承。图 1.31 是轴承腔结构示意图。轴承腔是个封闭的增压空间，有供油、回油和通风管路与它相连。封严空气可穿过封严而进入轴承腔内部，给轴承腔增压。轴承腔增压有利于轴承腔回油。为了保持轴承腔内有合适的压力，腔内的气体还得排出腔外。否则，若腔内压力太高，就会影响轴承腔的供油。为了保持轴承腔内、外有一定的压差，轴承腔一般都有个通风系统，其负责把轴承腔内的气体排出腔外。确定通风能力时，既要保持有足够的封严空气进入轴承腔，以保证封严效果，同时还应该保证用尽可能少的封严空气，以减少对发动机性能的影响。通风系统排出的气体中含有滑油，所以，这些气体要经过油气分离后，才能最终排到发动机体外。

图 1.23 所示的 V2500 发动机有 3 个轴承腔，前轴承腔内包含有 1、2、3 号 3 个轴承，4 号和 5 号轴承各有自己的轴承腔。

轴承腔封严常用的方法有迷宫式封严

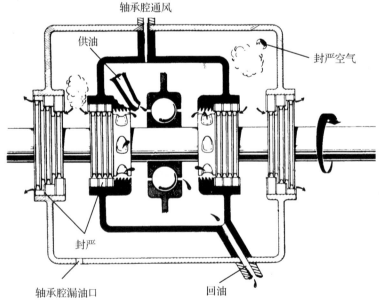

图 1.31　轴承腔示意图

和碳封严，但不管是迷宫封严还是碳封严，都需要压力空气来辅助。压力空气来自压气机。封严空气从轴承腔外面进入到轴承腔内部，从而阻止了滑油从腔内向腔外流动。

1. 篦齿封严

篦齿封严（也叫迷宫封严）是在旋转部件（转子或转轴）上加工有多道篦齿，而在与旋转部件对应的静止部件上，与篦齿对应的区域加工有易磨涂层或蜂窝结构衬层（叫封严层），见图 1.32。篦齿与封严层间有很小的间隙，并且在整个飞行过程中，此间隙会随部件的受热膨胀/收缩以及旋转件的变形而变化。由于此间隙的存在，空气可穿过篦齿流动，因此，篦齿不能阻止气体流动，或严格说它不是封严，而是控制漏过每道篦齿的气量，这是靠每道篦齿两侧的压差来实现的。

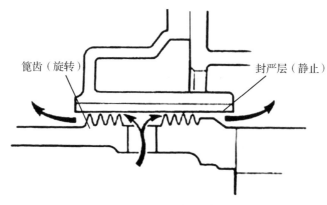

图 1.32　篦齿封严

由图 1.32 可见，空气流过篦齿和封严层间的间隙，进入由两道篦齿形成的空间而进行膨胀，气体压力下降，然后再进入下一齿腔，再进行膨胀降压。这样不同篦齿腔内的压力是不同的，通过设计篦齿的道数可控制此压差，从而控制漏过篦齿封严的气体的多少。篦齿封严在气流通道中应用很多，如压气机、涡轮中的级间封严。为了增强封严效果，有的把篦齿做成双层或阶梯形状，见图 1.33。在涡轮部分的燃气通道中，易磨封严层一般是金属蜂窝结构。在压气机通道中封严层一般是易磨材料涂层。发动机进行磨合运转时，篦齿切入封严层，而切割出槽来，以达到最大深度。当发动机投入运行后，篦齿与封严层之间的刮擦应不会再加深。但由于飞机飞行负荷以及飞机硬着陆等原因而引起的转子的过量移动可能会引起篦齿与封严层相刮。总体来说，在发动机的使用寿命周期内，篦齿封严间隙会随发动机的使用时间的增加而增加，封严效果随间隙的增加而下降。篦齿封严在涡轮发动机上的应用最广泛，它既可用在压气机和涡轮气流通道中转子与静子之间的封严，又可用于轴承腔的封严。

当把它用于轴承腔封严时，需把一定压力的压缩空气引到轴承腔的外面，让压力空气穿过篦齿而进入轴承腔，从而阻止滑油外漏。引气的压力和引气的多少一定要保证让空气穿过篦齿向轴承腔内流动。图 1.31 中的封严就是典型的篦齿封严结构。进入轴承腔的空气，靠通风管路与通风系统连在一起，经油气分离装置排到发动机外面。这种迷宫封严的最大优点就是篦齿与静止封严面间不接触，所以，应该说没有磨损。

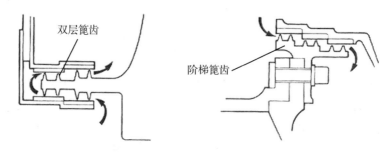

图 1.33　气流通道中常见的篦齿封严

2. 碳封严

碳封严是一种接触性封严，它通常用于轴承腔和齿轮箱输出轴的封严。碳块环靠弹簧或其他方式产生的压力（如磁力）压紧在封严面上，碳块环静止不动，封严面是旋转的，封严面特别光滑，见图 1.34。图 1.34 也叫端面碳封严。碳封严通常需要滑油冷却接触面，因为在工作过程中，碳块与旋转面之间的摩擦会产生一定的热量。图 1.34 中在旋转封严面上加工有专门的滑油通道，它的作用是把滑油送到封严接触面。

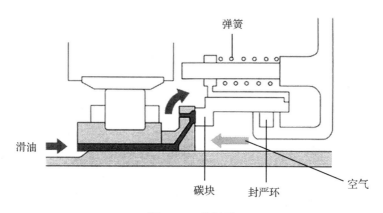

图 1.34　碳封严

图 1.35 是 V2500 发动机的 4 号轴承轴承腔的碳封严结构。碳块环与封严端面为轴向接触，碳块环靠弹簧轴向加载在旋转封严面上。引自高压压气机出口的空气，经冷却后用来冷却轴承腔，并且冷却空气还起到辅助碳封严的作用。

由于该轴承腔位于燃烧室内部，所以，轴承腔的外表面有由绝热材料制成的隔热罩，其作用是减少对轴承腔的热辐射。在隔热罩与轴承腔壁之间是一空心夹层，冷却空气在此夹层中流动，对轴承腔进行冷却。冷却空气在流动过程中，部分空气穿过碳块与旋转封严面之间的间隙进入轴承腔，从而防止滑油外流。专门有滑油通路把少许滑油送到碳块环与旋转的封严表面之间，对接触面进行润滑和冷却，以带走由于旋转而产生的热量。

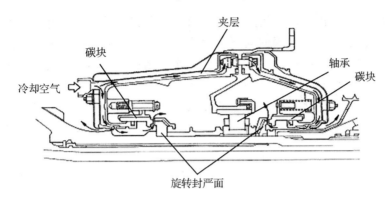

图 1.35　V2500 发动机上的碳封严

另外还有一种为径向接触式，或叫周向碳封严。碳块镶嵌在静止不动的环形壳体内，把环形壳体套装在转轴上，使碳与转轴上的封严面密切接触，起到封严效果。碳块环靠周向弹簧压紧在封严面上。见图 1.36，图中回油螺纹起到阻止滑油向碳块流动的作用。

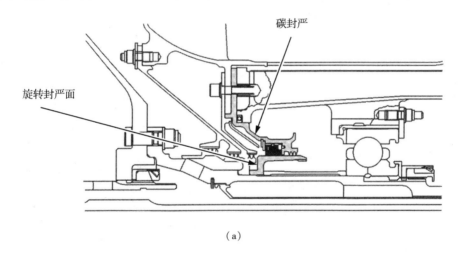

（a）

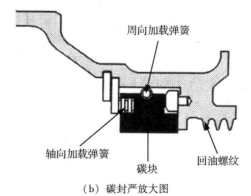

（b）碳封严放大图

图 1.36　AE3007 发动机上的碳封严（径向接触碳封严）

气悬式碳封严是在碳块环的封严接触面上加工有凹槽，凹槽有不同形式。气悬式碳封严环同样有端面封严和周向封严两种形式。当静止时，碳环靠弹簧加载在封严面上，起封严作用。由于碳块环上有凹槽，工作时随着封严面的旋转，在碳块环和封严面之间就会产生气体动压，并且气动压还随转速升高而迅速升高。当转速达到一定值后，气体动压力克服作用在碳块环上的加载力（如弹簧力），使碳块环与封严面间分离，而在封严面和碳块环之间生成一薄气膜，使碳块环悬浮在气垫上，实现非接触式气膜封严。

3. 液压封严和浮动环封严

除了上述封严外，还有液压封严和浮动环封严。

液压封严用于两旋转件之间的封严，见图1.37。这种封严与其他封严不同之处是没有空气泄漏。在两个转轴之间形成一个环形腔，在内转轴上加工有篦齿。轴旋转时，

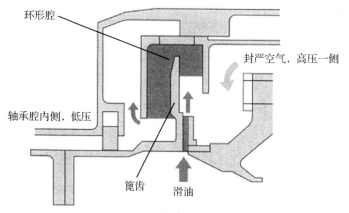

图1.37 液压封严

由于离心力的作用，滑油在内、外轴之间的环形腔内形成一层压力油环。此油环的转速基本与外轴的速度一样，篦齿浸在油环内形成封严。压力空气被引到篦齿的外侧，这样，篦齿内侧为轴承腔内的压力，外侧是封严空气的压力。封严空气的压力大于轴承腔内的压力。轴承腔内、外的压差靠油环液面高度来补偿。当油环旋转速度与外轴的旋转速度不同时，油环和轴之间就会产生摩擦而产生热量，造成滑油温度升高。若滑油温度太高就会造成滑油积炭而影响封严。为了控制此热量的多少，可采取一定的冷却措施，如在滑油环腔的外表面加工散热肋，以增加散热面积；从高压一侧引滑油进入液压封严，让滑油流过液压封严，也可起到散热作用。

图1.38是浮动环式封严。金属环松动地镶在槽内，槽在静子上。由于金属环可在槽内径向移动，所以，旋转面与金属环间的间隙要比篦齿与封严面间的间隙小。工作过程中金属环轴向贴在槽侧面上，起到封严作用。因此，浮动环式封严是间隙式圆周封严，靠流体流

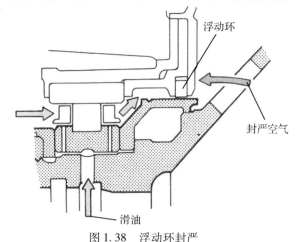

图1.38 浮动环封严

过小间隙的阻力来限制泄漏。浮动环封严的关键就是环可以在槽内浮动，否则就起不到封严作用。若槽内积炭（滑油过热而生成炭），则会导致浮动环卡死在槽内，这样就会使封严效果下降。所以，这种封严一般用在温度低的区域。

4. 刷式封严

刷式封严包括一个静止的刷环，刷环由很多根细金属丝组成，金属丝都朝向轴的旋转方向以一定的角度（一般为 $40° \sim 50°$）倾斜，见图 1.39。金属丝始终与旋转件接触，旋转件的接触表面一般有硬质材料涂层，如陶瓷涂层、碳化铬涂层等。由于金属丝的弹性，刷封严允许旋转件的径向移动和受热后移动，而这些移动和变形对篦齿封严而言，会造成一定的影响。刷封严漏气量小，只能用于气路封严，而不适于轴承腔的封严，因为若金属丝折断会造成滑油污染。与篦齿封严相比，刷式封严具有很好的封严效果。有研究表明，用刷封严替代篦齿封严，可提高发动机的性能，增加发动机推力，降低耗油量。

AE3007 的某些型号在高、低压涡轮之间采用了两道刷封严。其每英寸长刷环上含有 4300 根金属丝，在与钢刷对应的旋转面上涂有氧化铝涂层。由于安装了刷封严，在对发动机做维护工作时，人工转动发动机转子时，只能按发动机的转动方向转动，否则会损坏封严。

普惠公司的 PW4186，PW4084 发动机上也都采用了刷式封严。

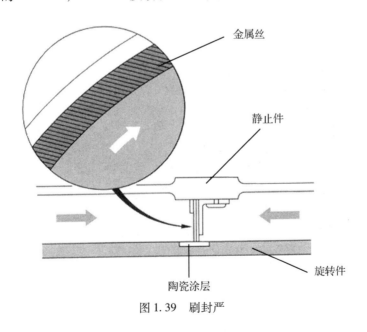

图 1.39　刷封严

四、转子之间的连接

压气机转子和涡轮转子之间的连接需要传递三个负荷，即扭矩、轴向力和弯曲力。

常用的连接有螺栓连接、套齿连接和圆弧端齿联轴器连接。

1. 螺栓连接

短螺栓连接最常用，这是一种刚性连接，能传递扭矩和轴向负荷。压气机轴和涡轮轴之间靠圆柱面定心，并用短螺栓连接，但其传递轴向负荷的能力较其他两种要差，通常用锥形螺栓或精密螺栓来传递扭矩。这种连接结构简单、制造费用低，在许多发动机上得到使用。如 RB211、CFM56、AE3007 的高压转子和 V2500 发动机的高压转子之间都是这种连接结构。图 1.40 是 RB211-535 发动机高压压气机与高压涡轮之间的连接结构。因为轴的半径较大，所以为了提高连接强度，在压气机轴和涡轮轴之间加了一个支承盘。

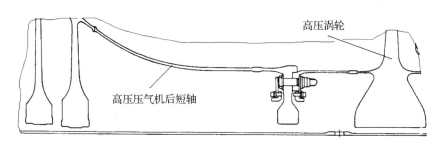

高压涡轮

高压压气机后短轴

图 1.40　RB211-535 高压转子

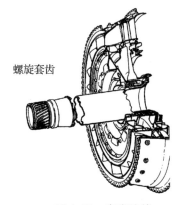

螺旋套齿

图 1.41　套齿连接

2. 套齿连接

套齿连接就是在相连的两个轴上分别加工有套齿，套齿轴相互咬合后，再用螺帽轴向固定。扭矩的传递就是靠套齿来完成的，两轴之间靠精加工的圆柱面定位。套齿有直齿和螺旋齿两种。螺旋齿除了能传递扭矩之外，还能承受轴向负荷，并有自对正能力。图 1.41 中的涡轮轴外表面就是螺旋套齿，与其连接的压气机轴的内表面也加工有螺旋套齿。RB211-535、AE3007 和 V2500 发动机的风扇轴和低压涡轮轴之间就是这种连接结构。

3. 圆弧端齿联轴器

圆弧端齿连接，是在两个相互连接的盘的端面上加工有弧形齿（见图 1.42），用螺栓把两个盘连接在一起。这种连接结构中端面齿起定心和传递扭矩的作用，螺栓起承受轴向负荷的作用。其特点是轴向尺寸小，但径向尺寸大。所以，它一般用于径向空间大，但轴向空间受限制的连接。在罗·罗公司的发动机上这种连接应用很广，经常用于盘与轴之间、或盘与盘之间的连接，如风扇盘与风扇轴之间、涡轮盘之间等。RB211-535E4、V2500-A5/D5 等发动机的风扇盘与轴之间就是采用了这种连接结构。

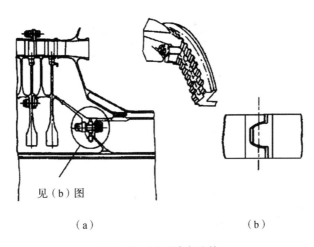

见（b）图

（a）   （b）

图 1.42　圆弧端齿连接

第二章 压气机

第一节 概　述

　　压气机的作用就是吸入并压缩空气，为燃气膨胀做功创造条件。航空燃气涡轮发动机上所使用的压气机有两种基本类型，它们是离心式压气机和轴流式压气机。

　　离心式压气机（图2.1）由叶轮、扩压器和集气总管组成。叶轮旋转，对气体做功，使气体加速、增压。气体由轴向进入，沿径向流出，之后在扩压器中扩压，扩压后的气体，经集气管送往燃烧室。旋转的离心叶轮和扩压器组成离心式压气机的一级。一般离心式压气机由一级或两级组成。

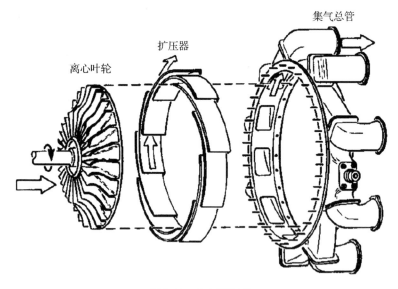

图 2.1　离心压气机

　　轴流式压气机（图2.2）由一排排沿轴向顺序排列的叶片排组成。这些叶片排分别是随转轴旋转的叶片排和静止不动的叶片排，并且这两种叶片排交错排列。转动的叶片叫做工作叶片或转子叶片，不动的叶片叫做静子叶片或整流叶片。轴流式压气机的一级包括一排工作叶片和一排静子叶片。工作叶片对气体做功，使气体升压并加速流动，静子叶片则起到降速扩压的作用。一般轴流式压气机由多级组成。

轴流式压气机与离心式压气机相比较，各有自己的优缺点。离心式压气机的优点是坚固，强度好，容易研制和制造，并且单级增压比高；其缺点是迎风面积大。在相同气体流量下，轴流式压气机的迎风面积比离心式压气机要小很多。轴流式压气机的级增压比小，但多级组合后，可获得高的增压比，且效率高。由于空气流量是决定发动机推力大小的一个重要因素，所以在相同迎风面积的情况下，采用轴流式压气机可获得更大的推力。另外，采用多级轴流压气机，还可获得高增压比。所以，现代大型涡轮喷气发动机一般都采用轴流式压气机，而离心式压气机则主要用在小型燃气涡轮发动机上（如大型飞机的辅助动力装置、直升机用发动机等）。轴流、离心混合式压气机也是小型燃气涡轮发动机上经常采用的一种形式。在布局上，前面是轴流压气机，后面是离心压气机（图2.3）。这样既可充分发挥离心压气机单级增压比高的特点，又可避免多级离心压气机的流动损失问题。

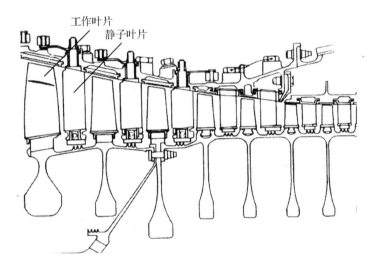

图 2.2 轴流压气机

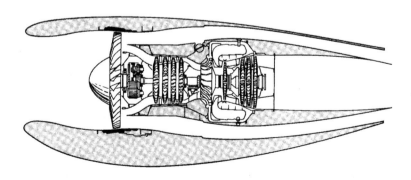

图 2.3 轴流-离心式压气机在发动机上的应用

第二节　轴流式压气机的基本原理和构造

一、增压原理

轴流式压气机顾名思义，气流在压气机内基本上沿着发动机的轴向流动。在流动过程中，压气机的工作叶片对气体做功，增加气体流动速度，并使压力增加。之后气体流过静子叶片，相邻两静子叶片之间形成的通道是扩张形的，气体减速扩压，即动能转换成压力势能。气体流过压气机时，速度和压力的变化情况如图2.4所示。

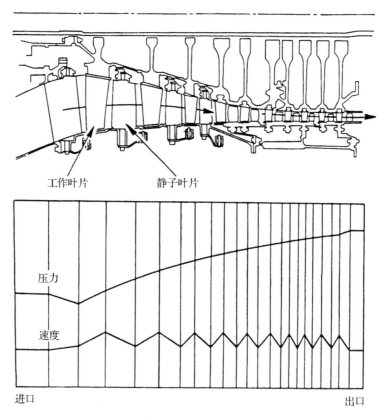

图2.4　气体流动过程中压力和速度的变化

由图2.4可见，从压气机进口到出口气体的压力不断升高。气体在流过动叶时，速度增加，流过静子叶片时，速度下降。在理想情况下，压气机出口的速度和进口速度大约相同。但实际流动过程中，由于存在流动损失，压气机出口速度要低于进口速度。压气机出口压力 p_2 和进口压力 p_1 的比叫做压气机的增压比，一般用 π 表示，$\pi = \dfrac{p_2}{p_1}$。

压气机每级的进、出口之间的压力比叫级增压比。整个压气机的增压比和各级的增压比之间的关系是：

$$\pi = \pi_1\pi_2\cdots\pi_n \qquad\qquad (2-1)$$

式中，π_1，$\pi_2\cdots\pi_n$——各级的增压比，n 为级数。

即压气机的增压比是各级增压比的乘积，如果各级增压比相同，则增压比是级增压比 n 的次方，n 为级数。例如，如果压气机的总增压比是 8，平均级增压比是 1.26，则需 9 级压气机才能达到增压比 8。目前，亚音速压气机的级增压比为 1.3 左右，而超音速、跨音速级的压气机，在实际应用中的级增压比可达到 1.5 左右（但单级风扇的增压比要高些，可达到 1.9 或 2 左右）。目前压气机的总增压比已达到了 25 ~ 40 左右，也就是说压气机的级增压比是比较低的。若级增压比太高，则容易引起气流分离或失速，从而造成流动损失，使压气机效率下降。为了降低发动机的耗油率，增压比就得提高，所以，我们看到现代发动机的增压比在不断提高。

若用一条通过各级的直线绕压气机轴转一圈来切割压气机的话，就可得到一个基元级。再把切出后的截面展开，则可得到如图 2.5 所示的叶栅平面图。

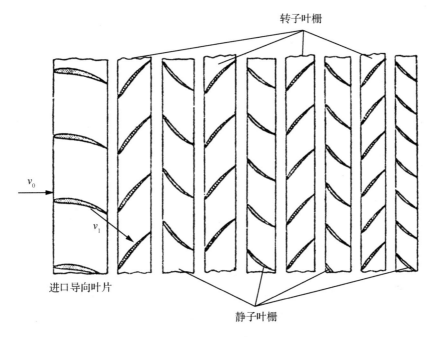

图 2.5　叶栅

由图 2.5 可见，叶片的截面就像翼形一样，动叶和静叶的叶栅通道都是扩张形的。我们把连接叶栅前缘和后缘之间的直线叫做叶弦（或弦线）。

动叶叶栅以圆周速度 u 运动，而静叶叶栅静止不动。空气以轴向速度 v_0 进入发动机，以速度 v_1 从进口导向叶片中流出（如图 2.5 所示）。一般相邻两导向叶片所形成的通道是稍微有些收敛的，所以 v_1 比 v_0 稍大些。当空气流过动叶叶栅时，由于叶片在以一定的速度 u 旋转，这样空气就以相对速度 w_1 进入工作叶栅通道，以相对速度 w_2 流出，参见图 2.6。对于第一级来说，当前面有进口导向叶片，绝对速度 v_1 的方向就是进口导向叶片出气的方向（见图 2.5）；若无进口导向叶片，则 v_1 的方向是轴向的。由于工作叶栅通道是扩张的，根据气体力学可知，亚音速气流流过扩张通道时，速度降低，压力升高。因此，在工作叶轮叶栅中，出口相对速度 w_2 小于进口相对速度 w_1；出口处的压力大于进口处的压力。若忽略流动摩擦损失，则根据伯努力方程可知，压力变化与相对动能变化之间有如下关系［见式（2－2）］：

$$\Delta p_{动} = \frac{w_1{}^2 - w_2{}^2}{2g} \gamma_{动}$$

（2－2）

式中，$\gamma_{动}$——空气在工作叶栅通道中的平均密度。

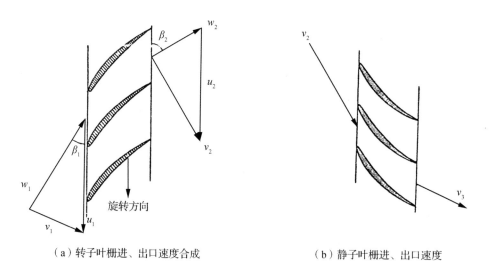

（a）转子叶栅进、出口速度合成　　　　（b）静子叶栅进、出口速度

图 2.6　气流经过动叶和静叶通道的速度合成

因此，气流流过工作叶轮叶栅时，气体压力的提高，是由于相对动能的下降而造成的。另外，空气在工作叶轮叶栅中流动时，叶轮还给气体加了功。这主要是空气流过工作叶轮时，工作叶片给气体一作用力，此力可分解为切向分力和轴向分力。切向分力使气体随着叶轮周向移动，改变气体切向速度。轴向分力是叶片推动气体从前向后移动的力（使气体从低压向高压流动）。

在压气机中，由于传给空气的机械功是通过装在轮缘上的叶片来完成的，所以习惯上把叶片对空气所做的功叫做轮缘功。从前面的分析可知：一部分轮缘功用来使空气的压力提高；还有一部分使气体的绝对速度提高（即 v_2 大于 v_1），即增加动能；另外还有少量的功用来克服流动摩擦损失。总之，由于轮缘功的加入，空气流过工作轮叶栅通道后，不仅压力提高，而且出口的绝对速度也得到了提高，也就是说空气的总温和总压都得到了提高。

空气从动叶叶栅中出来，以 v_2 进入静子叶栅通道，由于静叶叶栅通道与工作叶轮叶栅一样也是扩张形的，因此，气体也进行降速增压，流出的速度 v_3 要小于 v_2。由于没有机械功加入，同样在忽略摩擦损失的情况下，动能变化与压力的增加之间有下列关系［见式（2-3）］：

$$\Delta p_{\text{静}} = \frac{v_2^{\,2} - v_3^{\,2}}{2g}\gamma_{\text{静}} \qquad (2-3)$$

式中，$\gamma_{\text{静}}$——静子叶栅通道中空气的平均密度。

这样在一级轴流式压气机中，总的压力提高应该是空气在工作叶轮和静子叶片通道中压力增加之和，即：

$$\Delta p_{\text{级}} = \frac{w_1^{\,2} - w_2^{\,2}}{2g}\gamma_{\text{动}} + \frac{v_2^{\,2} - v_3^{\,2}}{2g}\gamma_{\text{静}} \qquad (2-4)$$

实际上气体流动是有摩擦损失的，因此，工作叶轮给气体所加的功，分别在工作叶轮和静子中转变为压力的升高、动能的增加和摩擦热。一般情况下，级的出口速度 v_3 与进口速度 v_1 是很接近的。因此，气体流过压气机的一级时，动能基本不变，叶轮的轮缘功全部转化为压力升高和克服摩擦。这就是气体在压气机的一级中流动时的增压过程，也代表了气体在整个压气机中的流动过程。

为了便于研究单级轴流压气机内空气速度的变化情况，将图 2.6 中工作叶片进、出口的速度三角形组合在一起，就形成了级速度三角形，也叫速度图，见图 2.7。

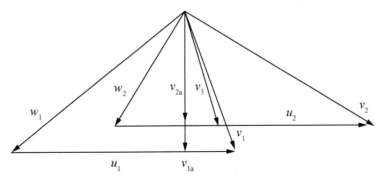

图 2.7　级速度三角形

若级的增压比不高（一般为 1.2 ~ 1.5），并且级的内径、外径沿轴向的变化不大时，则级的进、出口的气流轴向速度和圆周速度变化也就不大。因此，可以近似认为 $v_{1a} = v_{2a} = v_{3a}$，$u_1 = u_2$。一般 v_1 和 v_3 的方向也很接近，因此，可以认为 $v_1 \approx v_3$。这样图 2.7 所示的速度三角形可变化为图 2.8。

通常相对速度与额线（切线）方向的夹角用 β 表示，绝对速度与额线方向的夹角用 α 表示。对应 β_1 是进口相对速度 w_1 与额线的夹角，叫进气角；β_2 是出口相对速度 w_2 与额线的夹角，叫出气角。则有 $\Delta\beta = \beta_2 - \beta_1$ 为气流在工作叶轮中的转折角；$\Delta\alpha = \alpha_3 - \alpha_2 = \alpha_2 - \alpha_1$ 是气流在整流器叶栅中的转折角，也是气流经过压气机的一级的转折角。

图 2.8 中也标出了相对速度的变化量，也就是 Δw_u 和绝对速度的变化量 Δv_u，这种变化量叫做空气在叶轮中的扭速。扭速代表了气流流过叶轮叶栅后，气流在周向的扭转大小。它们与气流在叶轮进口与出口处流速的切向分速度有以下关系：

$$\Delta w_u = w_{1u} - w_{2u}$$
$$\Delta v_u = v_{2u} - v_{1u} \tag{2-5}$$

式中，w_{1u}、w_{2u}——气流在工作叶栅进、出口处相对速度的切向分速度；

v_{1u}、v_{2u}——气流在工作叶栅进、出口处绝对速度的切向分速度。

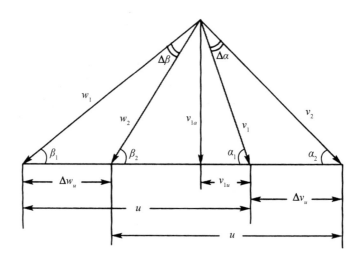

图 2.8 级速度三角形（$v_{1a} = v_{2a} = v_{3a}$，$u_1 = u_2 = u$；$v_1 = v_3$）

由图 2.8 可知道，相对速度和绝对速度在切向的变化量相等，即：

$$\Delta w_u = \Delta v_u$$

并且可推导出相对速度和绝对速度的计算式如下：

$$w_1 = \sqrt{{v_{1a}}^2 + (u - v_{1u})^2} \tag{2-6}$$

$$v_2 = \sqrt{{v_{1a}}^2 + (v_{1u} + \Delta v_u)^2} \tag{2-7}$$

扭速是个很重要的物理量，它与压气机做功和增压的程度密切相关。在转速一定的情况下，扭速大，级的加功量就大。转速 u 和扭速一样也是影响叶轮对气体加功的因素，转速提高，叶轮对气体的加功量就大。级的加功量大了，气体的压力就升高得多，相应级增压比就高。所以，要想减少压气机的总级数，可通过提高转速 u 和扭速来实现。

v_{1a} 直接影响压气机的进气量，所以要减小压气机的迎风面积，则 v_{1a} 就要大些。

但这些参数的变化又是相互影响的，当 u、v_{1a} 和 Δw_u（Δv_u）增加到一定值时，从计算式（2-6）和（2-7）可知，w_1 或 v_2 就可能增加到接近音速，使工作叶轮叶栅通道或静子叶栅通道内出现激波，而对于亚音速叶栅来说，这是不允许的。因为这样会使流动损失增加，使叶栅效率下降。

气体在进入工作叶轮之前，在圆周方向的分速度 v_{1u} 叫做预旋。采用预旋可调节 v_{1a}、u 和 w_1 三者之间的关系。

二、平面叶栅的主要几何参数和气动参数

下面是平面叶栅常用的几何参数，见图 2.9：

（1）中弧线：叶型内切圆圆心的连线，叫做中弧线，简称为中线。叶型的凸面又称吸力面或叶背，叶型的凹面又称压力面或叶盆。

（2）弦长：连接中弧线与叶型前、后缘交点 A 和 B 之间的直线叫做弦，弦的长度叫做弦长。

（3）几何进口角和几何出口角：中弧线在前缘 A 点和后缘 B 点处的切线与额线间的夹角，分别叫几何进口角 β_{1k} 和几何出口角 β_{2k}。

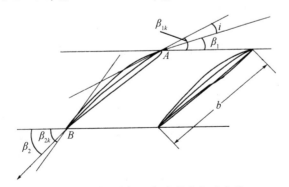

图 2.9　平面叶栅几何参数和气动参数

（4）进气角 β_1 和出气角 β_2：进气气流方向与额线间的夹角叫做进气角 β_1；出气气流方向与额线的夹角叫做出气角 β_2。

（5）攻角：进气角 β_1 和叶栅几何进口角 β_{1k} 之间的夹角，叫做攻角，通常用 i 表示，即 $i = \beta_{1k} - \beta_1$。攻角的大小会影响气流经过叶栅的流动情况。当攻角基本为零时，气流能平稳地流过叶栅，而不出现分离现象；当攻角达到某一值（i_n）时，气流开始在叶背出现分离；当攻角达到临界值 i_{cr} 时，气流在叶背严重分离，之后，继续增加攻角，则因气流分离严重而导致失速。叶背是吸力面，气流分离后很容易引起分离区扩大，以致堵塞整个叶栅通道，造成喘振。而当负攻角大到一定程度时，则会在叶盆出现气流分离，使叶片通道变小，严重了也会造成堵塞。各种攻角下气流分离情况示意图见图2.10。

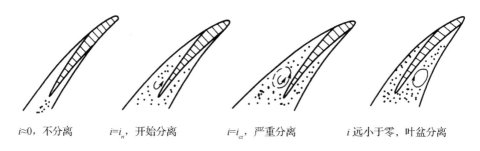

$i \approx 0$，不分离　　　$i = i_n$，开始分离　　　$i = i_{cr}$，严重分离　　　i 远小于零，叶盆分离

图 2.10　不同攻角情况下的气流分离

三、轴流压气机的特点

轴流压气机一般都由多级组成。压气机的每级都有自己的气动特性和工作特性，当把它们组成多级压气机后，相邻级的特性是稍有不同的。在设计多级压气机时，通过合理选择级增压比、气流流速等，使各级之间相互匹配，减小损失，扩大压气机的稳定工作范围。多级压气机有下列特点：

（1）压气机的环形通道的截面积逐渐减小

由于空气被压缩后，密度逐渐增大，根据流量连续原理，如果压气机的通道不逐渐减小的话，在设计工作状态下，空气流动的轴向分速度就得逐级减小，这样相对速度与工作叶片旋转面之间的夹角 β 就会逐级减小。为了减小撞击损失，叶片的安装角（即叶弦与工作叶片旋转面之间的夹角）就得越来越小。实验证明，这样做将使工作叶片对空气所做的功减少，级增压比降低。这样一来要达到设定的增压比，就得增加级数，从而使压气机的尺寸和重量都增加。所以，设计时压气机通道面积要逐渐减小，以便使流过各级的气流轴向速度相等或下降很小。为了实现这一目的，有三种设计方法，即等外径、等中径和等内径，见图2.11。

等外径设计就是所有级的转子半径相同，转子的内径逐级增加。其优点是各级的圆周速度都很大，每级都可以有相对较大的加功量，有利于减少压气机的级数。从制造工艺上看，机匣比较容易加工。

等内径设计与等外径正好相反。等内径结构与等外径相比，在迎风面积相同的情况下，若增压比一样大，则最后一级的叶片高度比较大，因而可使端面损失减小，提高后面级的效率。但显然在同样增压比下，所需的级数就要多些。

等中径就是中径不变，外径逐渐减小，而内径逐渐增加。这种结构介于等外径和等内径之间。根据前面的分析可知，等外径适用于流量较大，增压比中等的压气机，而等内径适用于流量较小而增压比相对较高的压气机。

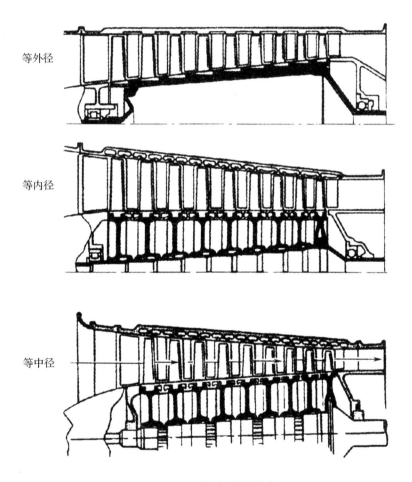

图 2.11 压气机通道形式

（2）压气机的工作特性

压气机的性能参数增压比取决于压气机的 4 个工作参数，它们分别是转速 n，空气流量（质量流量）m_a 和压气机进口总温 T_1^*、总压 p_1^*。在实验台上对压气机进行流量实验发现，当压气机在某一转速下工作时，改变进入压气机的空气流量，并分别测量压气机进口和出口的总温和总压，这样可得到这一转速下，空气流量的变化与增压比 π^* 之间的变化关系。π^* 可按（2-8）式计算，式中 p_2^* 是压气机出口总压。

$$\pi^* = p_2^* / p_1^* \qquad (2-8)$$

在不同的转速下做这个实验，就可得到压气机在每个转速下，空气流量与增压比之间的关系，得到压气机流量特性曲线如图 2.12 所示。

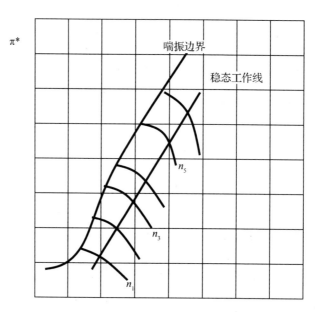

图 2.12　压气机流量特性曲线

图 2.12 中转速从 n_1 到 n_6 逐步增加。实验结果发现，在某一转速下流过压气机的空气流量有个最大值和最小值。把所有转速下的最小流量点连接起来，就是"不稳定边界"。当压气机在不稳定边界上工作时，气流就会由稳定变为不稳定，因而可能产生两种状态：旋转失速和喘振。其中任何一种状况出现，都会破坏压气机正常工作，严重了还可能会导致压气机损坏。流量特性线的最右端，为该转速下，能流过压气机的最大流量，即通过压气机的流量无法再增加了，这一点叫做流量阻塞点。各转速下的流量阻塞点的连线就是压气机的流量阻塞边界。

从流量特性曲线还可以看出，在某一转速下，随着空气流量的减少，增压比增加。之所以这样，原因是当转速不变，空气流量减小时，气流轴向速度（v_{1a}）就减小，由图 2.6 可知，与原来相比，进口相对速度 w_1 就会变得更加倾斜，使攻角加大。但气流从工作叶栅流出的相对速度 w_2 的方向不变，这就是说 $\Delta\beta$（转折角）加大了。由图 2.8 可见，转折角加大，会造成扭速加大，从而使得对气流的加功量增加。加功量增加了，增压比自然升高。但当空气流量减少到一定程度后，造成攻角太大而引起气流在叶背分离，使流动损失增加。压气机效率下降，增压比稍有降低。当攻角超过某临界值后，叶背分离扩展到整个通道，使压气机进入不稳定工作状态而喘振。把每一转速下压气机不能稳定工作的点连接起来，就是不稳定边界或叫做喘振边界。

实际发动机中，在稳定状态下，需要确定压气机在每个转速下的工作点。也就是说在最大流量和最小流量之间找一个点，让压气机在该点稳定工作。为了安全起见，压气机的工作点应该与喘振边界保持一定的距离，这个距离就是喘振裕度。把每个转速下压气机稳定工作的点连在一起，就是压气机的稳态工作线，即让压气机的工作状态沿着"工作线"变化。工作线与喘振边界之间的区域就是压气机整个转速范围内的喘振裕度。现代压气机在设计时，工作线的选择一般都很靠近喘振边界。这是因为在同一转速下，压气机的工作点越靠近喘振边界，就越能获得较高的增压比和压气机效率，有的工作线甚至在低转速时会与喘振边界相交。所以，压气机结构上都要采取一定的措施来扩大稳定工作区域，以保证工作线与喘振边界不相交。另外，压气机在加、减速时，并不是沿该稳态线变化的，有可能会进入喘振区域，这也需要采取一定的措施来防止其发生，有关的稳定措施将在压气机防喘中介绍。

（3）级的流动损失

主要是叶型损失。叶型损失主要包括下面五个方面：

①叶型附面层中的摩擦损失

气流流过叶栅时，由于空气的黏性作用，在叶栅表面会形成附面层。附面层内空气流动就会产生摩擦损失。

②尾迹中的涡流损失

当气流分别由叶背和叶盆流到叶型后缘处时，两边的附面层汇合而成为叶片的尾迹。另外，上、下表面附面层在后缘汇合时，还会生成涡流区。由于黏性作用，旋涡运动所消耗的动能转变为热能，这就是尾迹损失。

③尾迹和主流区的掺混损失

由于尾迹中的气流速度小，而主流区的气流速度大，这样在尾迹和主流区之间存在着较大的速度梯度。在尾迹和主流区混合时，速度要调匀，否则这个混合过程就会损失。

④附面层分离损失

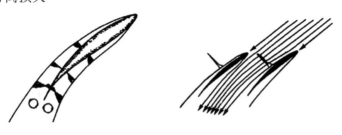

（a）附面层分离　　　　　（b）激波引起的分离和激波损失

图 2.13　附面层分离和激波损失

见图 2.13。气流从叶型前缘向后缘流动的过程中，压力是不断提高的。在正压力梯度的作用下，可能会产生附面层分离，特别是激波附面层干扰导致的附面层分离，损失就更为严重。

⑤激波的波阻损失

当叶栅通道中出现超音速区时，就会产生激波，如图 2.13 所示。气流流过激波时，总压下降，这称为激波损失。

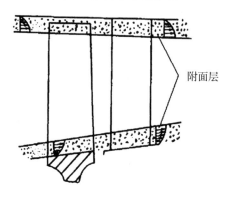

附面层

图 2.14　机匣和叶轮上的环壁附面层

压气机级的流动损失除了上面的叶型损失之外，还有如下损失：

①环壁附面层中的摩擦损失，以及其与叶型附面层的相互作用引起的损失。内、外壁面附面层内的摩擦本身就导致流动损失，不仅如此，由于环壁附面层的阻滞作用，端壁区的叶型附面层将变得更厚，甚至提前或加剧分离。反过来，叶型附面层的阻滞作用又使环壁附面层内气体流动困难，附面层因而变厚。这两种附面层之间的不良相互作用是导致端壁区叶栅效率急剧下降的重要原因之一。图 2.14 为环壁附面层简图。

②径向间隙引起的损失。图 2.15 为径向间隙中的倒流和潜流示意图。增压后的气流会经过径向间隙轴向倒流至前方，而叶盆的高静压气流也会经过径向间隙潜流至叶背。倒流和潜流都会使叶尖的增压能力、加功能力和效率下降。若径向间隙减小了，则相应的损失就会减小。为了减小径向间隙，在机匣内壁和转子上喷涂易磨涂层。压气机组装后，允许叶尖和涂层相刮，以形成较小的叶尖间隙。

（a）径向间隙内的倒流　　　　　　　　（b）潜流

图 2.15　径向间隙引起的倒流和潜流

③叶片附面层潜移所引起的损失。图 2.16 为工作叶片附面层内的潜流产生的机理和潜流示意图。

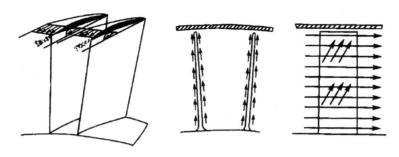

图 2.16　工作叶片附面层内的潜流

气体在叶片通道中流动时，其静压从叶根至叶尖沿叶高逐渐增大，一个气体微团在流动的过程中就会受到上下压差的作用，同时此气体微团还在以速度 v_u 做旋转运动而产生离心力。在工作叶片通道的主流区内，此压差和离心力能相互平衡，使气体微团沿某一曲面流动。但在叶型附面层内，可以认为气体微团是"粘"在叶片表面上，随叶片一起转动，这样气体微团的旋转速度就不是 v_u，而是叶轮的旋转速度 u。一般来说 u 大于 v_u，因此，附面层内的气体的离心力就大于主流区内气体的离心力。这样在工作叶片的附面层内，气体的离心力大于静压差，从而就使附面层内的气体沿叶型从叶根向叶尖流动，如图 2.16 所示，这就是工作叶片上的气流潜移。

静子叶片附面层内的潜流移动方向与工作叶片的相反。这是因为在静叶附面层内，气体微团的绝对速度接近于零，所以其周向分速度产生的离心力也接近于零，也就是离心力不能平衡压差。这样，在静压差的作用下，静叶附面层内的气体沿径向，由叶尖向叶根流动，这就是静叶附面层内的气流潜移。

这种潜移会使叶型表面上的附面层朝着动叶的叶尖和静叶的叶根方向堆积，从而造成这些区域的附面层增厚甚至引起分离，使流动损失增加。

（4）压气机叶片沿叶高方向是扭转的

前面提到用圆柱面和压气机转子相切，可得到"基元级"。而反过来，压气机的"一级"就是由很多"基元级"沿叶高叠加而成。又因为沿叶高各基元级的工作条件是不同的，例如各基元级的圆周速度不同，所以其流动参数、速度三角形也会不同。我们之所以会看到叶片从叶根到叶尖是扭转的（图 2.17），就是为了满足不同基元级的流动需要。下面从叶尖、叶中和叶根处的气流速度三角形来分析叶片扭转的原因。

若轴向进气，则气流沿叶高各处的切向分

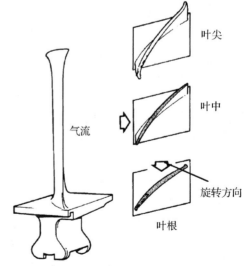

图 2.17　叶片的扭转

速度 v_{1u} 为零，并认为进气速度沿叶高不变，即 $v_1 = v_{1a}$，但圆周速度沿叶高是逐渐增加的。这样我们可画出叶尖、叶中和叶根三处的速度三角形（图 2.18）。结果发现，叶尖、叶中和叶根处的进气角 β_{1t}、β_{1m}、β_{1h} 之间有如下关系：$\beta_{1t} < \beta_{1m} < \beta_{1h}$。这样一来，如果按平均叶高处速度三角形来定义叶型，把叶片做成直的，即从叶根到叶尖几何进口角都一样，以平均叶高处的攻角为基准，则在叶尖处的攻角就会很大，而叶根处的攻角就会出现很大的负攻角，尤其是叶片高度很大时，就更为明显，这样叶片的效率就会很低，甚至无法工作。为了减少气流流入工作叶片的流动损失，应使工作叶片进口几何角沿叶高基本都对准来流方向 β_1，也就是说叶片应做成从叶尖到叶根，叶型的进口几何角逐渐加大。由图 2.17 可见，叶片在叶尖处叶型弯曲小，到叶中和叶根时，叶型的弯曲逐渐变大。这种设计还可保证从叶根到叶尖，工作叶片对气流的加工量大致相等，进而使工作叶片出口处，气流的总温和总压沿叶高接近均匀分布。

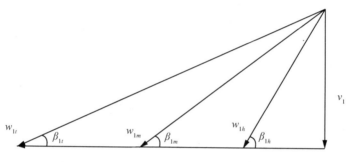

图 2.18　叶尖、叶中和叶根处的速度三角形

四、轴流式压气机的喘振

轴流式压气机每级的气动性能和工作特性都有所不同。为了使压气机在非设计状态下，能有恰当的工作范围和较低的损失，各级之间的相互匹配是很重要的。压气机前面些级匹配好了，有利于控制在低转速下的不稳定流动，而后面些级的匹配则是控制高转速时，可能会出现的不稳定流动。典型的压气机工作不稳定流动是指喘振和旋转失速。喘振先于旋转失速出现，所以我们习惯把压气机工作线上的不稳定线叫做喘振线或喘振边界。

喘振是压气机工作的一种不正常现象，是指气流沿压气机轴线发生的低频率、高振幅（强烈的压力和空气流量波动）的气流振荡现象。发生喘振时，空气不能在压气机内正常向后流动而是向前返回。喘振会造成发动机振动，压气机出口总压和流量大幅波动，转速不稳定，有时会出现发动机熄火，有时在发动机进口处会出现气流吞吐现象（包括燃烧室内的高温高压燃气倒流"吐火"现象，即从进气道中喷火），有时会发出低沉的噪音，严重时有放炮声。喘振会造成工作叶片振动，如果不及时处理或处理不当，则可能由于剧烈振动而导致压气机叶片快速损坏，或由于高温而损坏燃烧室和涡轮叶片。

1. 压气机喘振的原因

发生喘振的根本原因是进入压气机的空气流量不能与压气机转速相适应。在设计状态下，气流能够很好地流过叶片通道，此时攻角合适，气流能平滑地流过工作叶片表面。但当偏离设计转速后，如低转速、起动过程及发动机加、减速时，空气的流动速度就不能很好地与转子转速配合，而造成攻角加大。攻角加大到一定程度，气体就开始在叶背后缘分离。若分离区扩散到整个叶栅通道，则压气机叶栅完全失去扩压能力。这时，工作叶片就再也没有能力克服后面较高的反压，推着气流向后流动了，于是流量急剧下降。不仅如此，由于叶栅没有了扩压能力，后面的高压气体还可能通过分离的叶栅通道而倒流至前方，这就是喘振时"吐气"的原因。气流返回后，整个压气机的流路变得瞬间通畅，于是瞬间大量的气体又被重新吸入压气机，开始向后流动。但由于转速与流量还是不匹配，所以，气流就又分离，再返回，从而出现流动、分离、返回这种脉动现象，严重时气流就会逆向冲出压气机。

喘振时，气流的压力和流量都会发生这种脉动，同时压气机的效率和增压比会大大降低。气流的这种不均匀的脉动，会使压气机叶片发生剧烈振动，在叶片上产生很大的应力，造成工作叶片和静子叶片的疲劳断裂。当喘振发生时，由于气流的倒流，使进入燃烧室的空气减少，从而会造成排气温度升高或超温，控制不好就会烧坏发动机。

2. 防喘措施

为了保证压气机在发动机的整个工作范围内都能工作正常，一般都要采取一些措施来防止喘振的发生。对于多级压气机来说，一般是压气机的级数越多，设计增压比越高，压气机各级之间的影响就越大，当偏离设计状态时，压气机就越容易发生喘振。

发动机上常用的防喘措施是可调静子叶片和进口导向叶片以及放气活门和机匣处理。

可调进口导向叶片和静子叶片的防喘原理很简单。从前面的喘振机理可知，在低转速时，由于进气速度相对于叶片转速来说减小了，从而导致攻角过大，引起气流在叶背分离，结果造成喘振。如果我们能及时改变工作叶片的进气角，使气流能按设计攻角进入工作叶片，那么气流就不会在叶背产生分离了。可调进口导向叶片和静子叶片就是通过调节静子叶片的安装角度来调整工作叶片的进气方向，从而实现防喘。

图 2.19 给出了调节进口导向叶片防喘的示意图。旋转进口导向叶片，角度变化量为 $\Delta\varphi$，使出气方向（v_1）由轴向改为向旋转方向偏转。让气流以合适角度流入第一级工作叶片，使进口速度三角形变为虚线所示，从而使其攻角合适。由于攻角减小，不稳定工作状态解除，从而使不稳定边界向左移动，使工作点 A 远离喘振区间向 A' 移动，等转速线向低增压比和小流量方向变化。

可调静子叶片系统是根据压气机的转速来调整静子叶片的安装角，从而实现对空气流量的控制。可调静子叶片通常装在压气机的前面几级。从另一个角度来看，可调静子叶片的调整过程是：当转速低时，关闭静子叶片，使进入压气机的空气流量减少，而随着压气机转速的增加，静子叶片逐渐打开，增加进气量，直到最大开度为止。

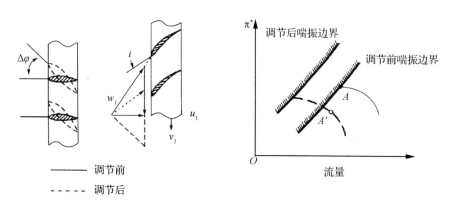

图 2.19　可调进口导向叶片防喘示意图

放气活门一般安装在压气机的中间某级或末级。压气机喘振时，一般是前面的级在大的正攻角下工作，后面的级在大的负攻角下工作，即"前喘后堵"。如果能从压气机的某级把气体放掉，达到修正气流速度的效果，就能使压气机脱离这种前喘后涡的状态。

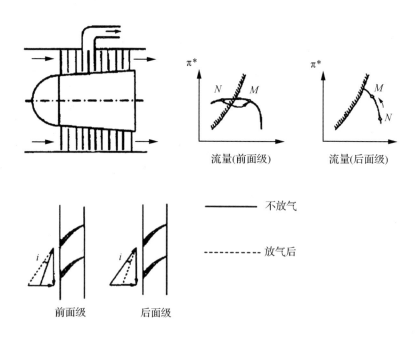

图 2.20　压气机中间级放气防喘原理

放气系统的打开和关闭是根据压气机的转速来控制的。一般在低转速或发动机在瞬态状态下打开，把部分压缩空气放掉，这样一方面解除了后面级的堵塞状态，使后面级的工作点 N 向 M 点移动；另一方面又加大了通过前面级的气体量，使前面级的气流轴向速度加大，攻角减小，避免了气流在叶背分离，使前面级的工作点从 N 点移到 M 点，如图 2.20 所示。起动时放气不但可避免压气机喘振，而且还可减轻转子负荷，降低起动功率。但值得指出的是，放气是把压缩后的部分空气放掉，这就意味着浪费一部分压气机功，会导致发动机的推力损失，燃油消耗率增加，燃烧室出口温度升高。

前面说过，喘振时会出现"前喘后涡"现象，原因是前、后几级的轴向速度下降和轮缘速度下降不成比例。前面几级的轴向速度下降比轮缘速度下降得快，结果造成大攻角而进入不稳定状态；后面几级则刚好相反，轴向速度的下降比轮缘速度下降得慢，结果使攻角进入很大的负攻角，进入堵塞或涡轮状态。如果这些级的轴向速度的变化与轮缘速度的变化能够协调的话，则不会出现这种现象，压气机也就能稳定地工作了。但在单转子上这种协调是不能做到的，所以，发展了双转子或三转子发动机。

在双转子发动机中，压气机分为高、低压两个压气机（前面为低压压气机、后面为高压压气机），相应由高、低压两个涡轮来带动，从而形成两个转子。两个转子之间没有机械连接，它们就靠气动匹配联系在一起。两个转子的设计转速也不同。在不同的工作状态下，高、低压涡轮产生的功率也不一样。偏离设计转速时，多级涡轮的特性表明，后面级的做功能力比前面级做功能力下降得快，也就是说低压涡轮做功能力下降更明显。低压涡轮驱动低压压气机，高压涡轮驱动高压压气机。而在这时，低压压气机由于攻角大而变得"重"，所以，低压压气机转速就会自动下降，使轮缘速度与气流轴向速度的下降相适应，从而导致攻角减小而避免喘振的发生。而高压涡轮做功能力下降得少，同时后面级（高压压气机）是处于"涡轮"状态，或者说其变"轻"了，所以，高压转子转速就会升高，使攻角增加从而退出"堵塞"状态。这也就是双转子的防喘机理。

五、压气机转子结构

压气机由转子和静子组成。转子由工作叶片、轮盘（鼓筒）、轴和一些连接件组成。转子可有三种基本结构形式：鼓式、盘式和盘鼓混合式（见图 2.21）。下面分别介绍一下各种转子结构的特点。

1. 鼓式转子

鼓式转子的基本构件就是一个圆柱形或圆锥形鼓筒，鼓筒的前后再分别与转轴连接在一起。鼓筒的外表面加工有安装压气机工作叶片的周向或轴向榫槽，一般为燕尾

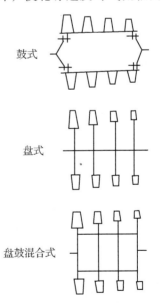

图 2.21　压气机转子结构的基本形式

鼓式

盘式

盘鼓混合式

形。工作时，作用在转子上的负荷由鼓筒承受和传递。CFM56发动机的增压级就是鼓筒式结构（图2.22），在鼓筒上加工有安装工作叶片的燕尾形榫槽。V2500发动机风扇后的增压级转子也采用了鼓式结构。鼓筒式转子结构简单，零件数目少，且具有较高的抗弯曲刚性。但根据对鼓筒的受力分析和强度计算可知，在实际工作中，由于材料强度的影响，鼓筒的旋转速度要受到限制。目前鼓筒式转子的圆周速度一般不超过200米/秒，所以鼓筒式转子的使用就受到限制，一般只在转速低的低压转子上采用。

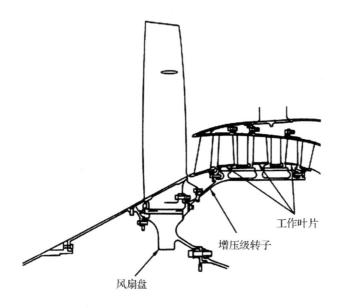

图2.22　CFM56发动机低压压气机转子

2. 盘式转子

盘式转子由一个或一组盘与转轴组成（见图2.21）。转轴上的扭矩传给盘，盘上加工有安装工作叶片的榫槽。与鼓筒式转子相比，盘的强度高，但把多个盘连接后所形成的转子的抗弯曲强度低，容易产生振动。所以，在实际发动机上单级盘式转子应用得较多。图2.22中风扇就是单盘结构，罗·罗公司许多发动机也都采用了单级风扇盘结构，如AE3007的风扇转子就是单盘式。当采用多级盘式结构时，通常都要采取增强转子刚度的措施。

3. 盘鼓混合式转子

转子由盘、鼓筒和轴共同组成，一般把盘和鼓做成一体。这种转子既有盘式转子强度好的特点，又有鼓式转子抗弯曲刚性高的优点，因此在压气机中得到了广泛的应用。盘鼓混合式转子通常由3～12级盘组成，每级之间靠螺栓连接或焊接在一起，盘缘上加工有周向或轴向榫槽，图2.2就是这种结构的转子。图2.23是CFM56发动机的高压压气机转子，也采用了盘鼓混合式结构。整个转子分为三段，1、2级转子是一体的，第3级为单盘，4～9级转子又是一体的。前3级采用了钛合金，后面的级则采用了镍基合金。三段转子在第3级盘处靠螺栓连接在一起。

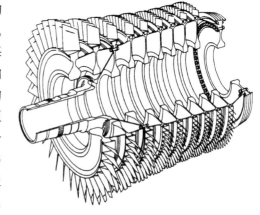

图2.23　CFM56发动机的高压压气机转子

在压气机转子中，盘的重量占主要地位。因此，尽量减轻盘的重量，能有效地减轻压气机转子的重量，但这要受到盘强度的限制。压气机工作过程中，盘的应力主要受三个力的影响：叶片离心力所产生的应力、盘本身的惯性所产生的应力和由于从盘心孔到盘缘温度梯度变化所产生的热应力。一般来说，发动机加速时，盘温度的升高是从轮缘到盘心逐步升高的，即轮缘先于盘心热起来；而减速时，则正好相反，轮缘要比盘心冷得快。这种温度的变化就产生热应力。盘的厚度尺寸越大，则热响应就越慢，相应的热应力就越大。

为了降低盘的重量，发展了叶片盘（BLISK），即把叶片和盘做成一体，使盘的轮缘处不需加工出安装叶片的榫槽，从而可使盘的径向尺寸减小，盘的重量减轻。常用的加工方法有线性摩擦焊接、电化学机加工等。与常规的叶片和盘的结构比较，叶片盘可减重达30%。另外，这种结构还可消除因气流在榫头与榫槽之间的缝隙中流动而带来的损失，并使发动机零件数目大大减少。这一技术最先在一些小型涡轮发动机上得到应用，如直升机发动机T700。EJ200发动机的低、高压压气机都采用了叶片盘。罗·罗公司为空客350开发的TRENT XWB发动机和GE公司用于波音787的Genx发动机的压气机也采用了叶片盘技术。

如果把叶片盘中的盘再去掉，则就成了叶片环（BLING），这样又可进一步减轻重量。叶片环是一高强度环，其表面加工有叶片，环是纤维加强型。图2.24给出了这三种盘的结构示意图。但不管是叶片盘还是叶片环，它们都需要先进的材料和加工技术。

常规盘　　　　　　　叶片盘　　　　　　　叶片环

图2.24　盘、叶片盘、叶片环结构比较

风扇盘是发动机上的一个关键部件，尤其是现代大型涡轮风扇发动机，风扇在发动机的最前端，盘一旦损坏，会给飞机造成灾难性的损伤。风扇叶片旋转时，产生的离心力很大，这会给盘造成很大的应力，另外，再加上盘本身的惯性应力，所以，为了能承受高应力，风扇盘都很厚重（尤其是盘心处）以满足强度要求（见图2.22中的风扇盘）。有的风扇盘则是多盘结构（即盘鼓混合式），以满足盘的应力要求和寿命要求。如罗·罗的RB211-535E4发动机的风扇盘是双盘结构，见图2.25，而TRENT800和GE90（图2.38）则都是三盘结构。风扇盘的材料一般是锻造钛合金。

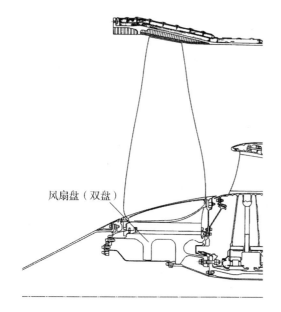

图 2.25　多盘式风扇盘（RB211-535E4 风扇）

工作叶片在转子上的固定方式有多种，但典型的是燕尾式榫头和榫槽的配合。榫槽有两种，一种是轴向，另一种是周向，如图 2.26 所示。采用轴向榫槽安装后，靠锁片来防止叶片的轴向移动（见图 2.26）。采用周向榫槽，叶片可以在槽内周向移动，这通常靠锁紧螺栓和螺帽来固定，一般一周上有两处锁紧。相应装锁紧螺帽处，叶片的叶根平台上有开口（见图 2.26）。轴向燕尾槽与周向燕尾槽相比，轴向燕尾槽更复杂，加工费用高，一般需要拉削加工。但轴向燕尾形榫头的长度和宽度均大于周向燕尾榫头，因而，其强度高，更能抵抗外来物损伤，能承受更大的载荷，所以一般在压气机的前几级采用。而压气机的后面些级，叶片较小，相应的离心负荷小，因此，常采用周向燕尾槽结构。周向燕尾槽具有简单、加工费用低的特点。另外，当打开压气机机匣后，这种结构还允许单独更换某一级的工作叶片，为发动机维护修理提供了方便。

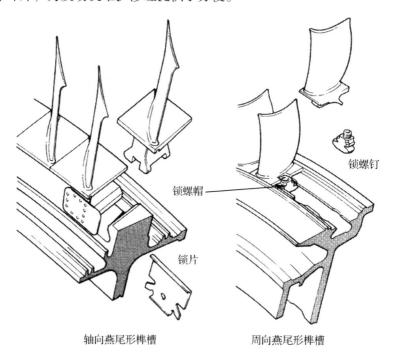

锁螺帽

锁螺钉

锁片

轴向燕尾形榫槽　　　　　周向燕尾形榫槽

图 2.26　燕尾榫槽的结构

从 20 世纪 80 年开始，周向燕尾形榫槽和榫头结构在许多发动机上都得到了应用。如 GE 公司的 CF6 和 GE90 发动机、CFM 公司的 CFM56、普惠公司的 PW2000 和 PW4000、罗·罗公司的 RB211 系列发动机等都采用了这种结构。图 2.27 是 V2500 发动机的高压压气机转子，其采用了盘鼓混合式结构。前 6 级（3～8 级）焊接在一起，材料是钛合金，后 4 级（9～12 级）焊接在一起，材料为高温合金。前后两段转子靠螺栓连接在一起。连接时，中间加了个引气盘，用来把压气机 8 级的空气引入转子腔。引入的空气用于发动机内部冷却和轴承腔的封严。前面 3 级采用了轴向燕尾槽结构，而后面的各级则采用了周向燕尾槽结构。轴向燕尾形榫头与榫槽的配合，是采用锁片（板）来轴向定位。为了防止漏气，在叶根平台底面有封严橡胶片。而周向榫槽则是在每级上分别在两处安装有起周向定位用的锁螺帽和螺栓，对应每级有 4 片叶片的叶根平台上带缺口，用以固定锁螺帽。高压压气机的第一级叶片比较高，所以其带有凸台，以增强叶片的抗振和抗外来物损伤能力。

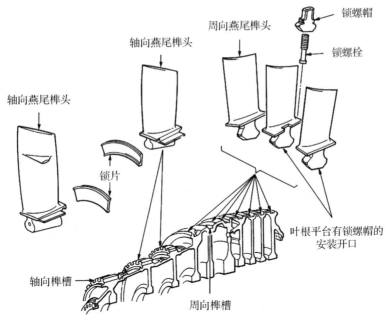

图 2.27 V2500 发动机的高压压气机

对于宽弦风扇叶片来说，叶身的弯曲较大，若叶根加工有平台的话，则叶根平台会是一个很大的平行四边形，这样就会限制风扇盘上可装的叶片数目，否则就得加大盘径。为了解决此问题，罗·罗公司首先在 RB211-535E4 发动机上采用了弧形榫头和榫槽的结构，即叶片不带叶根平台，把榫头做成与叶片根部形面一样的形状（即弧形），相应盘上的榫槽也加工成弧形。这样，风扇盘的直径可以做得小些，风扇的轮毂比可取得大些。V2500 发动机的风扇也采用了这种结构。

图 2.28 是 CFM56-3 型发动机的低压压气机（增压级）工作叶片的固定方式。增压

级转子为鼓筒式（见图2.22），3级转子上的燕尾形榫槽是一次性拉削出来的。各级叶片数目一样，各级叶根处的直径也相同。叶片靠轴向燕尾形榫头和榫槽安装在一起，每隔一榫槽安装一片工作叶片。叶片的轴向定位靠间隔块实现。间隔块的两端带燕尾榫头，表面还加工有三道封严篦齿。间隔块靠两端的燕尾榫头固定在鼓筒上的榫槽内。

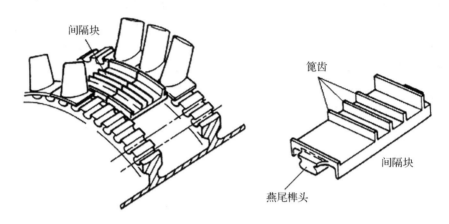

图 2.28　CFM56-3 型发动机增压级工作叶片的安装

压气机工作叶片的叶型除了常规的飞机翼型之外，现在又发展了一些先进的叶型，如控制扩散叶型、端弯叶型、前掠和后掠叶型等。

控制扩散叶型就是通过控制叶型升力面上气流的扩散来防止附面层分离，如图2.29 所示。由于消除了分离层，使有效流通面积增加，这不仅可提高压气机效率，还可提高喘振裕度。在不损失效率的前提下，这种叶型能允许更高气流马赫数。另外，这种叶型前、后缘较厚，因而也提高了叶片抵抗空气中沙尘颗粒的磨蚀能力。

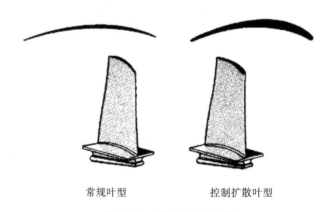

常规叶型　　　　控制扩散叶型

图 2.29　两种叶型的比较

端弯叶型最早在罗·罗公司的 RB211-535E4 发动机上采用。这种叶型考虑了端壁区域真实气流速度分布和端壁区的二次流特征。它可补偿端壁附面层影响，提高压气机的性能。端弯既可用在转子叶片上，也可用在静子叶片上。

图 2.30 是 RB211-535E4 发动机的高压压气机工作叶片。可见，第一级工作叶片，在叶尖处，前缘向叶盆方向弯曲，后缘向叶背方向弯曲。而后面的各级都是在叶尖处，前、后缘都向叶盆方向弯曲。压气机的静子叶片也采用了端弯技术。这种端弯技术在其他发动机的压气机中也得到了应用，如我国的军用发动机涡喷七（WP7）、V2500 发动机的低压压气机叶片和 GE90 发动机的高压压气机叶片。

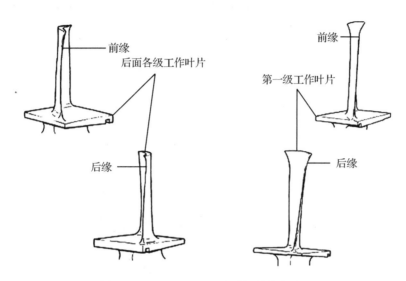

图 2.30　RB211-535E4 发动机的端弯叶型

前掠转子叶片和后掠转子叶片是提高压气机性能的另一新技术。前掠叶型最先用在压气机的静子上，叶片前掠可以降低流动损失。前掠转子叶片对提高风扇的效率和失速裕度都有好处。CFM 公司的研究表明，后掠宽弦风扇叶片与常规宽弦叶片比较，可使空气流量增加。但罗·罗公司的 TRENT800，TRENT900 和 TRENT1000 的风扇叶片却采用了前、后掠结构，见图 2.37，即叶身上半部后掠，以降低马赫数，到了叶尖再前掠，以防止叶尖失速。

当工作叶片比较长时（如风扇叶片和压气机前几级叶片），为了避免叶片发生共振及颤振，一般在叶身上加工有凸台（也叫减振凸台或阻尼凸台），见图 2.31。当把叶片装好后，相邻叶片的凸台连成一环，彼此相互制约，使得一个叶片不能单独做幅度较大的振动。抵抗叶片的扭转，增强支承刚性，使叶片的固有频率提高，降低叶根部的弯曲和扭转应力。凸台的压紧面还产生摩擦，起到抑制振动的作用。另外，凸台也使叶片的抗外来物损伤的能力得到了提高。在凸

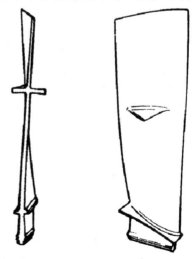

图 2.31　带凸台的叶片

台相互接触的表面上涂有硬质材料的合金，以增强表面的耐磨性能。一般来说，减振凸台位于叶高的四分之三处。尤其是风扇叶片，在设置凸台位置时，应避免凸台后的尾流进入核心机，从而影响核心压气机的效率。

由于凸台的存在，再加上凸台区域的叶身局部加厚，就会使叶片通道的实际流通面积减少。另外，气流流过凸台区时，容易出现分离，再加上凸台尾迹的干扰，会使压气机（或风扇）的效率下降，增加发动机的耗油率。另外，凸台的存在也使得叶片不容易拆装。

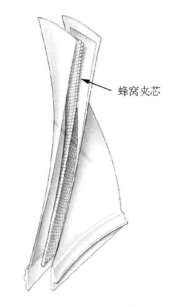

蜂窝夹芯

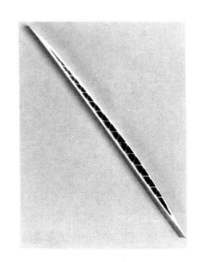

图 2.32　罗·罗公司的宽弦风扇叶片　　　图 2.33　三角桁架结构

为了克服凸台的缺点，则有了不带凸台的、效率高的宽弦风扇叶片。这种风扇叶片的弦比常规叶片弦的宽度增加了 40% 左右。这样叶片不但有较高的抗外来物损伤的能力，而且也不易引起振动。由于叶片宽了，对于大型的叶片来说，重量自然会增加很多。若不解决重量问题，则安装叶片的盘就必须做得很厚重，相应的轴、支承结构和机匣等都得加强。为此，罗·罗公司首先采用了宽弦空心钛合金风扇叶片。这不但解决了叶片重量问题，而且叶片的抗外来物损伤能力也得到了增强，同时也减轻了整个风扇系统的重量。

对于风扇叶片来说，叶片尺寸越大，空心后获得的好处就越多。但当叶片尺寸减小时，宽弦叶片就很难做成空心了，因为那样面板就会变得很薄。所以，小尺寸宽弦风扇叶片一般是实心的。

罗·罗公司的宽弦空心钛合金叶片采用了"三明治"结构，它的叶盆和叶背都是钛合金板材，中间有钛合金蜂窝夹芯，这三部分经扩散连接、超塑成形的方法连成一体。夹芯部分为真空结构，见图 2.32。这种叶片首先在 RB211-535E4 发动机上使用，后来推广到其他发动机。之后，罗·罗公司在原空心风扇叶片的基础上做了进一步改进，把夹芯结构由蜂窝结构换成了三角形桁架结构（图2.33）。桁架结构与面板是连接在一起的，可参与受力，这样就可把面板做得较薄，使叶片重量比蜂窝夹心结构减轻15%左右。

GE公司的不带凸台的宽弦风扇叶片采用了全复合材料设计，即叶身、叶根都由复合材料制成。为了提高叶片抗外来物的撞击能力，在叶片的前缘包有钛合金，且包层可更换。叶片表面涂有聚氨酯涂层，起保护和耐磨损的作用，如图2.34所示。普惠公司的空心宽弦钛合金风扇叶片采用了"肋条"式结构。叶片由两块钛合金板材扩散连接而成，进行扩散连接前，先在结合面上铣出多条纵向宽槽，连接后就形成带纵向肋条的空腔，见图2.35，普惠的PW4084发动机上就采用此种风扇叶片。

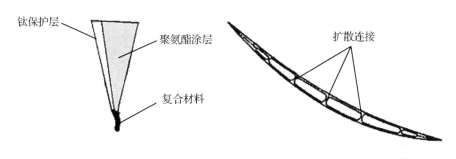

图 2.34　GE90 风扇叶片　　　　图 2.35　普惠公司宽弦风扇叶片的结构

宽弦风扇叶片和常规叶片相比，不仅提高了风扇的流通能力和效率，而且其还能起到减少外来物进入核心机的作用。由图2.36可见，由于叶片宽，叶片与核心机进口的距离就加大，这样使大部分外来物能在流动过程中靠离心力被甩到外涵道，而不进入核心机。

宽弦风扇叶片的前缘前掠或后掠，目前已在发动机上开始应用。根据气动力学研究表明，把叶片前缘后掠，可有效地降低叶片通道中的激波强度，从而降低激波附面层干扰引起的流动损失。图2.37是罗·罗公司TRENT900发动机上用的宽弦前后掠风扇叶片。

现代大型涡轮风扇发动机的进气锥（进气整流锥）通常都是直接固定在风扇盘上，随风扇转子转动。进气锥的作用就是使来流从实心通道逐步过渡为环形，让气流平滑地从叶根处进入风扇叶片通道。不同的发动机，其进气锥的形状不同（见图2.36）。但无论进气锥形状如何，它们除了要满足气动要求之外，还应能满足下列要求：承受鸟击等外来物的撞击；耐磨蚀；尽量使来流中的杂质流入外涵道；另外还应有防冰功能。

进气整流锥通常由玻璃纤维制成，表面涂有起保护作用的聚氨酯。罗·罗公司发动机上进气锥的形状一般为圆锥形，锥的角度设计除了考虑能提供满意的进口流场之外，还考虑了鸟击和除冰的需求。在锥的顶部粘有一橡胶头，用于解决进气锥的防冰问题。

GE90 发动机的进气锥则采用了圆锥加椭圆形的构型（见图 2.38），据称这种构型能有效地减少进入核心机的杂质颗粒。

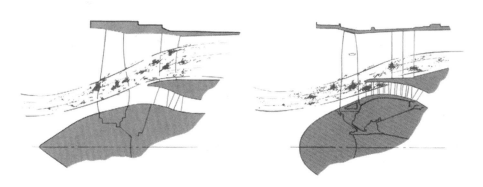

图 2.36　外来物进入核心机的比较

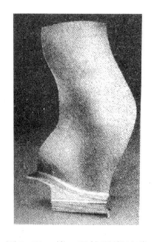

图 2.37　前、后掠风扇叶片

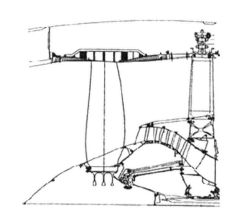

图 2.38　GE90 发动机进气锥

六、压气机静子

轴流式压气机的静子由机匣和静子叶片组成。它除了要承受静子叶片本身所受的负荷之外，还要承受并传递转子的负荷。另外，静子还是气流通道的一部分，它还要承受气体的压力、温度变化所引起的应力。所以，要求静子不但要有足够的刚性和强度，而且还要重量轻；静子的连接部位密封要好，不漏气；工作过程中不变形或变形小，而且不会影响转子的工作。压气机的机匣还关系到发动机的进气、防失速、防冰、叶尖间隙控制和包容能力等问题，下面我们就重点分析一下机匣的这些结构特点。

1. 风扇静子机匣

对现代大型风扇发动机而言，风扇机匣是发动机的一个主要承力部件。另外，风扇叶片处于发动机的进口，容易受外来物，尤其是鸟的撞击，造成叶片损伤。而风扇叶片又在高速旋转（一般是每分钟数千转），一旦断裂，其离心力会很大。这就要求风扇机匣能承受住叶片断裂后的撞击而不被击穿，即要有很好的包容能力。为此，在机匣包容结构上不同公司采取了不同的措施。风扇机匣的包容问题还与叶片的尺寸有关，随着高涵道比大推力涡扇发动机的出现，风扇叶片的重量越来越大，相应包容机匣部分的重量也在加大。

图 2.39 是罗·罗公司 RB211-535E4 发动机的风扇机匣。机匣包括外机匣、内机匣和风扇出口导向叶片。内、外机匣之间靠风扇出口导向叶片和左、右两个 A 型支架连接起来，并形成部分外涵道。风扇出口导向叶片的内端焊接在内机匣上，外端靠螺栓固定在外机匣上。在内、外机匣与出口导向叶片的连接处，都有加强环，以增强机匣的刚性。出口导向叶片不但起整流作用，而且还起传递负荷的作用。A 型支架的内端靠螺栓与内机匣相连，连接点是与机匣表面相切的，并且采用了球形座；支架外端用螺栓固定在外机匣上。同样内、外机匣与 A 型支架的连接处也都加工有加强环。发动机各转子上的轴向负荷都是经风扇内机匣、风扇出口导向叶片传给风扇外机匣的。在风扇外机匣的顶部（加强环处）就是发动机的前吊点，发动机的推力就是由前吊点传给飞机的。

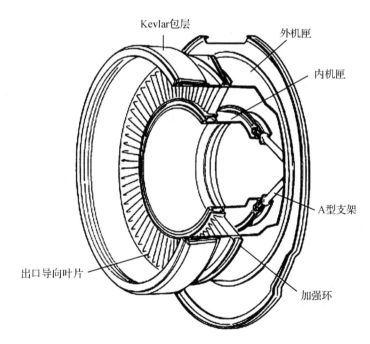

图 2.39　RB211-535E4 发动机风扇机匣

内、外机匣基本都由钛合金制成，但外机匣的前段，也叫包容环，是由铝合金制成，在铝包容环的外面有 Kevlar 包层，以形成风扇包容环。Kevlar 包层又分成前后两段，前段有 30 层，后段为 15 层（图 2.40）。为了防止包层腐蚀，在包层外有一层透明的环氧树脂。这种包容结构的包容能力很强，但重量轻，所以在罗·罗公司的许多发动机，如 TRENT 系列和 AE3007 发动机上都得到了应用。但到了 TRENT700 发动机，为了进一步减轻风扇机匣重量，把原来的铝合金包容机匣改为等格框铝机匣。与原来比，机匣更薄，从而进一步减轻了重量，参见图 2.41。GE 公司的 CF6-80C2 和 GE90 发动机的风扇机匣也采用了铝包容环外加 Kevlar 包层这种结构。

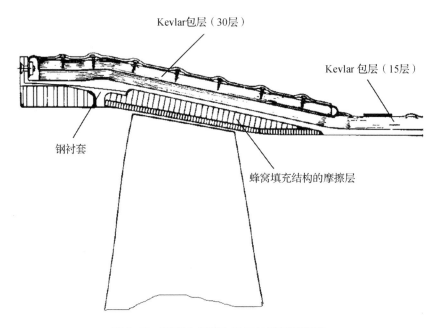

图 2.40　RB211-535E4 风扇包容环剖视图

图 2.41　TRENT700 等发动机采用的
等格框铝包容机匣

包容机匣的内部镶嵌有填充式蜂窝结构的摩擦层（图 2.40），以保证风扇叶尖间隙能够做得很小。外机匣的内表面还大面积镶嵌了消音板，以吸收外涵空气流动产生的噪音。包容环的最前端是一钢衬套，此衬套形成外机匣的进口前缘（图 2.40），并起到如下作用：进气道的安装边；万一风扇叶片断裂，其可挂住叶片，防止叶片从进气道飞出。

2. 压气机静子机匣

压气机机匣除了承受气动负荷之外，还要承受飞机飞行中所产生的各种负荷。常用机匣有分半式和整体式两种，另外还有单层和双层机匣之分。双层机匣刚性更好，所以，其更能承受飞行所产生的各种负荷。另外，双层机匣还为压气机放气和引气系统提供了简单的集气方式。

图 2.42 是 V2500 发动机高压压气机。其静子机匣分为前后两段，前段为上下两半的机匣（沿水平方向分为上下两半），由钛合金制造而成。由于进口导向叶片和前 3 级静子叶片可调，所以在机匣上加工有很多孔，以便安装可调静子叶片。后段机匣为整体机匣，且分为内机匣和外机匣，内、外机匣之间形成一个空腔。在第 9 级处，有一封严环把空腔分为前后两个腔室：前腔室是压气机 7 级的放气集气腔，后腔室是 9 级的放气集气腔。

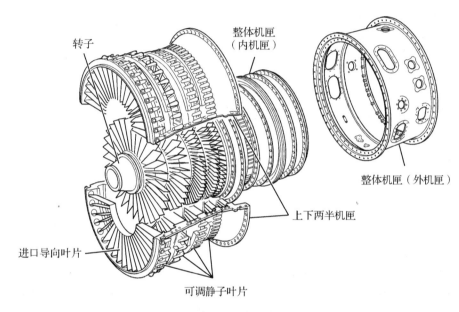

图 2.42　压气机静子

由于后段机匣是整体式，所以，内机匣是前后分段的，即每级都有一个内机匣，机匣内表面加工有"T"形槽，静子叶片挂在"T"形槽内。每段内机匣之间靠螺栓连接在一起。外机匣套在内机匣外面，前端与前段机匣连接，后端与燃烧室机匣连接。前段机匣的后段是喇叭形，这样可使后段整体外机匣的直径尺寸与燃烧室机匣的一样，从而避免了压气机与燃烧室之间连接出现缩腰现象，提高了发动机的刚性。由于压气机后段温度高，所以，后段内、外机匣都采用了抗腐蚀、抗蠕变的钢制成。

AE3007 发动机的高压气机有 14 级，转子采用了盘鼓混合结构，为整体式转子。转子的鼓筒面上（与静子环对应的表面上）加工有 3 道封严篦齿，其与静子环上的封严层配合，减小漏气损失。静子机匣是上、下两半式结构，见图 2.43。但上、下机匣是不一样的，且机匣都带有标号，上、下机匣是相互匹配的一对。为了适应压气机内空气压力和温度的升高，水平对接的安装边从 1 到 7 级比较薄，从 8 级到 13 级比较厚，以保证连接的刚性和密封。每侧的安装边各有 14 个螺栓连接（前、后段各 7 个），但后段螺栓的尺寸大些。

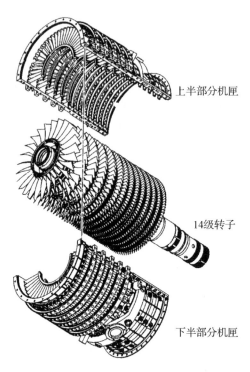

上半部分机匣

14级转子

下半部分机匣

图 2.43　AE3007 高压压气机转子和机匣

机匣的内表面与转子叶片相对的环面上都加工有封严涂层，用来减小叶尖间隙。在实际工作中，转子叶片叶尖可能与封严层相刮，而造成叶尖磨损。另外，这些封严涂层是粘在机匣表面的，工作中可能出现的另一问题就是涂层的脱落。脱落的碎块可能损伤下游的工作叶片，脱落多了，还会引起叶尖封严不好，从而导致压气机喘振。涂层的材料是易磨材料，如 AE3007 压气机机匣的涂层是铝、亚硝酸硼和聚酯的混合物。

分半式机匣的优点是：机匣拆装方便，不需要分解转子，因而不会影响转子的平衡。有的发动机还可在翼拆下一半机匣来更换发动机转子上的叶片，从而为维修提供了很大的方便。但它也有缺点：一般来说机匣壁较厚。为了保证纵向连接刚性和连接后的密封性，安装边都较厚，连接螺栓较多，从而会增加发动机的重量。机匣的周向刚性差，容易产生周向不均匀变形，所以，一般用在温度较低部位。

整体机匣能克服分半机匣的上述缺点，但其带来的问题是转子必须可分解。所以，现在发动机的压气机一般都采用前后分段式（轴向分段式）整体机匣，如上述 V2500 发动机的后段内机匣。装拆这种机匣时，只需拆下转子上的工作叶片即可，而不必分解转子本身。这样就克服了整体式机匣不好拆装的难题，但带来的问题是轴向安装边多，重量增加。

罗·罗公司的 RB211 系列发动机采用了双层机匣结构，内机匣用来安装静子叶片和形成气流通道。它只承受气动负荷，不参与承力。外机匣为承力机匣，发动机工作过程中所产生的各种负荷均由外机匣承受。这样在发动机工作过程中，即使外机匣由于受力而变形，也不会影响到内机匣。内机匣始终保持圆度不变，因而可保持转子和静子之间的同心度，使压气机叶尖间隙不发生变化，压气机性能保持能力强。

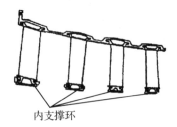

内支撑环　　　　　　　　　　　内支撑环

图 2.44　两端固定的静子叶片

静子叶片在机匣上的安装有不同的方式。在叶片长度允许的情况下，一般静子叶片都采用两端固定的方式。叶片的外端与机匣连接，内端固定在内支撑环上。一般内支撑环还带有封严装置而形成级间封严，见图 2.44。采用这种固定结构，可提高叶片的刚性和自振频率，同时还起到防止级间漏气、提高压气机效率的作用。

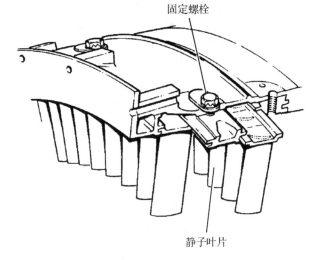

图 2.45 悬臂安装

但当叶片很短时，静子叶片的内端就不能再固定了，而是采用悬臂安装，即把叶片的外端固定在机匣上，见图 2.45。

静子叶片与机匣的连接方式常见的有：

（1）静子叶片带内、外叶冠

为了增强刚性，一般把几个叶片焊在一起，形成叶片组。机匣内表面加工有"T"形槽，每组叶片靠外叶冠环挂在"T"形槽内，见图 2.46。在内叶冠环（内支承环）上镶嵌有易磨封严条，在与其对应的转子上加工有篦齿。这种固定方式应用最广泛，在许多公司的发动机上都得到采用，图 2.47 给出了 CFM56-3 发动机高压压气机的静子叶片安装方式，图中静子叶片每 10 片一组，形成一扇形段，镶在机匣内的"T"形槽内。为了防止叶片组和机匣的磨损，"T"形槽内还镶有引导条。封严环也采用了类似的结构镶嵌在静子叶片扇形段的内环上，见图 2.48。

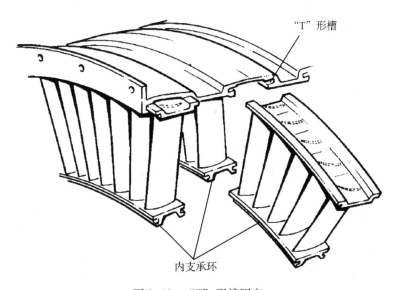

图 2.46 "T"形槽固定

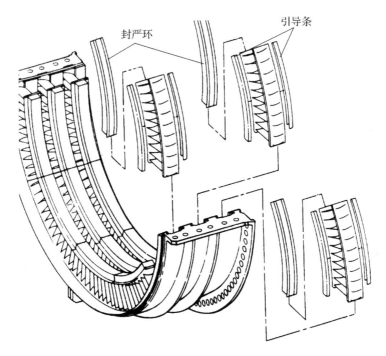

图 2.47　CFM56-3 发动机高压压气机静子叶片环固定（6～8 级）

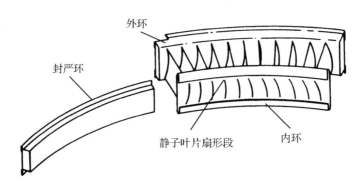

图 2.48　封严环与静子环的连接

（2）静子叶片直接焊接在机匣上

这种叶片一般没有内、外叶冠。把叶片两端分别插入开有叶型孔的内、外环内，然后通过氩弧焊或高温钎焊把它们焊接在一起。但普惠公司的发动机的静子叶片在焊接时，不是采用这种事先开孔的方式，而是直接用叶片作冲模，利用"冲刺法"直接把静子叶片"冲刺"在内、外环上，然后再进行焊接。这样可达到较紧密的配合，见图 2.49。这种连接方式焊接结构简单、零件数目少，但发动机在修理时，静子叶片拆换困难。

（3）静子叶片的外端靠螺栓固定在机匣上

通常是把几片叶片焊在一起，形成叶片组，在外环上加工有螺栓，机匣上加工有安装孔，然后用螺帽把静子叶片（或叶片组）固定在机匣上。这种结构在许多涡轮风扇发动机上被用来固定风扇出口导向叶片，叶片的内端一般是焊接在风扇内机匣上。如罗·罗公司的 RB211-535 发动机的风扇出口导向叶片就采用了类似的安装方式。AE3007 发动机的高压气机后段（6～13 级）的静子叶片也是靠螺栓固定在机匣上的。每级静子叶片分成 2 组，每组叶片分别钎焊在内、外两个半圆形环上，形成静子叶片半圆形扇形段，以增强静子叶片的刚性。静子叶片环的外环上加工有 5 个螺栓孔，用自锁螺帽和螺钉把整个静子叶片环固定在机匣上。内半圆环上加工有石墨铝封严涂层，该涂层与转子上的篦齿配合，形成封严，减小级间漏气。

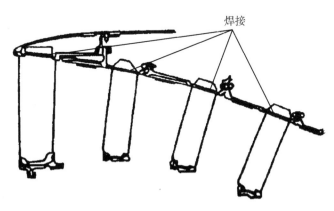

图 2.49　焊接连接

可调静子叶片是压气机上经常采用的一种结构，这种叶片的内、外端加工有颈轴。外端颈轴穿过机匣上的开孔，与摇臂之间通过自锁螺帽连接，内端颈轴与内支撑环固定在一起。摇臂一般通过铆钉与作动环相连，作动环是围绕机匣的一个圆环，其在作动机构的驱动下可围绕机匣转动，从而带动摇臂摆动，摇臂再转动静子叶片。由于颈轴要转动，所以，在外颈轴与机匣之间、内颈轴与内支撑环之间都有轴承衬套，它们起到轴承和封严的作用。在衬套的安装边与机匣之间有不同厚度的薄垫片，此垫片可阻止静子叶片的径向移动。内支撑环靠销钉与可调静子叶片的内端颈轴固定在一起，并且内支撑环上还带有封严环，封严环与转子配合，减小漏气。图 2.50 给出了典型的可调静子叶片的固定方式。可调静子叶片、摇臂和作动环之间的连接关系见图 2.51。通常摇臂和作动环之间有球轴承，以防卡阻。

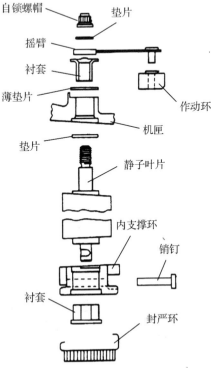

图 2.50　可调静子叶片的安装

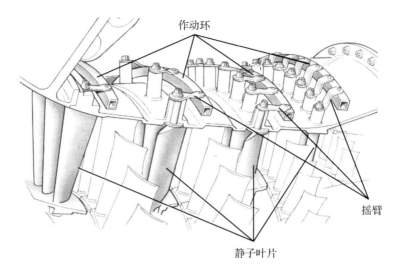

图 2.51　静子叶片、摇臂、作动环之间的连接

在现代涡轮发动机上，为了减轻重量，压气机上常用的材料有铝合金、钛合金和合金钢。就机匣而言，要求其重量轻，刚性好。在工作过程中，叶尖间隙的保持能力要强、不变形，这样才能使压气机在使用过程中，性能不会衰退太快。所以，一般来说，压气机的前段机匣，由于工作温度低、压力小，通常由铝合金锻造或铸造而成；而高压压气机或压气机的后段，由于压缩后空气的温度高、压力大，所以机匣的材料都改为合金钢甚至是高温合金。钛合金比铝合金重，但比钢轻，其强度介于铝合金和钢之间，所以，它在现代发动机上得到了大量的应用。钛合金不但可用于做机匣，而且还可用于做压气机叶片、转子盘和鼓。但若工作叶片和机匣都是钛合金的话，在发动机运转过程中，当工作叶片与机匣相刮或相碰时，在某种工况下，会引起钛着火问题。钛着火已在某些发动机上出现过，后来，当采用钛合金工作叶片和钛合金机匣时，一般都要对钛合金机匣做一些防钛火处理。图 2.52 是在钛合金机匣内，与工作叶片相对的环带处做隔火层和镶嵌合金钢或铝合金衬套。为了减小叶尖间隙，再在金属衬套上做上易磨涂层。图 2.53 中的压气机机匣则是在此环带处加工有防钛火的氧化锆陶瓷涂层作为保护装置，然后，再在此保护涂层的表面做易磨涂层。

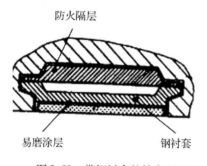

图 2.52　带钢衬套的钛合金机匣

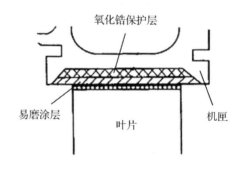

图 2.53　带氧化锆防护层的钛合金机匣

静子叶片通常用钢或高温合金制造，以提高叶片抗外来物磨蚀的能力。但在低压区也有用铝合金和钛合金来制作静子叶片的。转子盘、鼓和工作叶片在工作过程中，除了受气动负荷外，还要受很大的离心力，所以，其制造材料要有很高的强度密度比，这样才能做出较轻的转子。因此，在制造这些部件时，钛合金和高温合金应用最广泛。

现代大型民用涡轮风扇发动机的风扇叶片，一般采用钛合金制作，即空心钛合金叶片，这样才可能做出重量轻、强度好的宽弦叶片。选用复合材料也是一种途径，通用电气公司最先在其为波音777开发的GE90上采用了复合材料风扇叶片，这种复合材料主要由碳纤维和环氧树脂组成。FAA对GE90的风扇叶片给出30000循环的限制，这对航空公司来说增加了使用和维修成本。当通用电气公司把GE90的风扇叶片推广到用于波音787的Genx发动机时，计划把叶片寿命从30000循环限制扩大到100000个循环，也就是说，在其使用过程中基本上没有寿命限制。为了进一步减轻发动机的重量，Genx的风扇机匣也采用了复合材料。

第三节　轴流式压气机的气流控制系统

上一节介绍了解了压气机喘振和防喘的原理，本节介绍在实际发动机中，气流控制是怎样实现的。常用的控制方法是可调静子叶片系统和放气活门系统。可调静子叶片系统，就是根据发动机的实际工作情况（转速、进气温度）来控制静子叶片的角度；而放气活门系统则是根据发动机工作状态，控制放气活门的开关。气流控制系统的作用是，当发动机在非设计状态下工作时，其能保持压气机内气流稳定，防止压气机出现失速或喘振，而一旦压气机出现喘振，其还能帮助压气机从喘振中快速恢复过来。下面介绍一下典型的发动机气流控制系统。

一、可调静子叶片系统

从图2.51可知，可调静子叶片通过摇臂与作动环连在一起，当作动环围绕机匣转动时，摇臂带动静子叶片转动，改变叶片的角度。作动环是通过连杆与作动机构连接在一起的。图2.54是罗·罗公司AE3007发动机的可调静子叶片作动机构连接图。

AE3007压气机的前5级静子叶片可调，另外，还有进口导向叶片可调。作动系统包括作动环（6个）、扭矩轴、连杆和作动筒。扭矩轴通过支座安装在压气机机匣侧面（左侧），作动筒与扭矩轴连接在一起，每级作动环都通过可调的连杆分别与扭矩轴连接。连杆的两端即与扭矩轴的连接端和与U形卡子的连接端都有轴承。这些连接用的都是紧配合螺栓和自锁螺帽，自锁螺帽还用开口销保险。当作动筒伸出、缩进时带动扭矩轴转动，扭矩轴再经过连杆驱动各级作动环转动，作动环带动每个摇臂，从而改变静子叶片的角度。由于各级连杆的长短不同，所以各级静子叶片的转动角度就不同。装配时，通过调节连杆的长短，确定每级静子叶片的基准角度。作动筒靠来自发动机燃油系统的压力燃油作动，控制系统通过控制作动筒的伸出和缩回控制静子叶片的角度。

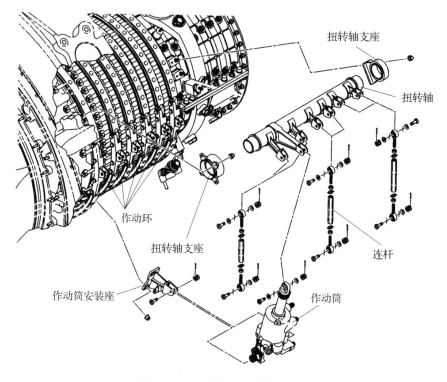

图 2.54　可调静子叶片作动机构

　　图 2.55 给出个各级作动环的连接结构。每级作动环分成上、下两个半环，每个半环内有 3 个定中支点，支点上装有触点。对应在机匣上有 3 处接触面。当作动环绕机匣转动时，定中触点与接触面之间是接触的，起到支撑和定中作用。作动环的上、下半环在压气机机匣的右侧靠两片弧形板连接，固定用的螺栓是紧配合螺栓和六角形自锁螺帽。在机匣左侧，上、下两个半环靠 U 形卡子连接，也是用紧配合螺栓和六角形自锁螺帽固定的。U 形卡子还与可调连杆相连（连杆的上端与扭转轴相连，下端与 U 形卡子连接）。摇臂与作动环通过销钉和非金属的球形轴承连接，以减小摇臂摆动的摩擦，销钉是铆接在摇臂上的。

　　可调静子叶片系统由 FADEC（全功能数字式发动机控制器）来控制。FADEC 根据高压转子的转速信号 N_2 和高压压气机进口温度 $T_{2.5}$ 来控制静子叶片的开度。作动筒上集成有线性可变差分传感器（LVDT），其向 FADEC 提供作动筒位置的反馈信号，从而实现闭环控制。图 2.56 是该发动机的 VSV（可调静子叶片）控制曲线。

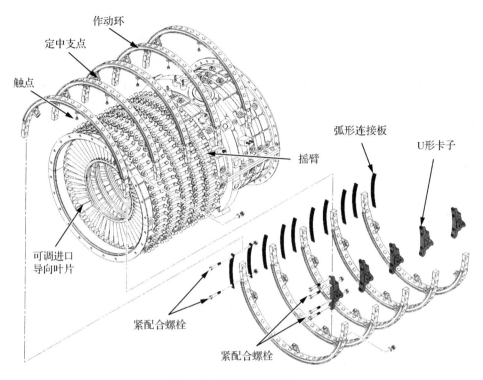

图 2.55 作动环的连接

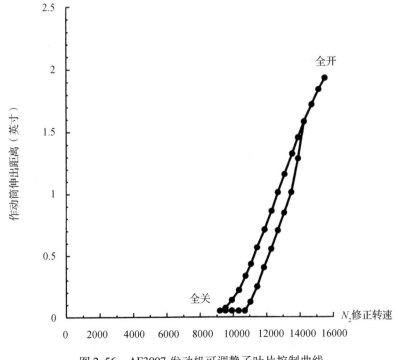

图 2.56 AE3007 发动机可调静子叶片控制曲线

FADEC 利用 $T_{2.5}$ 对 N_2 进行修正，得到 N_2 的修正转速。在 FADEC 的控制系统内存有如图 2.56 所示的控制曲线。这样，有一个 N_2 修正转速，就有一个作动筒的伸出位置与其对应。由图 2.56 可见，在发动机加速过程中，大约在 N_2 修正转速低于 9500 之前，可调静子叶片一直都处于关闭位置，即小空气流量位，对应作动筒在完全缩回位。随着 N_2 转速的升高，作动筒柱塞不断伸出，静子叶片不断打开，直到 N_2 修正转速达到 15265 时，作动筒完全伸出，静子叶片到达完全开位（为高转速位，作动筒完全伸出时，伸出量为 2 英寸）。高于此转速后，可调静子叶片都一直处在全开位。在发动机减速过程中，当减到 15265 时，作动筒开始缩回，但缩回时是按另外一条曲线进行的。当转速下降到大约 11000 时，作动筒完全缩回，可调静子叶片回到全关位，此后一直保持在全关位。通过这样的控制方案可在很广的转速范围内防止压气机出现失速或喘振，保证最佳的发动机性能。

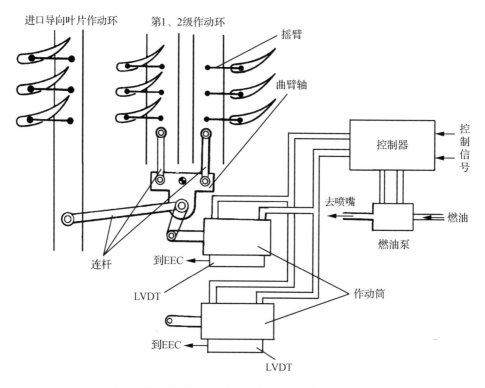

图 2.57　TRENT700 发动机的可调静子叶片系统

图 2.57 是罗·罗公司 TRENT700 发动机的中压压气机的可调静子叶片系统。它包括进口导向叶片可调和前两级静子叶片可调。作动筒通过连杆带动曲臂轴，各级可调静子叶片的作动环通过连杆与曲臂轴连接。作动筒有两个，分别在压气机的左侧和右侧。作动筒的液压力是高压燃油。EEC（发动机电子控制器）根据中压压气机的转速和进口温度向控制器发信号，控制送往作动筒伸出、缩进端的高压燃油，使作动筒柱塞伸出、缩进。作动筒带动曲臂轴转动，曲臂轴再通过连杆驱动各级作动环转动，从而改变各级

静子叶片的角度。LVDT 给 EEC 提供 VSV 的实际位置。作动筒伸出时，VSV 朝打开方向转动，即允许更多空气进入。当作动筒缩回时，VSV 朝关闭方向转动，即减少进入压气机的空气量。

从前面的两个实例可见，可调静子叶片系统包含的部件比较多，一旦某个部件出现故障，就会影响整个系统的工作。在日常维护中，应认真检查，有问题应及时排除。连杆、摇臂的变形会直接影响到静子叶片的角度，因此，工作中应避免对它们造成损伤。另外，大多数情况下，作动筒都是依靠燃油作动的，发动机燃油系统的故障或燃油压力低都会直接影响 VSV 的操纵，或使 VSV 的角度达不到控制系统所要求的角度。

二、放气活门系统

放气活门是压气机气流控制系统常用的另一方法。在现代涡轮发动机上，放气活门通常有电控、气动作动和电控、液压作动的两种。气动作动的放气活门所用的伺服空气引自压气机的某级，伺服空气通过电磁活门控制。液压作动的放气活门的液压力一般是燃油，来自发动机燃油系统。图 2.58 是一典型的气动作动的放气活门工作示意图。放气活门内的弹簧力是使活门打开的力，而放气活门所在处的本级压缩空气的作用力则是使活门关闭的力。这样，当发动机停车时，由于本级压缩空气的压力与外界大气压力一样，所以活门在弹簧力作用下处于开位。在发动机工作过程中，要想打开放气活门，光靠弹簧力不够，还需其他外力，这就是伺服空气的压力。把伺服空气引入弹簧腔，伺服空气压力和弹簧力共同作用，克服本级空气的压力，打开放气活门。伺服空气就是由电磁活门控制的。

图 2.58 中，电磁活门通电时（上图），电磁线圈产生的电磁力使左端盖板右移，压缩弹簧关闭，这样控制柱塞在弹簧和伺服空气的作用下右移，顶开右端盖板，允许伺服空气经电磁活门进入放气活门的下腔（弹簧腔），放气活门在弹簧和伺服空气的共同作用下打开。当电磁活门断电时（下图），电磁力消失，左端盖板在弹簧力作用下打开，使控制柱塞腔内的伺服空气通大气，控制柱塞左移，关闭右端盖板。右端盖板关闭后，使放气活门弹簧腔内的伺服空气经电磁活门通大气，这样，放气活门在本级压缩空气作用下，克服弹簧力而关闭。左端盖板打开后，把控制柱塞腔内的伺服空气放掉。因此，在发动机工作过程，控制装置只要控制电磁活门的通电和断电就能控制放气活门的开关。图 2.58 中的电磁活门中有两套线圈，相应的控制装置分别控制两套线圈的通电和断电，从而提高工作可靠性。

放气活门的工作是由放气活门控制组件或 FADEC 系统来控制。控制组件通过感受压气机转速和压气机进口温度来控制放气活门的开关。进口温度是用来对转速进行修正，得到压气机的修正转速。根据修正转速的大小来控制放气活门的开和关。一般来说，当修正转速低于某值 n_2 时，放气活门处于打开状态；当修正转速升高到某一值 n_1 时，放气活门控制组件通过给相应的电磁活门通电或断电，来使放气活门关闭。发动机减速时，当修正转速下降到 n_2 时，放气活门控制组件又通过电磁活门使放气活门打开，并一直保持在开位。图 2.59 是发动机稳态时放气活门的典型控制方案。

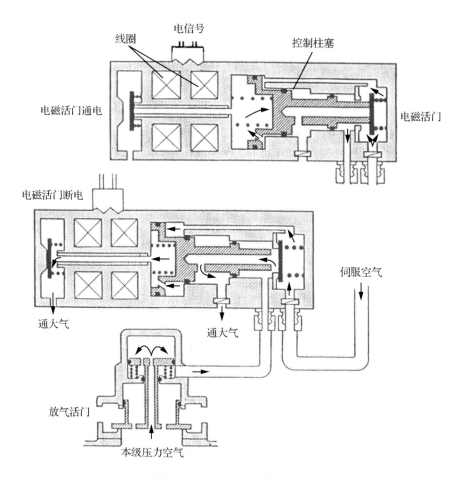

图 2.58 放气活门工作示意图

当然不同发动机会有不同的方案。放气活门的开、关还会与飞行高度、发动机的瞬态工作、反推系统的工作等因素有关，但压气机修正转速是个关键控制参数。

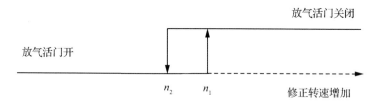

图 2.59 放气活门控制方案

放气活门是电控、气动作动的双位放气活门，即开和关。另外，放气活门的位置并不反馈给控制系统，这样一来，放气活门的位置和控制系统所要求的位置是否一致，控制系统是不知道的。所以，一旦放气活门出现卡阻、或间歇性卡阻，会给维护人员排故带来一定的难度。放气活门的开关会对发动机的工作参数有一定的影响，其中变化比较明显的参数是排气温度。放气活门打开，排气温度上升；放气活门关闭，排气温度下降。当然排气温度的变化还与发动机的功率有关。高功率时，活门开关引起的排气温度变化更大。这样，地面试车时，可根据排气温度的变化情况来检查放气活门的工作情况，排除活门的机械故障。发动机性能监控系统也能及时反映排气温度的突变情况，排气温度的突变有可能就是放气活门卡阻在开位造成的。

有的发动机则采用开度可调的放气活门，即根据发动机的工作状态，控制活门的开度。这种情况下，一般采用闭环控制系统。活门的开度靠液压作动筒的伸出和缩回来控制。如 V2500-A5/D5 发动机的 2.5 级放气活门就是开度可调的环形放气活门，它由两个靠燃油作动的液压作动筒（主作动筒和从动作动筒）作动。主作动筒集成有力矩马达和反馈装置（LVDT）。发动机工作时，EEC 根据低压转子的修正转速、飞行速度和高度控制活门的开度，控制系统（EEC）向力矩马达发电信号，LVDT 把活门的位置转换成电信号送回 EEC。若出现故障，如活门的位置和要求的位置不一致时，则 EEC 会给出故障信息。

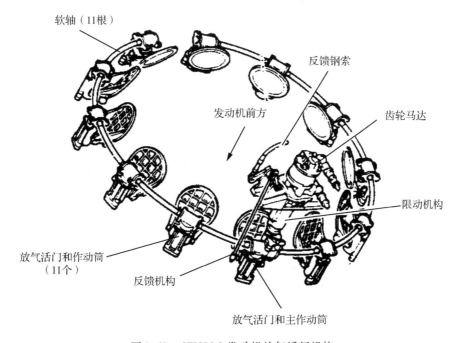

图 2.60　CFM56-3 发动机放气活门机构

CFM56-3 发动机的低压压气机放气活门有 12 个，为翻板式、且开度可调节，见图 2.60。其作动机构比较复杂，包括一个燃油作动的液压马达（齿轮马达），一个带滚珠轴承的主螺纹轴作动筒、11 个带滚珠轴承的螺纹轴作动筒、11 根软轴、放气活门限动机构和反馈机构。11 根软轴把这些作动机构连在一起，系统的作动力是来自放气活门控制组件的高压燃油，传动关系见图 2.61。

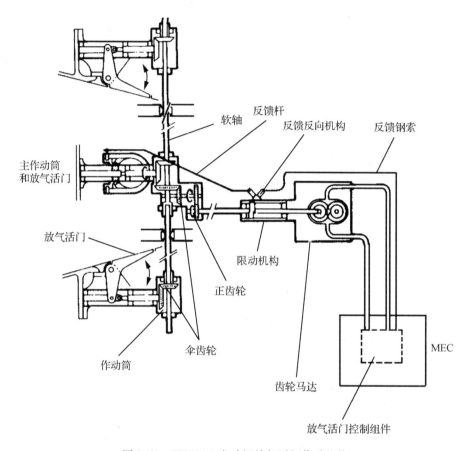

图 2.61　CFM56-3 发动机放气活门作动机构

工作过程中，发动机主控制器（MEC）内的放气活门控制组件，根据高压转子的转速 N_2 和高压压气机进口温度 $T_{2.5}$，控制这 12 个放气活门的开度。随着转速的增加，放气活门的开度不断减小，直到完全关闭。

MEC 向齿轮马达供高压燃油，齿轮马达把燃油的压力转换成扭矩（转动），通过限动机构传动主作动筒。主作动筒内包含一套减速齿轮系和一个与放气活门相连的带滚珠轴承的螺纹轴作动筒。减速齿轮系包括一对正齿轮和一对伞齿轮。伞齿系驱动软轴和螺纹轴，通过软轴再传动其他的作动筒。螺纹轴上带有一个能平移的大螺帽。当螺纹轴转动时，大螺帽沿螺纹轴移动，从而带动放气活门转动而打开或关闭。为了减小螺纹轴与螺帽之间的摩擦，在螺纹轴与螺帽之间有 68 个滚珠。

其他 11 个放气活门的作动筒与主作动筒类似，它们都靠软轴与主作动机构连接起来，并通过软轴和每个作动筒的伞齿轮系传动各自的螺纹轴，再通过大螺帽带动相应的放气活门转动。只有主作动筒带有反馈机构，其把活门的实际位置反馈给 MEC。当要求的位置与实际位置一致时，MEC 使齿轮马达停止转动。限动机构的作用是，把齿轮马达的旋转限制在放气活门的一个开关循环所需的圈数内。

一般来说，气流控制系统的工作是这样的：发动机开始起动时，放气活门在开位，而可调静子叶片则处于"关闭"位，这样可使压气机的进气量少，减轻压气机负荷。随着转速的升高，可调静子叶片的开度逐渐增大，放气活门陆续关闭。当发动机在高功率（如起飞、爬升、巡航）时，放气活门都处于关闭位，可调静子叶片在全开位。但高功率时，若出现喘振，放气活门也可能会打开，以使压气机从喘振中恢复过来。

第四节　离心式压气机

和轴流式压气机相比，离心式压气机的主要缺点是迎风面积大、流量小、效率低。因此，它一般用在小流量的涡轮喷气发动机上。但离心式压气机的单级增压比高，目前应用中的离心压气机的级增压比一般可达到 6～8。如果轴流和离心式压气机混合使用，即在离心压气机前面再加上一级风扇或几级轴流式压气机，这样就可得到增压比较高的压气机，这也是许多小型涡轮喷气发动机都采用这种混合压气机的原因。

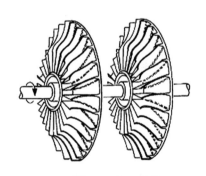
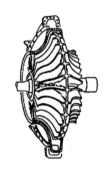

图2.62 离心叶轮　　　　图2.63　双面叶轮

离心式压气机一般包括以下几大部分：进气装置、工作叶轮、扩压器和集气管，见图2.1。进气装置的作用就是把气体以一定的方向引入工作叶轮，以提高压气机效率。气流在进气装置流动时，速度略有增加，而静温和静压则略有下降。

离心叶轮是离心压气机的主要部件。它对气体做功，使气体沿径向向外流动，气体的压力和速度都升高。工作叶轮就是一个盘，盘上加工有沿径向排布的叶片（见图2.62 和图2.63）。为了使轴向进来的气流能更容易流进叶轮，一般在叶轮的中央加工有朝旋转方向扭转的叶片，通常把这部分叫"导风轮"。它既可与叶轮做成一体，也可是分开的。大多数是把导风轮与叶轮分开制造，这样便于加工和提高加工精度。另外，导风轮在最前面，容易受到损伤，分开制作的另一好处就是可单独更换。叶轮有单面（图2.62）和双面（图2.63）两种。叶轮的盘一般由铝合金、钛合金或钢锻造或铸造而成。叶轮上面的叶片是经数控机床加工而成。

与轴流式压气机气体流经叶栅通道进行增压的原理不同，离心叶轮中的气体增压是靠离心增压实现的。当气体随工作叶轮做旋转运动时，气体要受到离心力的作用，半径越大处，气体所受的离心力越大，对应此处气体的压强也就越大。因此，气体流经工作叶轮过程中，压力是逐渐升高的。叶轮转得越快，气流的压力升高和速度升高得就越多。所以，一般来说，叶轮的转速都是很高的，有的叶轮叶尖速度可超过600米/秒。气体离开叶轮之后，进入径向式扩压器。扩压器内有很多扩张通道，使气体动能的大多数在这里转变成压力能。在实际离心压气机中，气体压力的提高一般是在叶轮中升高一半，另一半在扩压器中提高。

从工作叶轮出来的气体具有很大的动能，其中的一部分动能在扩压器内再转化为压力升高。扩压器的作用与轴流压气机的静子一样，起降速增压作用。常用的扩压器有叶片式（图2.1和图2.64）和管式扩压器两种。叶片式扩压器（图2.64）就是在叶轮的出口环腔内，沿周向装有很多叶片。这些叶片排布时与叶轮相切，并且相邻两叶片之间形成扩张通道，气流在通道中降速、扩压，其扩压原理和轴流式压气机静子叶栅扩压原理类似。

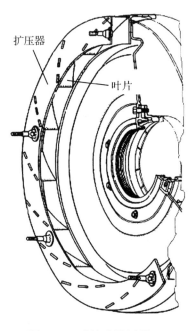

图2.64　叶片式扩压器

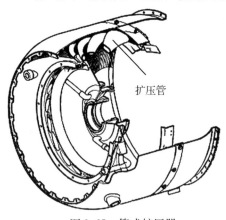

图2.65　管式扩压器

管式扩压器就是一些按气流流线方向弯曲的、截面形状为扩张形的若干根管子。气体在管内流动时，不但降速扩压，同时还从径向流动转变成轴向流动，如图2.65所示。当叶轮出口的绝对速度达到超音速时，这种管式扩压器很能适应这种速度的变化，并且可达到较高的效率。因此，管式扩压器在高增压比的离心压气机中得到了广泛应用，如JT15D发动机的扩压器就是管式，它总共有20个扩压管。

管式扩压器加工方便，制造成本低。但其主要缺点是：工作范围窄，在亚音速进气条件下，效果不好；另外，其迎风面积大，因而一般适用于一些小流量的发动机。

集气管与燃烧室连接，其作用是进一步降低气流速度，提高压力，并把压缩空气送入燃烧室。气体流过叶轮、扩压器时，压力和速度的变化情况见图2.66。

叶轮与扩压器之间的间隙是个很重要的因素，间隙的大小不但影响压气机的效率，而且由于间隙不合适还会产生脉冲式气动负荷，从而可能会引起气流不稳定和压气机振动。

由于离心式压气机轴向

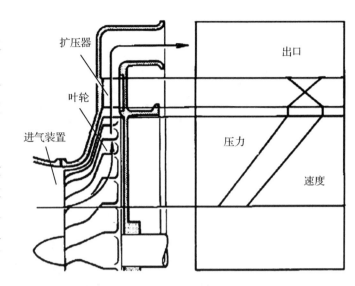

图2.66　离心压气机中速度和压力的变化

进气，径向出气，当采用多级离心压气机时，气流的转弯就比较多。气流先由第一级离心叶轮甩出，再经第一级扩压器和级间导流器使气流由外圆周折回到中心，做向心流动，然后改为轴向进入第二级叶轮，再经第二级叶轮甩出（见图2.67），转换为径向流动。这样多次转弯，增加了流动损失，使压气机的效率降低，所以，离心式压气机一般最多使用两级，否则流动损失太大。

离心式压气机在一些小型涡轮轴发动机上应用比较广泛。如普惠公司的 PW100 系列，其压气机由两级离心压气机组成；加拿大普惠的 PT6 和通用电气的 CT7 涡轮螺旋桨发动机，它们的压气机都是由轴流式和离心式压气机共同组成。对于轴流式压气机来说，当叶片高度太小时（尤其是压气机后部），其工作效率会下降，这也是离心式压气机或轴流、离心混合式压气机在一些小型压气机上应用较多的原因之一。

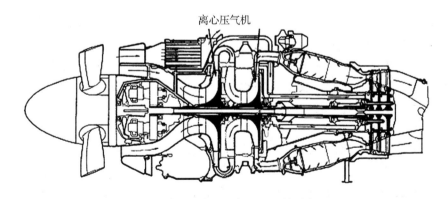

图2.67　具有双级离心压气机的涡轮喷气发动机

第三章　燃　烧　室

第一节　燃烧室工作原理

涡轮喷气发动机燃烧室的作用就是，保证在各种飞行条件下，燃烧连续进行，把燃料的化学能转化为热能。燃料燃烧释放出很高的热能，使流过燃烧室的空气温度升高。高温燃气流过涡轮和尾喷管时，再将部分热能转化为动能和机械能。

燃烧室是发动机的重要部件之一。发动机工作的可靠性，在很大程度上取决于燃烧室工作的可靠性。例如，燃烧室出口温度和出口温度场的均匀程度都会直接影响涡轮叶片的工作寿命；燃烧室燃烧的稳定性直接影响发动机工作的稳定性，而燃烧室熄火就会导致发动机停车；燃烧效率的高低不但影响发动机的燃油消耗也会影响发动机的污染物排放；燃烧室的高空点火性能会影响到空中熄火后发动机再次起动的性能等等。因此，对燃烧室的要求就是：点火迅速可靠，燃烧稳定、完全，流动损失小，出口温度场品质要好，排气污染物要少，结构紧凑，重量轻，寿命长，可靠性高等。

一、燃烧室工作过程

1. 燃烧过程

对于预混气体（在燃烧之前，把气态燃料和气态氧化剂按一定的比例混合而形成的可燃混合气就是预混气体）来说，其燃烧过程就是火焰在气体中不断传播的过程。火焰在气流中的传播速度取决于预混气的物理化学性质和流动状态。这样对于一定的预混气来说，其火焰传播速度就取决于气体的流动状态了。气体流动分层流和紊流两种，火焰在紊流气体中的传播速度要比在层流中的大，这是因为在紊流下，传质快，火焰大。所以我们看到吹风能使火烧得更大。

另外，每种混合气都存在着一个最佳的混合比，火焰的传播速度还和此混合比有关。把单位质量的燃料完全燃烧所需的空气量称为理论空气量，用 L_0 表示；实际燃烧时，为了保证燃烧充分，所供应的空气量要比理论量多，这称为实际空气量，用 L 表示。我们把实际空气量和理论空气量的比值叫做余气系数，用 α 表示。

$$\alpha = \frac{L}{L_0} \qquad (3-1)$$

当 $\alpha > 1$ 时，表明实际供气量大于理论供气量，叫贫油混合气，相应的燃烧是贫油燃烧。

当 $\alpha < 1$ 时，表明实际供气量小于理论供气量，叫富油混合气，相应的燃烧是富油燃烧。

若混合气太富油或太贫油的话，火焰就不能正常传播而导致熄火。

对于液体燃料来说，燃料燃烧时经常要用的另一个参数就是油气比 f，它是指燃烧过程中实际燃料流量和空气流量的比值。

涡轮喷气发动机燃烧室所用的燃料就是燃油，氧化剂是空气。但在燃烧室内燃烧时，首先要把燃油雾化，让它以燃油蒸气的形式与空气混合，生成预混气体。燃烧室中的燃烧是在紊流状态下进行的。

2. 火焰稳定存在的条件

我们可做一个实验，让余气系数合适的预混气在一透明管中流动，其流动速度为 v，当混气点燃后，火焰传播速度为 u_n。我们会发现：

当 $u_n = v$ 时，火焰稳定不动；当 $u_n > v$ 时，则火焰会逆流而上，这种现象叫回火；而当 $u_n < v$ 时，则火焰在气流的推动下，向下游移动，直到被吹出管子，这种现象叫吹熄。上面几种关系见图 3.1。

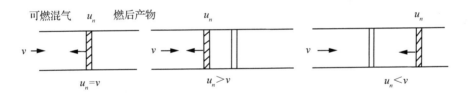

图 3.1　火焰传播示意图

由此可见，要想保证火焰稳定，而不出现回火或吹熄，条件就是：

$$u_n = v \qquad (3-2)$$

前面的结论是在一维流动前提下得到的，但可推广到其他流动情况。也就是说要想获得稳定的火焰，其必要条件之一就是火焰前锋根部存在 $v = u_n$ 的速度平衡点，这样才能形成固定点火源。

3. 燃烧室内火焰的稳定

从压气机出来的空气，流速很大，一般在 120~200 米/秒。在这样高的速度下，要点燃和保持火焰稳定是不可能的。所以，燃烧室所要做的第一件事就是降速扩压，这可通过扩压器来实现。气流经过扩压后，速度一般可降低到 30～40 米/秒。对于航空煤油来说，在正常的油气比 f 下燃烧时，燃烧速度只有每秒几米，这样要想使火焰稳定并形成点火源也是不可能的。因此，必须在燃烧室内创造一个轴向速度较低的区域，以使火焰在发动机的整个工作过程中都能保持稳定。这是通过在燃烧室头部形成一个回流区来实现的。回流区的形成可借助不同方式，如让气体流过钝体或旋流器都可创造一个回流区。图 3.2 给出旋流器所形成的回流区及速度分布图。通过其他方式生成的回流区以及区内速度分布也是类似。

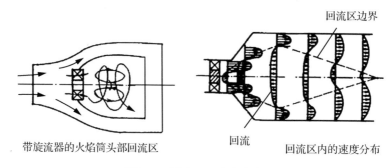

图 3.2　回流区及速度分布图

当气流流过旋流器时，由于旋流叶片的导流作用，气流就具有轴向、切向和周向三个方向的速度，这样气流就会边旋转边向后流动。旋转的气流就把火焰筒头部中央的气体带走，使头部中央区的气体变得稀薄、压力下降，从而在轴向产生逆流压差。在此压差的作用下，下游的部分气体就要逆流而上，回流向低压区，从而形成气体的回流。如果在火焰筒头部的每个截面上看气流速度分布的话，我们可画出如图 3.2 所示的速度分布情况。图中虚线是回流区范围，在回流区内速度逆流向前，回流区外是顺流区。这样在虚线附近就存在一个过渡区，在过渡区内，紊流度大、轴向流速低（虚线上轴向速度为零），这就创造出了气流速度等于火焰传播速度的条件，为燃料的连续燃烧和火焰的稳定提供了基础。一般在回流区边界之外，但靠近回流边界的区域把混合气点燃。

当在火焰筒头部把混气点燃后，气体边燃烧边向后流动，由于回流的存在，一部分燃烧着的气体就会进入回流区，从而点燃新进来的混合气体，其余部分继续向后流动不断燃烧。这一过程连续不断，从而在火焰筒头部形成稳定的火焰。

4. 燃烧室内组织燃烧的过程

从压气机出来的空气，首先经过扩压器，降速扩压。之后，为了更好地组织燃烧，把气流分成两股：第一股气流直接从火焰筒的头部进入，与喷嘴喷出的燃油混合，在火焰筒的头部形成主燃区，这部分空气大约占总气流的 20%；其余 80% 为二股气流，这些气流通过火焰筒筒壁上的缝、掺混孔、冷却孔等流进火焰筒内，见图 3.3。

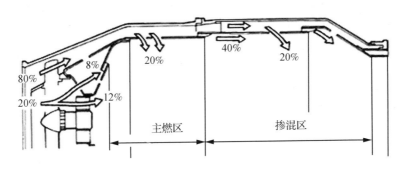

图 3.3　燃烧室气流组织

一股气流与喷嘴喷出的燃油混合在火焰筒头部形成回流区，并在头部形成余气系数 $\alpha = 1$ 左右的局部区域，这一区域适宜点燃和燃烧。二股气流中大约 20% 左右的空气，从靠近头部的主燃孔进入主燃区参与燃烧。在主燃区内，燃气温度可达到 2100℃ 左右，这样高的温度对于下游的涡轮进口导向器和第一级涡轮工作叶片来说是难以承受的，所以，其余 60% 左右的空气被引入掺混区，用来补充燃烧，控制燃烧室排烟和冷却火焰筒壁，并控制燃烧出口温度分布，使出口温度达到允许的范围。

二、燃烧室燃烧稳定特性

燃烧室的燃烧稳定特性又叫熄火特性，是指燃烧室在一定的进气条件下，火焰稳定在不被吹熄的余气系数范围。一般用燃烧室进口气流速度与余气系数 α 的关系来表示，图 3.4 为一典型的燃烧室稳定特性曲线。这个曲线可通过实验测得，从图中可见在每个

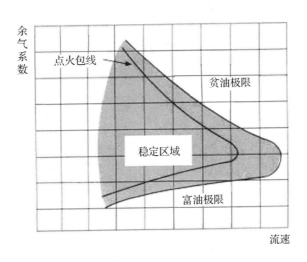

图 3.4　燃烧稳定特性

流速（空气流量）下，都存在一个富油极限和贫油极限。当余气系数超过这两个极限时，火焰就会熄灭。点火过程也有贫油和富油极限，但点火包线在火焰稳定包线之内，这是因为点燃比保持燃烧要更困难些。

从图 3.4 中还可发现，随着燃烧室进口气流速度加大，燃烧的稳定范围在减小。这主要是因为气流速度越大，火焰前锋就越不容易稳定。当气流速度太快时，火焰传播速度跟不上，火焰就被吹熄。

第二节　燃烧室结构

一、燃烧室的类型

燃烧室有三种结构类型，它们是单管燃烧室、环管燃烧室和环形燃烧室。

1. 单管燃烧室

单管燃烧室的特点是每个管式火焰筒都有自己的外壳，整台发动机的燃烧室由多个这样的单管燃烧室组成，各分管之间靠传（联）焰管连接，以传播火焰和均衡压力。图 3.5 为单管燃烧室布局示意图。从压气机出来的压缩空气靠供气管送到每个火焰筒内，相应流动损失大。这种燃烧室用在早期离心式压气机的发动机上，现在已不再使用。图 3.6 为某型发动机的单管燃烧室，从图中可见，每个火焰筒都单独形成一个燃烧室。所以，单管燃烧室的最大优点就是抗变形能力强，维护、检查、更换方便，不需要分解发动机。但其环形截面积的利用率低，燃烧室内的流动损失大。由于起动时靠传焰管把火焰传给不同的火焰筒，所以高空熄火后，再起动困难。燃烧室出口温度场分布不均匀，结构上包裹火焰筒所需的材料多，因此，整个燃烧室的重量大。

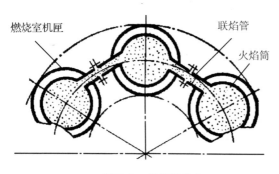

图 3.5　单管燃烧室

2. 环管燃烧室

环管燃烧室的结构特点就是把若干个管式火焰筒周向均匀地安装在同一内、外壳体间的环腔内，相邻火焰筒之间靠联焰管连通，见图 3.7。这种燃烧室是从单管燃烧室到环形燃烧室之间的过渡。其特点是，相对单管燃烧室来说，其迎风面积要小；同时其也具有单管火焰筒抗变形能力强的特点；由于也要靠联焰管传递火焰，所以其点火性能较差，但比单管强；燃烧室出口温度场分布不如环形均匀；大修时每个火焰筒都可单独更换。

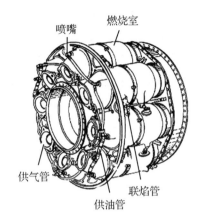

图 3.6 单管燃烧室

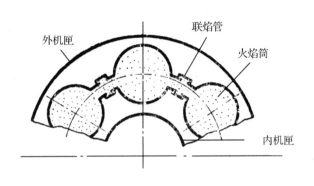

图 3.7 环管燃烧室布局

3. 环形燃烧室

环形燃烧室的结构特点是只有一个火焰筒，并且火焰筒为环形结构，装在燃烧室内、外机匣之间的空腔内，见图 3.8。环形燃烧室是现代涡轮发动机上最常用的一种，与前面两种燃烧室比较，这种燃烧室具有热效率高，重量轻，长度短的优点。另外，发动机的环形截面的利用率最大，迎风面积最小。由于火焰筒筒壁的面积减少很多，从而使冷却筒壁所需的冷却空气量也大大减少，使燃烧效率得到提高。由于只有一个火焰筒，所以也不存在火焰传播问题。

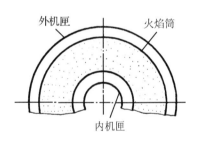

图 3.8 环形燃烧室布局

在相同输出功率条件下，环形燃烧室的长度要比环管燃烧室的短，其长度大约是环管燃烧室的 75%，从而减轻了发动机的重量。其出口温度场的分布要比前两种均匀。环形燃烧室的主要不足在于其结构单薄、制造复杂；出口温度场的控制困难，研制开发过程中的测试复杂。环形燃烧室有不同的结构，常用的有如下几种。

1）带单独头部的环形燃烧室

为了便于在火焰筒头部组织燃烧，把环形火焰筒的头部做成若干个类似环管式燃烧室火焰筒的头部结构，在这些单独头部的后面再转换成一个公共的环形

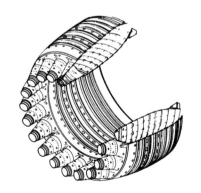

图 3.9 带单独头部的环形燃烧室

81

腔，见图 3.9。每个头部都安装有涡流发生器和燃油喷嘴，一股气流从每个单独的头部进入火焰筒，与经喷嘴雾化后的燃油混合，形成主燃区。

JT9D 发动机的燃烧室就是这种结构，见图 3.10 和图 3.11。JT9D 燃烧室的内、外环筒是可分解的（见图 3.10）。一共有 20 个类似于单管火焰筒的头，它们连在一起形成环形火焰筒的头部。环形头部与外环筒壁焊接在一起。每个头部都装有涡流发生器，涡流发生器的中央是一个双路离心喷油嘴。装配时，外环筒在头部靠均匀分布的 3 个固定销（见图 3.11）支承在燃烧室外机匣上，内环筒与外环筒在头部插在一起（浮动连接），内环筒的后端靠螺栓与高压涡轮一级导向器固定在一起。每个燃油喷嘴有 3 个接口，它们分别是主油路、副油路和供水接口。相应在燃烧室扩压机匣外有 3 条管路，它们分别是主油路、副油路和供水管路。

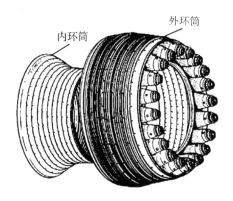

图 3.10　JT9D 发动机燃烧室

与全环形火焰筒比较，其重量要大些。但其便于在火焰筒头部组织燃烧，所以在早期的一些发动机上应用很多，如 JT9D 和 CF6 发动机都采用了这种燃烧室。

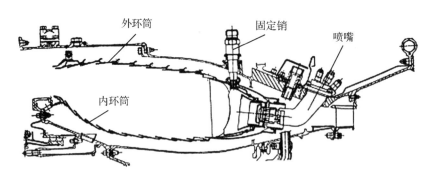

图 3.11　JT9D 发动机燃烧室剖示图

2）全环形直流燃烧室

全环形直流燃烧室由内、外环筒和环形火焰筒头部组成。这种燃烧室被广泛用在现代大型涡轮风扇发动机上。图 3.12 为 RB211-535E4 发动机上采用的环形燃烧室，其特点是：为整体式环形火焰筒，在环形头部上装有生成回流区的折流（计量）板和燃油喷嘴的安装座，座上有浮动衬套，以便于拆卸和安装燃油喷嘴。火焰筒上的冷却环是锻件经机械加工而成，然后，再与筒壁对接焊在一起。图 3.12 中上面的燃烧室是 Ⅱ 型，它有 18 个气动雾化喷嘴。为了保证每个喷嘴的供油量一样，每个喷嘴内都装有弹簧加载的重量块式燃油分配活门。下面的燃烧室是 Ⅴ 型，它是由新型发动机 TRENT 系列的燃烧室发展而来的，主要目的是为了降低燃烧室的污染排放。两种火焰筒相比，Ⅴ 型火焰筒的总容积减小了，但头部主燃区容积加大了，火焰筒的形状也从原来的扩张形改为收敛形，以增加燃气的流动速度，燃油喷嘴从 18 个增加到 24 个。实验表明，其 NO_x、未燃烧的碳氢化合物以及发烟量都有明显的降低。

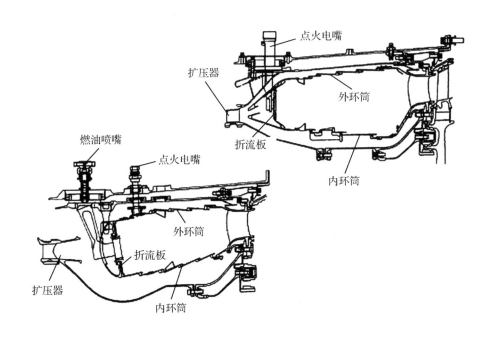

图 3.12　RB211-535E4 发动机燃烧室

图 3.13 是 CFM56-3 发动机的环形燃烧室。它主要包括内、外环筒和环形火焰筒头部。内、外环筒与火焰筒头部之间靠自锁螺栓连接在一起。环形火焰筒头部包括内、外整流环和 20 个球形头。每个球形头由主旋流器、副旋流器和文氏管组成。文氏管把主、副旋流器连接在一起。燃油喷嘴装在文氏管内。旋流器的叶片不是轴向并列，而是径向并列的，即空气沿径向流入旋流器。有 20 个双路离心喷嘴，从燃油总管来的燃油进入喷嘴后，由喷嘴内的分配活门来控制燃油是进入主油路还是副油路。在起动和高高度、

低功率下，燃油流量低，此时为了确保有足够高的油压以保证雾化较好，分配活门就把副油路关闭。

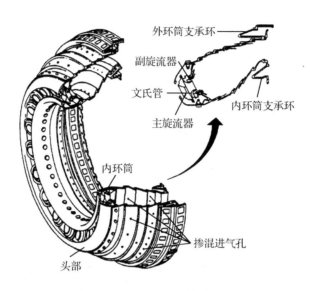

图 3.13　CFM56-3 发动机燃烧室

　　图 3.14 是 V2500 发动机上的环形燃烧室，与 JT9D 发动机类似，此燃烧室的火焰筒也是可分解的（它们都是普惠公司设计生产的），外环筒与火焰筒头部一体。装配时，内、外环筒在火焰筒的头部插在一起。外环筒的头部均匀分布着 5 个螺栓孔，通过 5 个螺栓把外火焰筒固定在燃烧室机匣上。外环筒的后端与高压涡轮一级导向器采用了滑动配合连接。内环筒的前端与外环筒的头部也是滑动配合插接在一起，后端靠螺栓固定在高压涡轮一级导向器上。通过这种连接结构可保证工作时，内、外环筒能轴向自由膨胀和收缩。火焰筒的另一个特点是，内、外环筒的内表面各固定有 5 排"瓦片"，内、外环筒各共有 50 片。这些"瓦片"与燃气相接触的一面有隔热涂层，背面加工有很多细小的圆柱形凸起以增加散热面积，背面还焊有螺杆（5 根）。"瓦片"通过这些螺杆和螺帽固定在内、外环筒筒壁上，可参见图 3.35。工作时，燃烧室的二股气流从火焰筒壁上许多小孔进入到"瓦片"与筒壁之间的夹层，起到对筒壁和"瓦片"的冷却作用。这样，"瓦片"避免了高温燃气直接与火焰筒壁接触，从而进一步降低筒壁温度。若"瓦片"烧坏了，发动机大修时，可单独更换损坏的"瓦片"。罗·罗公司的 TRENT1000 燃烧室也采用了这种结构。火焰筒头部固定有 20 块壁板，每个壁板中央装有形成回流区的涡流发生器。涡流发生器的中央就是燃油喷嘴安装座，一共有 20 个气动雾化喷嘴。每个喷嘴的燃油供应靠供油管路上的燃油分配活门来均衡。

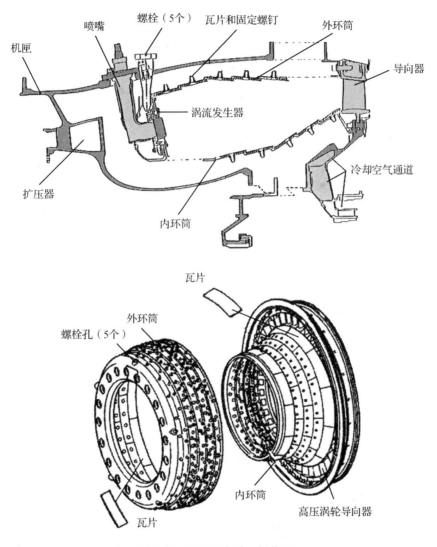

图 3.14　V2500 发动机燃烧室

3）双环腔环形燃烧室

为了降低 NO_x 的排放，在 CFM56-5B 发动机上采用了双环腔环形燃烧室，见图 3.15。从图 3.15 中可见，环形火焰筒的头部由两个同心的环腔组成，每个环腔都有自己的喷油嘴。在低功率下，外环腔的喷嘴供油（副油路）；在中等功率以上，两个环腔的喷嘴都供油。这种结构有如下特点：发动机在低功率工作时，能使外环腔中有恰当的油气比，使燃烧时间增长，燃烧充分，使 CO 和未燃烧的碳氢化合物的排放减少；在中等功率和大功率工作时，两环腔都供油，但都处于贫油状态，这样使燃气在燃烧室内停留时间短，从而可降低 NO_x 的排放。实验也证明了此种燃烧室能有效地降低 NO_x 的排放，与装单环腔的CFM56-5B比较，其NOₓ的排放可降低45%左右。CFM56-7和通用电器公司的GE90发动机的燃烧室也采用了类似设计。

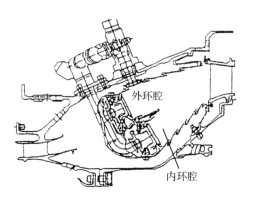

图3.15　CFM56-5B双环腔燃烧室

4）回流式燃烧室

前面的燃烧室气流都是直流式的，即气流从压气机出来后，进入燃烧室，之后经过涡轮而排出。回流式燃烧室则不同，气流需经两次180°的转折，才能流过燃烧室而到达涡轮。图3.16是回流燃烧室的示意图，火焰筒也是环形。

图3.17是JT15D发动机上的回流式环形燃烧室。火焰筒由高温合金板材焊接而成，筒壁上打有不同尺寸的很多孔。从离心压气机出来的空气，经这些孔进入火焰筒内部，进行燃烧和掺混降温。在火焰筒的头部装有12个双路离心喷油嘴，另外还有6个支承点。火焰筒的后端出口插在排气弯管中，通过这种前后支承，允许工作时火焰筒能自由膨胀收缩。排气管的出口与高压涡轮导向器连接在一起。

回流式结构布局可节约空间，缩短了压气机出口与涡轮导向器之间的距离，使发动机的整体长度缩短，从而减轻发动机的重量，尤其适合用于直升机的紧凑型发动机。但从压气机出来的气要经两次180°的折流，才能到达涡轮进口，流动损失要大些。由于燃气对从压气机出来的空气也有一定的预加热作用，所以这也可弥补一些流动损失。同

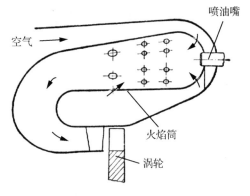

图3.16　回流燃烧室示意图

时，由于气流折转，使速度降低，这也有利于火焰稳定。这种燃烧室一般与离心式压气机配合使用，并用在一些小型的涡轮喷气发动机上，如BA146飞机上的ALF502涡轮风扇发动机、Garret公司的ATF3-6三转子涡轮风扇发动机和普惠公司的PW600等都采用了这种回流式燃烧室。

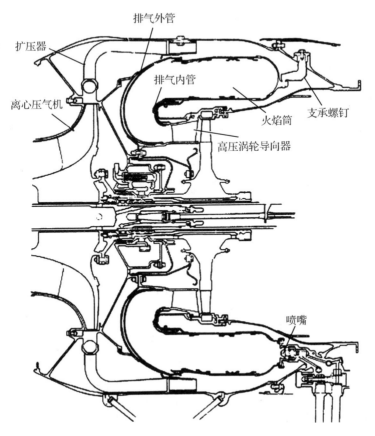

图 3.17 JT15D 发动机燃烧室

二、燃烧室基本组成部件

1. 扩压器

扩压器的功用就是降低来自压气机的气流速度，为燃烧室提供稳定、均匀的流场，以便在燃烧室内组织燃烧。这种扩压是在扩张形通道中进行的，因此，扩压器的一个关键参数就是进、出口面积比，此值一般在 3～5.5 之间。这样可把压气机出口的气流速度从 120～200 米/秒降低到 30～50 米/秒。根据扩压器形面不同，可把常用的扩压器分为三种形式：一级扩压式，二级扩压式和突扩式。

1）一级扩压式扩压器

一级扩压是指扩压器的通道截面积按某一规律逐渐加大，使气流速度逐步减少，压力较均匀地增加，从而使总压损失小，流场较均匀。

为了降低总压损失，目前多采用曲线壁面造型规律。常用的有等压力梯度变化规律、等速度梯度变化规律和等段圆弧壁面、双扭线以及组合造型规律。曲线壁面造型规律在早期和现役的直流环形燃烧室上被广泛使用。图 3.18 就是某发动机的一级扩压器。

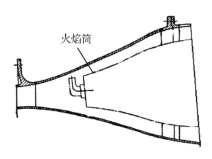

图 3.18　一级扩压器

流过二级扩压器，进行降速扩压。由于这时气流速度已降低，所以，虽然二级扩压器的扩张大，但总压损失也不会高。

3）突扩式扩压器

突扩式扩压器是最短的一种扩压器，在许多高压、高推力的发动机中采用。图 3.20 是 RB199 发动机的扩压器，其就是典型的短突扩式扩压器。气流从压气机出来后，经很短的略为扩张的通道，速度稍有下降后就突然扩张。压力损失虽然大些，但长度短，火焰筒进口流场稳定，压气机出口流场的变化对燃烧室的工作影响较小。但如果设计不当，气流容易分离。

图 3.14 中的扩压器也是类似结构。扩压机匣为铸造件，扩压器内铸有 20 个整流支板，支板为空心结构。

2）二级扩压式扩压器

当扩压器出口面积比进口面积大很多时，若采用一级扩压器，则扩压器的轴向尺寸就会很长，为了缩短扩压器的长度，可采用二级扩压器，见图 3.19。第一级扩压器的扩张角较小，通道扩张较缓和；第二级扩张角大，通道的扩张较陡。这样气流在第一级扩压器内流动扩压时，总压损失小，气流速度降低后再

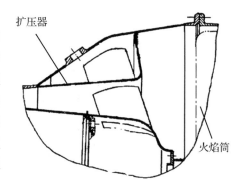

图 3.19　二级扩压器

整个扩压机匣是个承力构件，燃烧内侧的 4 号轴承就支承在扩压机匣上。冷却轴承腔的空气和给轴承腔供油、回油的管路就从其中的某些整流支板中穿过而到达 4 号轴承腔。

2. 涡流发生器

涡流发生器的作用就是在火焰筒的头部形成回流区，以稳定火焰，并使雾化后的燃油与空气很好地混合，点燃后再掺混，提高燃烧效率。常用的涡流发生器有叶片式涡流器和非叶片式涡流器。

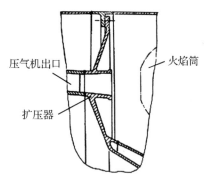

图 3.20　RB199 发动机的突扩式扩压器

1）叶片式涡流器（或叫旋流器）

图 3.21 就是一叶片式涡流器。涡流器的中央安装喷油嘴，气流经叶片后旋转着向前流动，其产生回流区的原理参见本章第一节。不同的叶片式涡流器，叶片的排布形状

不同、角度不同，大多数叶片是径向排列的（如图 3.21 所示），也有切向排列的，但它们产生回流区的原理都是一样的。有的整个旋流器是个精铸件，有的则是把叶片焊接在内、外环上形成旋流器。

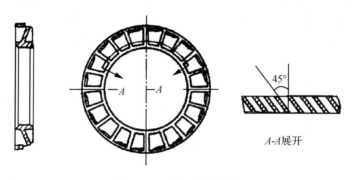

图 3.21　叶片式涡流器

2）非叶片式涡流器

常用的非叶片式涡流器就是让气流流过钝体（非流线体，如喇叭形钝体、V 形钝体等）之后而产生回流区。图 3.22 给出了 V 形钝体产生回流区的原理示意图。

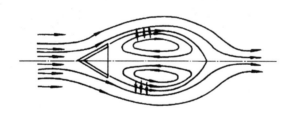

图 3.22　V 形钝体后回流区的生成原理

当气流流过 V 形钝体后，钝体后面的气体就会被气流带走，而在 V 形钝体后面形成一个低压区。这样就使钝体下游处部分气体在压力差的作用下，以与主气流相反的方向流回钝体后面的低压区，从而在钝体后面产生一个回流区。

在实际发动机上应用的钝体有各种形式，如喇叭形、折流板等。

3. 喷嘴

燃油喷嘴的作用就是把燃油雾化，加速燃油与空气的混合，以利于燃烧和火焰稳定，提高燃烧效率。常用的喷嘴有离心喷嘴，蒸发式喷嘴和气动雾化喷嘴。

离心喷嘴的工作原理就是利用高压燃油通过喷嘴内的涡流器后，在涡流室内高速旋转，燃油喷出时，靠离心力的作用，把燃油雾化散开成许多微小的油珠。所以离心式喷嘴的一个关键部位就是涡流器。一定压力的燃油经涡流器的切向进口进入涡流室，在涡流室内高速旋转。图 3.23 给出了常见的有切向槽和切向孔式两种涡流器的结构示意图。

从图中可见，高压燃油从这些切向孔或槽进入涡流室，然后旋转着从喷口出来，由于旋转速度大，所以，燃油以空心的雾状油锥的形式从喷嘴喷出。为了达到好的雾化效果，这就要求进入涡流器的燃油压力要高。油压越高，旋转速度就越快，雾化就越好。

另外，离心喷嘴的供油量与油压的平方根成正比，这样单路离心喷嘴的供油量的变化范围就很小，很难满足大推力发动机对油量变化的要求，为此，一般采用双路离心喷嘴。双路离心喷嘴又可分为双路、双室、双喷口喷嘴，双路单室、单喷口喷嘴和双路、双室、单喷口喷嘴等。双路喷嘴是指有两条供油路，即主油路和副油路。当供油量较少时，仅副油路供油，而当供油量较多时，主、副油路同时供油。"双室"就是有两个涡流室，"双喷口"就是指喷嘴有并列的两个喷口，其中一个要比另一个小很多，小喷口用于低流量，当压力增大、流量增加到一定值时，大喷口开始工作。

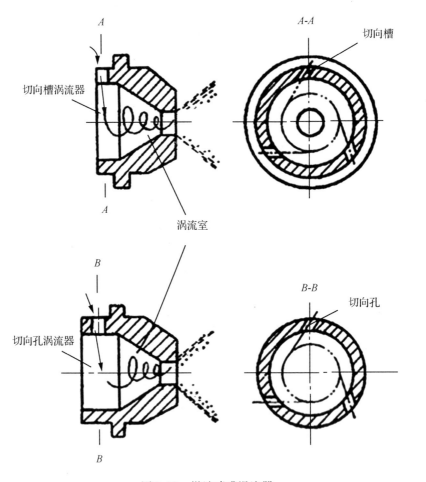

图 3.23　燃油喷嘴涡流器

图 3.24 为双路、双室、双喷口离心喷嘴示意图。主、副油路之间靠分油活门隔开。当油压低时，燃油只进入副油路；而当油压高到一定时，分油活门被油压推开，主、副

油路同时供油。由于每条油路都有自己的涡流室和喷口，所以，主、副油路互不干扰。

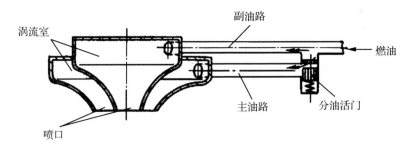

图 3.24 双路、双室、双喷口离心喷嘴示意图

图 3.25 是某发动机上用的双路、双室、双喷口离心喷嘴示意图。空气套的作用就是为喷嘴提供冷却空气和防止喷嘴积炭。

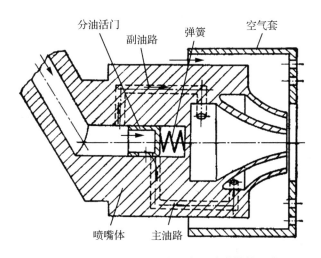

图 3.25 双路、双室、双喷口离心喷嘴结构示意图

图 3.26 是罗·罗公司的一种双路、双室、双喷口的离心雾化喷嘴示意图，其也带有空气冷却套。主油路对应的喷口要比副油路对应的喷口大。当流量低时，燃油从副油路进入，从小喷口喷出；而流量增加、压力加大后，燃油进入主油路，从大喷口喷出。燃油的这种分配是靠增压活门来控制的。流量低、油压低时，增压活门关闭；当流量和压力增加时，增压活门逐渐打开，允许燃油进入主油路，这时，两条油路同时供油。与单路喷嘴比较，在相同的最大燃油压力下，其能在更广泛的燃油流量下，保证雾化效果，尤其是在低流量时，能有效地雾化燃油。

蒸发管用在蒸发式燃烧室内，油气的混合提前在蒸发管内进行。燃油由一个小的供油管喷入蒸发管内，而蒸发管在火焰筒内处于火焰的包围之中，这样燃油在蒸发管内迅

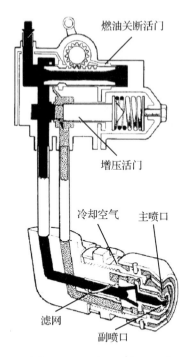

图 3.26 双路、双室、双喷口
离心雾化喷嘴

速蒸发变成油蒸气。此蒸气与进入蒸发管内的少量空气初步混合，但未燃烧。初步混合的气体从蒸发管喷出后，进入主燃区，再与大量的空气混合后燃烧。图 3.27 是罗·罗公司 VIPPER 发动机的蒸发管，其为"r"形。蒸发管用螺帽固定在火焰筒头部。燃油经喷管喷入蒸发管内，并和从火焰筒头部进入蒸发管的空气掺混。

为了更好地使燃油和空气混合，蒸发管内设有两个扰流销。空气套为蒸发管提供冷却空气，以使蒸发管不至于烧坏，同时也防止燃油焦化。另外一种是"т"结构的蒸发管，用在 OLYMPUS 发动机上。蒸发管式喷嘴具有结构简单、造价便宜和重量轻的特点，但其在耐久性和污染物排放方面性能差些，所以主要用于军用发动机，而在民机方面并没有得到很好的利用。

气动雾化喷嘴是现代涡轮发动机上常用的一种喷嘴。它利用压气机出口的高压空气帮助燃油雾化。通常情况下空气雾化喷嘴有两个或三个空气涡流气路，如图 3.28 所示。来自压气机出口的空气分三路进入喷嘴，它们是喷嘴中心孔、内旋流板和外旋流板。燃油从涡流室出来后，经过一个定型面的喷口喷出而形成一层油膜，此油膜夹在内、外旋流板所产生的两层旋转气膜之间，在这两层气膜的作用下，油膜被粉碎、雾化。通过对气流旋转角度和每路空气流量的控制，除了可控制雾化质量外，还可控制雾化后油滴的喷射方向。气动雾化喷嘴，可在较低的燃油压力下，很好地雾化燃油。

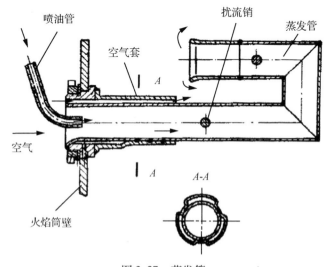

图 3.27 蒸发管

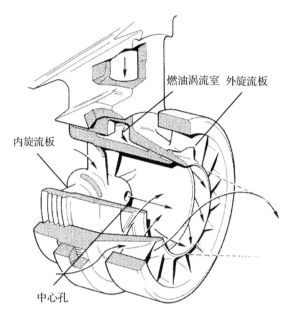

图3.28 气动雾化喷嘴

与其他喷嘴相比，气动雾化喷嘴雾化质量好，不容易在火焰筒头部（喷雾锥内侧）形成缺氧富油区。这种局部富油是造成积炭和排烟的一个主要原因。当燃油从喷嘴喷出后，就形成许多大大小小的油滴。油滴边向下游流动，边从火焰和周围的燃气中吸收热量而逐渐蒸发，与空气混合后燃烧。若雾化不好，则油滴较大，这样，油滴的气动阻力大，在完全蒸发前，其动能就可能耗尽，从而形成油滴的扩散燃烧。这种油滴的扩散燃烧，会使燃烧不充分而生成大量烟颗粒。气动雾化喷嘴由于雾化好，其能避免这种情况的出现，所以，可大大降低积炭和排烟。另一个特点就是，它不要求很高的供油压力，供油系统简单，且能在较宽的工作范围内使喷雾锥角大致保持不变，所以容易使燃烧室出口温度场分布均匀、稳定，更适合于高压燃烧室。气动雾化喷嘴的缺点是，由于油气充分混合，贫油熄火极限大大降低，使燃烧室稳定工作范围变窄。发动机起动时，由于气流速度低、压力小，所以雾化不良。

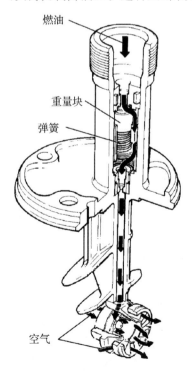

图3.29 带燃油分配活门的喷嘴

对于直径尺寸大的燃烧来说，当燃油压力低时，由于喷嘴位置不同，燃油重力所产生的静压的影响就可能导致送到不同位置的喷嘴的油量不同，从而引起燃油不规则分配，影响燃烧室的燃烧和温度分布。为了避免这一现象的出现，一般都设置燃油分配活门来保证各个喷嘴流过的燃油量相同。图3.29是罗·罗公司气动雾化喷嘴中常用的一种燃油分配活门，即重量块式燃油分配活门，它包括重量块和弹簧。燃油压力顶开弹簧和重量块后，才能到达喷嘴的涡流室。由于喷嘴在燃烧室机匣上均匀分布一圈，这样一来重量块的重力可弥补不同位置的重力所引起的静压差别。以位于燃烧室顶部和最底部的两个喷嘴为例（供油接口在燃油总管最底部），当喷嘴在顶部时，燃油自上向下流，重量块的重力帮助压缩弹簧，有利于开大流通面积；当喷嘴在最底部时，燃油是从下向上流，即油压要克服重量块的重力和弹簧力才能进入涡流室，即重量块帮助分配活门开口关小，从而使这两个喷嘴的进油量相同。

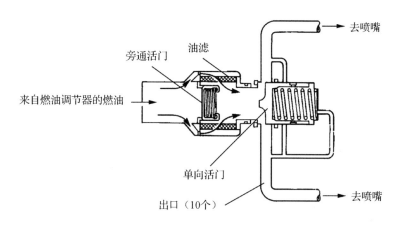

图3.30 燃油分配活门

　　另一种燃油分配活门是装在供油路上，而不是在喷嘴内。来自燃油调节器的燃油先到达此分配活门，然后再被送往各个喷油嘴。图3.30是某型号发动机燃油系统的分配

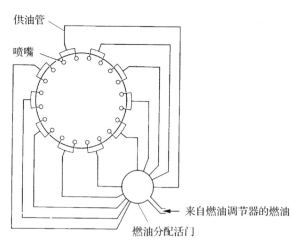

图3.31 燃油分配活门与喷嘴之间的连接

活门示意图。活门主要包括一个油滤、旁通活门、单向活门和10个供油出口。来自燃油调节器的燃油从分配活门的进口进入活门内，先流过油滤，进行过滤，防止杂质颗粒堵塞喷嘴。过滤后的燃油顶开单向活门，进入10个出油口，每个出口连接一根供油管，每根供油管给两个喷嘴供油（见图3.31），从而保证每个喷嘴的供油是一样的。当停车时，油压下降，单向活门靠弹簧力关闭，切断向喷嘴的供油，并把管路中的余油放掉。万一油滤堵塞了，旁通活门打开，以保证继续供油。

油滤可拆下来进行清洗。

图 3.31 给出了燃油分配活门、供油管和燃油喷嘴的连接关系。燃油分配活门与 10 根供油管相连，每根供油管给两个喷嘴供油，燃油室上一共有 20 个喷嘴。

三、燃烧室的冷却

火焰筒内是燃烧着的高温燃气，所以必须对火焰筒采取一定的冷却措施，以降低筒壁温度，延长其工作寿命。目前常用的冷却技术就是气膜冷却和发散冷却。

1. 气膜冷却

气膜冷却在燃烧室冷却中应用最广泛，其原理就是在火焰筒内表面形成一层冷却空气膜。气膜把高温燃气与筒壁隔离开，从而防止热辐射和热对流对筒壁的影响。其特点是，冷却结构简单，重量轻，消耗的空气少。冷却空气就是进入燃烧室的二股气流，一般来说气膜冷却所用空气量为总流量的 25%～35%。

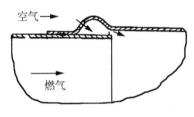

图 3.32　细腰冷却结构

为了增强冷却效果，可采用不同的结构方式。常见的有细腰（或"Z"形冷却环）小孔气膜冷却、波形板气膜冷却、冷却环气膜冷却等。

图 3.32 为细腰冷却结构，在火焰筒壁上做出台阶，并在台阶上加工有小孔，二股气流从这些小孔进入火焰筒内部，并延内壁面流动，在火焰筒内表面形成气膜。这种细腰结构可使气膜长度增加。早期发动机的火焰筒为板料焊接结构，现在许多发动机的燃烧室是采用锻件或特型材滚轧而成，再经机加工做出这些小孔，这样就使小孔尺寸精度高，冷却效果好。图 3.33 是 RB211 和 JT9D 发动机火焰筒的冷却结构。

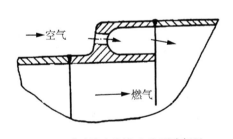

RB211发动机火焰筒"Z"形冷却环

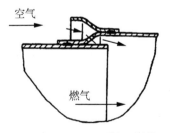

JT9D发动机火焰筒细腰结构

图 3.33　RB211 和 JT9D 发动机火焰筒冷却结构

图 3.33 中的 RB211 发动机燃烧室的冷却环是由锻件加工而成的，在使用中筒壁不

容易出现裂纹、变形等故障。为了加强冷却效果，JT9D 的细腰结构焊接了集气环，以增加迎风面积，这不但增加了气膜冷却的空气流量，同时还增强了火焰筒壁的周向刚度。

波形板气膜冷却结构简单，还具有弹性，可减轻火焰筒由于径向膨胀不均而引起的热应力。图 3.34 是罗·罗公司的 VIPPER 发动机和 SPEY 发动机的波纹板结构。波形板与火焰筒壁通过焊接连在一起。与细腰或 "Z" 形冷却环相比，可省去加工许多小孔的麻烦，但所消耗的冷却空气会多些。

图中 VIPPER 发动机的波纹板结构简单，其直接把后段火焰筒的前端冲压成波纹状，然后与前段火焰点焊在一起。SPEY 发动机则是专门加工了波浪形板，此波形板再分别与前、后段火焰筒壁焊接在一起，这样，由于波形板的冷却要比火焰筒壁好，所以波形板就可不必采用与筒壁相同的材料来加工了，使材料的使用更合理。

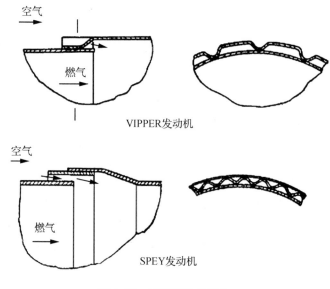

图 3.34　波形板冷却结构

有的发动机的燃烧室采用了带表面陶瓷涂层的 "瓦片" 式结构，如 V2500 发动机。图 3.35 给出了其冷却结构示意图。"瓦片" 靠螺栓固定在火焰筒壁上，火焰筒壁上开有进气孔，冷却空气进来后，即可在 "瓦片" 与筒壁之间的夹层流动，进行对流换热，又可在 "瓦片" 表面流过，形成气膜冷却，把燃气与 "瓦片" 表面隔开。为了增加 "瓦片" 表面的散热面积，其背面加工有很多细小的圆柱形凸起。采用这种冷却结构，可减少冷却空气量，使更多的空气参与燃烧，降低燃烧温度，从而可降低 NO_x 的排放。

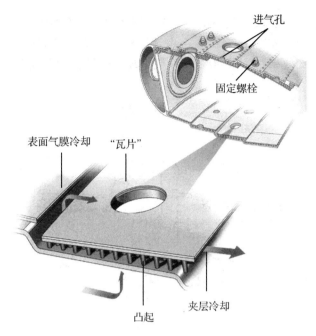

图 3.35 带"瓦片"的燃烧室冷却结构

2. 发散冷却

在火焰筒壁上加工有大量的细孔，小孔一般采用电子束打孔或电火花打孔，孔径一般在 0.5 ~ 1.0 毫米左右。二股气流从这些小孔进入火焰筒内部。由于孔很小，所以，气流穿入深度很小，进入火焰筒后很快形成紧贴内壁的冷气层。由于小孔分布均匀，密度大，所以冷却空气层能均匀覆盖火焰筒内表面，可有效降低燃气对壁面的对流换热，并不断把燃气对筒壁的热辐射带走。小孔有直孔和斜孔两种。斜孔可以更多地抑制通过孔壁的对流换热，从而可获得更低的壁温。冷却示意图见图 3.36。

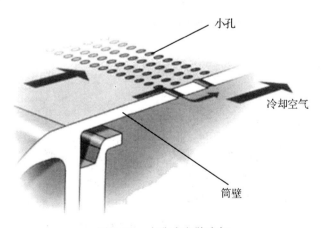

图 3.36 小孔式发散冷却

发散式冷却方案在现代大型涡轮风扇发动机上得到了广泛应用。如 GE90 发动机的燃烧室，就采用了斜孔发散冷却方式，见图 3.37。火焰筒是铸造件，用激光钻出不同角度的斜孔。其冷却效果达到了 90%，并且冷却空气量也大大减少。

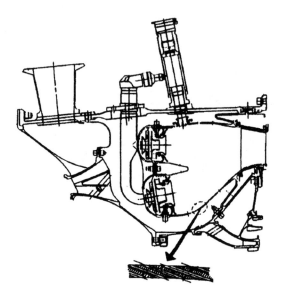

图 3.37　GE90 发动机燃烧室

罗·罗公司的 AE3007 涡轮风扇发动机的环形燃烧室筒壁也采取了这种冷却方法。火焰筒的内、外环筒上共打了 18768 个斜孔。小孔都是从外表面向内表面，且从前向后倾斜。燃烧室的二股气流从这些小孔进入火焰筒，为筒壁提供发散冷却。

图 3.38 是罗·罗公司发动机燃烧室所采用的另一种发散冷却结构。火焰筒壁为两层板结构，板的外表面上有很多小孔，内表面加工有相互交叉连通的冷却气流通道。燃烧室的二股气流经表层板上的这些有规律分布的小孔流入，然后在两层板间的槽道中流动，最后经最下层板上的小孔排出，形成气膜冷却。

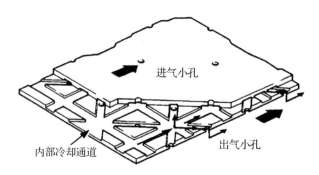

图 3.38　罗·罗公司发动机燃烧室的发散冷却结构

相对来说，发散冷却结构和制造工艺都复杂。另外，小孔或小孔通道的堵塞还会影响冷却效果，而堵塞的后果就是造成局部烧伤、产生裂纹等。

第三节　燃烧排放

燃烧室在燃烧过程中会产生一定的污染物，这主要是未能完全燃烧的燃油（碳氢化合物 HC）、烟（碳颗粒）、一氧化碳（CO）和氮氧化物（NOx）。若燃油中含有硫，则还会有 SO_2。影响这些污染物生成的主要因素是燃烧压力、温度和燃烧时间。

一氧化碳的产生是由于燃油燃烧时缺氧，而未能充分燃烧。一氧化碳无色、无味，但有毒，人呼吸了能破坏血液的输氧能力，造成缺氧而致死。

二氧化硫的产生是由于燃油中含有硫而造成的。燃烧时，硫被氧化而生成二氧化硫。它对人和环境都有影响，人吸入后易被浸润的黏膜表面吸收而生成亚硫酸、硫酸，对眼和呼吸道黏膜有强烈的刺激作用。大量吸入可引起肺水肿、喉水肿等。植物吸收了会破坏植物的光合作用。大气中的二氧化硫还能生成酸雨。

氮氧化物，即指对大气有污染的一氧化氮和二氧化氮。氮氧化物主要是在高温燃烧时产生。一般来说一氧化氮毒性不大，但一氧化氮排入大气后能继续氧化而生成二氧化氮。二氧化氮是一种毒性很强的气体，它对人的呼吸系统和免疫系统危害很大。

未燃的碳氢化合物是由于燃烧不完全，而在排气中存在一些未燃的和部分氧化的碳氢化合物。有些碳氢化合物是致癌的。

排烟是燃料不完全燃烧而生成的微小碳颗粒，它主要在燃烧室内空气不足又局部高温富油的区域内形成。

这些污染物量的变化与发动机的工作状态有关，慢车状态时，空气压力低、燃烧温度低，燃油的雾化也不好，所以，燃烧效率低，燃烧不充分，相应的 CO 和 HC 较多。因此要减少 CO 和 HC 的排放，应改进低功率状态下燃油的物化质量，以形成高温、略贫油的主燃区条件。现在发动机上经常采取的降低 CO 和 HC 的措施是：采用空气雾化喷嘴，因为它能改进雾化质量和油气混和比；双路供油或分级燃烧，如 CFM56-5B 的双环腔燃烧室，这样可改进低功率下的供油，形成恰当的油气比。

氮氧化物的生成主要受主燃区的火焰温度和燃气在主燃区内停留时间的影响。控制燃烧温度和燃烧时间是减少 NO_x 排放的主要方法。研究表明，当主燃区的温度在 1670～1900K 范围内时，产生的 CO 和 NO_x 都很少，因此若能把主燃区温度控制在这个范围之内，则可降低 CO 和 NO_x 的排放。控制主燃区温度的技术主要有：

（1）采用变几何燃烧室，即通过控制空气的供给量来改变油气比。在大功率时，加大主燃区供气量，限制冷却空气量，以降低主燃区温度；而当功率下降时，增加掺混空气量，以维持主燃区温度。这样可降低 NO_x、CO 和未燃烧 HC 的排放。

（2）分级燃烧室。有周向分级、径向分级和轴向分级三种。分级燃烧是通过控制燃油的供应来改变油气比的，即在不同的功率状态下，改变燃油的供应。周向分级是指采用沿圆周方向控制喷嘴的供油，小功率时，关闭部分喷嘴的供油，而大功率时，所有喷嘴都供油。这一技术被应用在一些小型燃气涡轮发动机上。径向分级是指双环腔燃烧室，如前面提的 CFM56-5B 和 CFM56-7 发动机的燃烧室。轴向分级是指燃烧室设计有预燃区和主燃区。小功率状态下，保证预燃区高效率低污染；大功率下，可利用预燃区的火焰迅速、可靠地点燃主燃区，让主燃区投入工作。

排气冒烟主要来自火焰筒头部富油区，在高温缺氧的条件下，燃油裂解生成碳颗粒。离心式喷嘴在低功率时，雾化不好，雾化后的燃油喷射散播不广、穿透不深，会形成燃油过分集中，这样就容易冒黑烟。而采用气动雾化喷嘴则可提高雾化质量，使油气分布均匀，能有效地改进这一情况。采用先进的燃烧室冷却结构，减少冷却空气量（特别是头部），采用环形燃烧室等技术也可降低冒烟。在燃料中添加某些添加剂，也可减少冒烟。但添加剂可能会带来另一个问题，就是污染和在涡轮叶片表面生成沉积物。

目前燃烧室在向高温、高压和高强度方向发展，其污染也越来越引起人们的重视，所以，许多国家都在研究低污染的清洁燃烧室，表3-1 列出了一些主要的降低污染的技术方案。

表3-1　减少燃气涡轮发动机污染的技术方案

具体措施	效　果
1. 采用冒烟低的燃料 2. 改进燃烧室局部设计，防止局部富油 　（1）头部贫油设计 　（2）采用先进的冷却技术，减少冷却空气量 　（3）增加主燃区回流强度 3. 气动雾化喷嘴	降低冒烟，但可能带来其他问题 增加头部空气量，降低温度、防止局部富油，降低冒烟 提高雾化质量，均匀油气混和，可降低所有污染物，特别是冒烟
分区局部供油 （1）周向分级供油：点火和小功率时，关闭周向某些喷嘴，大功率时所有喷嘴都供油 （2）径向分级：双环腔环形燃烧室；起动点火和低功率时，使用外环腔，随着功率的增加，内、外环腔都工作 （3）轴向分级：采用预燃区和主燃区设计，小功率状态下，预燃区工作；高功率时，两个区都工作	控制火焰温度，降低排气污染 改善点火和小功率状态下的性能，降低 NO_X、CO 和未燃烧 HC 的排放量 与长度相同的燃烧室相比，性能好，排放物少；燃烧室长度短，但设计复杂，喷嘴多 出口温度场均匀，但燃烧室长度大
变几何燃烧室 （1）可调挡板：改变供入主燃区的空气量 （2）可变涡流器	通过对主燃区空气量的控制，扩大油气比的调节范围，从而降低不同工况下的排放量；试验表明可大大降低未燃烧 HC、CO 和 NO_X 的排放

第四章　涡　轮

第一节　概　述

涡轮的作用就是把燃气中的部分或大多数能量转化为机械能，带动压气机转子和附件转动。按气流流动方向是否与涡轮轴线方向大体一致来划分，涡轮有两种：轴流式和向心式（径向式）。航空发动机上采用的都是轴流式涡轮。本章所讨论的都是关于轴流式涡轮的内容。涡轮喷气发动机工作时，燃油燃烧所产生的大部分能量（约为3/4）被涡轮吸收，用来驱动压气机转子。若是涡轮螺旋桨或涡轮轴发动机，则燃气中90%的能量都要被涡轮吸收。

涡轮有三种形式，它们是冲击式涡轮、反力式涡轮和这两种形式的结合即反力－冲击式涡轮。燃气涡轮发动机上通常用反力－冲击式涡轮。

涡轮的组成包括导向器和工作叶轮，这也就形成了涡轮的一级。导向器引导气体以一定的角度流向工作叶轮。

冲击式涡轮和反力式涡轮的主要区别参见图4.1。冲击式涡轮导向器的叶片通道是收敛的，气体在其中流动时，速度增加，压力下降。增速后的气体被引导至涡轮工作叶轮。工作叶轮上相邻叶片之间所形成的通道的进、出口截面面积是相同的，即通道不收敛也不扩张。这样气流流过叶轮时，进口相对速度和出口相对速度相同，气体的压力也无变化，唯一的变化是气流方向改变了。工作叶轮所吸收的能量就是用来改变气体流动方向的能量，即流过冲击式涡轮的气流，其压降只在导向器中发生。冲击式涡轮的优点是动叶叶尖漏气损失很小（因为其前后无压差），但气流容易分离、效率低，所以一般用于地面蒸汽涡轮上。

对于反力式涡轮来说，导向器的设计则只是改变气体的流动方向，不改变气体的压力。涡轮工作叶片通道是收敛的，气体流过此通道时，压力下降，相对速度提高。使涡轮旋转的力是使气体膨胀和加速的反作用力，即气体流过工作叶片通道时，其速度和压力都要变化。但在实际的涡轮设计中，一般都采用这两种形式的结合。

从前面的分析可知：对于冲击式涡轮来说，由于导向器内的静子叶片组所形成的通道是收敛的，每一级冲击涡轮的总压降是在导向器的静子叶片通道内发生的。气体在导向器内降压、增速，理想情况下，燃气在导向器内完全膨胀，然后被引向旋转叶轮，涡轮工作叶片受气体的冲击力而旋转。而反力式涡轮的导向器叶片通道的设计是只改变气体流动方向，不改变气流速度，即压力不变，导向器的作用只是引导气流以合适的角度进入工作叶轮。

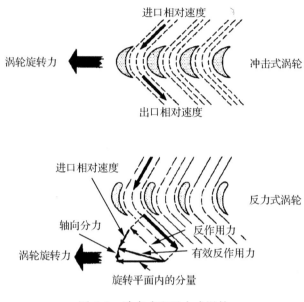

图 4.1　冲击式和反力式涡轮

　　图 4.2 是冲击－反力式涡轮的气体流动情况。导向器和涡轮叶片通道都是收敛的，气体在导向器内和工作叶轮内都要膨胀，所以涡轮在气体的冲击和膨胀的反作用下旋转。由于导向器静子叶片形成收敛通道，燃气在其内加速流动，所以又把导向器叫做喷嘴环。

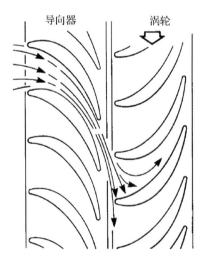

图 4.2　冲击－反力式涡轮

第二节　燃气在涡轮中的膨胀做功原理

一、燃气在涡轮内的流动情况

对于反力－冲击式涡轮，导向器的静子叶片之间和涡轮工作叶片之间的通道都是收敛的。这样从燃烧室出来的燃气，首先在导向器内加速膨胀，燃气的温度和压力都下降，速度升高；然后进入工作叶轮，在工作叶片通道内继续膨胀，使燃气的温度和压力进一步下降。燃气的温度、压力和速度的变化情况见图4.3。

由图4.3可见，燃气经过一级涡轮后，压力、温度和速度都下降了。工作叶轮出口处燃气的温度和压力都比导向器进口处低，但绝对速度要比导向器进口的绝对速度大。这说明燃气的热能转化成了动能和涡轮的机械能。

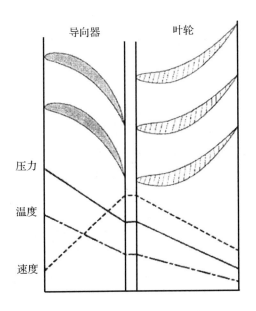

图4.3　在导向器和涡轮工作叶片通道中燃气参数的变化

和压气机一样，一级涡轮也是由无数个"基元级"组成的。燃气在涡轮动叶叶栅通道内流动时，由于叶轮旋转，燃气是以相对速度w_1进入动叶叶栅通道，再以相对速度w_2流出叶栅通道。动叶叶栅通道进、出口的速度三角形见图4.4。由于燃气流过叶轮时，对涡轮做了功，所以，出口绝对速度要比进口绝对速度小。

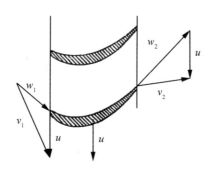

图 4.4　涡轮工作叶片进、出口速度三角形

为了表示燃气流过静叶和动叶时气体膨胀的比例，引用反力度（Ω）概念来描述。反力度是指燃气在动叶中的膨胀占整个基元级总膨胀功的比例。在动叶中的膨胀可用相对动能的变化来表示，而总膨胀功可用轮缘功来近似表示。即有：

$$\Omega = \frac{w_2^2 - w_1^2}{2}/L_u \tag{4-1}$$

这样我们就知道，对于冲击式涡轮来说，其反力度是零。

二、燃气对涡轮做功

由图 4.4 可见，燃气流过叶轮时，相对速度和绝对速度的大小和方向都发生了变化。根据牛顿第二定律可知，涡轮工作叶片一定给了燃气一个作用力，才使燃气的速度发生改变。牛顿第三定律告诉我们，燃气就要给涡轮叶片一个大小相等方向相反的作用力，这个力就是使涡轮旋转的力，也就是燃气对涡轮做了功。

通常把燃气由于相对速度方向发生变化而产生的燃气对涡轮的反作用力，叫做冲击力；把燃气由于相对速度增加而产生的燃气对涡轮的反作用力，叫做膨胀反作用力。涡轮叶片所受的力是这两个力的合力。

燃气流过涡轮时，膨胀做功。涡轮做功的大小与下列因素有关：

（1）涡轮落压比 $\pi_{涡}$

涡轮前燃气的压力 p_3 与涡轮后燃气的压力 p_4 的比值，叫做涡轮的落压比。

$$\pi_{涡} = \frac{p_3}{p_4} \tag{4-2}$$

涡轮落压比代表了燃气在涡轮中的膨胀程度。落压比越大，燃气的膨胀程度就越大。而燃气的热能转换成机械能的条件就是进行膨胀，只有通过膨胀，燃气的压力和温度才能下降，热能才会转换为机械能。燃气膨胀得越厉害，压力和温度下降得就越多，这样就会把越多的热能转换为机械能。因此，在涡轮前燃气温度一定（即热能一定）的情况下，涡轮落压比增大时，燃气的压力和温度下降得就多，燃气的热能利用程度就越大，就会有更多的热能被转换为机械能。

（2）涡轮进口的燃气温度

涡轮前燃气的温度，反映了燃气所含热能的高低。温度越高，燃气的热能就越高，也就会有更多的热能可被用来转换成机械能。

（3）涡轮效率

燃气在涡轮中的膨胀过程，存在着摩擦损失，漏气损失，激波损失以及非设计状态下的撞击损失等。因此，燃气在涡轮中膨胀时所产生的功一方面用来带动涡轮旋转，另一方面还要克服各种损失。最后涡轮轴输出的功叫涡轮的有效功，也叫涡轮功。

把每公斤燃气在涡轮中膨胀后，所得的涡轮功与在相同的涡轮前温度和落压比下的理想绝热膨胀功的比值，叫做涡轮效率。涡轮效率高说明涡轮内部的能量损失小，涡轮的性能好。现代航空发动机的单级涡轮效率一般为 0.82～0.9，有的可达到 90% 之上。

三、涡轮级的流动损失

1. 叶型损失

涡轮叶型和压气机叶型相比，涡轮叶型要厚，且弯曲也较大。叶型的弯曲程度决定了气流的转折角。压气机中气流的转折角小，所以弯曲程度小，而涡轮中燃气的转折角大，所以叶片弯曲厉害。

和气流在压气机叶栅中流动类似，涡轮基元级的流动损失，或叫涡轮的叶型损失包括下列几部分：

（1）附面层内的摩擦损失。

（2）尾迹损失及尾迹和主流的掺混损失。

（3）附面层中的气流分离损失。但由于燃气在涡轮叶栅通道中是顺压力梯度流动的，所以不易分离，损失较小。

（4）由于燃气在叶栅通道中加速流动，所以，可能出现波阻损失。

2. 级的流动损失

（1）叶型损失，即基元级中的流动损失。

（2）环面附面层引起的摩擦损失和对涡损失。

（3）潜流损失，见图 4.5。工作叶片带冠，就可减少这种损失。

（4）漏气损失，即叶尖漏气。因为涡轮动叶进口压力大于出口压力，所以有些燃气会经叶尖径向间隙流过，而未经叶轮，不产生轮缘功，造成能量损失。因此，为了提高涡轮效率，一般采取叶片带冠，冠上加工封严篦齿等措施，以减小叶尖间隙，降低漏气损失。

除了叶型损失之外，其他损失都叫二次损失。

潜流损失

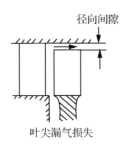

径向间隙

叶尖漏气损失

图 4.5　流动损失

四、多级涡轮

当单级涡轮不足以带动压气机转子时，则采用多级涡轮，尤其是随着高增压比和大流量涡轮风扇发动机的出现，涡轮的级数也在增加。当采用多级涡轮时，燃气的膨胀功在各级涡轮中的分配一般是从前到后逐级下降。

由于燃气在涡轮中的流动是不断膨胀的，所以，涡轮气流通道的截面积从前到后是不断增加的，叶片的高度则是越来越大。和压气机设计类似，涡轮气流通道的设计也可采用等外径、等中径和等内径形式，或是折中方案即内径、中径和外径都不是常数。在双转子或三转子发动机中，利用最新的气体动力学技术，产生了没有静子叶片的对转设计方案，即前后两个涡轮转子分别以相反的方向旋转。设计时使从上游转子出来的气流能以合适的速度和方向进入下游的涡轮转子，从而省略两个叶轮之间的导向器。为了保持一定的效率，下游的涡轮转子的转向与前面的涡轮转子相反，即高压涡轮和低压涡轮或中压涡轮的转向相反。这种设计可减少涡轮部件数目、缩短发动机长度，减轻发动机重量。在罗·罗公司的 TRENT 900、1000，TRENT XWB 发动机和 GE 公司的 Genx 发动机上都已经采用了涡轮对转技术。

从涡轮的结构特点可知，其出口是转子叶片，所以气流从涡轮出来时有一定的旋转。此剩余的旋转不但会降低排气系统的效率，而且还有可能造成排气管道的抖动，所以，在排气系统中一般都有整流支板用来整流，以消除气流的旋转。

五、涡轮叶片的扭转

涡轮叶片从叶根到叶尖是扭转的，见图 4.6。从叶根到叶尖，叶片的扭转角逐渐加大。为了优化气流流动和气流轴向速度沿叶高的变化，叶片有不同的扭转规律，如等环量设计、可控涡设计等。尤其可控涡设计，其利用三元流场计算方法，设计出来的涡轮叶片能进一步减小流动损失，增加涡轮做功能力。在多级涡轮设计中，采用可控涡技术，还能提高效率，减少涡轮级数。

随着计算流体力学和气体动力学的不断发展，三维叶片设计技术在涡轮叶片设计中得到了应用，这进一步减小了流动损失，提高了涡轮效率。

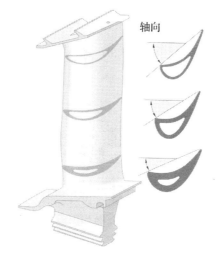

图4.6　涡轮叶片的扭转

第三节　涡轮结构

涡轮和压气机有很多共同的地方，但涡轮的级功率要比压气机的大很多，所以涡轮的级数要比压气机的级数少。也就是说，一级涡轮可带动多级压气机转动，而流过涡轮的燃气温度也比压气机中的空气温度高很多。这样，在各种工作状态下，涡轮部件所受的负荷要比压气机的大，所以涡轮装置的零件大多数要比压气机的厚重。图4.7给出了单转子、双转子和三转子涡轮结构示意图。

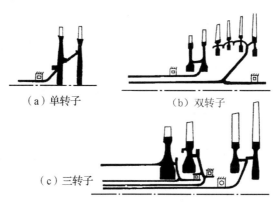

（a）单转子　　　　　　（b）双转子

（c）三转子

图4.7　涡轮转子结构示意图

一、涡轮转子

涡轮转子由涡轮盘、轴、涡轮工作叶片和连接零件等组成。由于涡轮转子的转速高、工作温度也高，所以大多数涡轮转子采用盘或盘鼓混合式转子，而鼓式转子在涡轮中基本不用。

1. 涡轮盘

涡轮盘的主要作用是固定涡轮工作叶片，把叶片所产生的旋转力，经过涡轮轴传给压气机转子。涡轮的级数较少，高压涡轮一般为单级或两级，而低压涡轮的级数稍多些。

涡轮盘通常由锻件经机械加工而成，材料一般为镍基高温合金。合金中的金属镍可提高材料的抗疲劳强度，有利于延长部件寿命。而利用粉末冶金技术制作的盘，具有更高的抗拉伸强度、抗应力断裂能力和更长的低周疲劳寿命，使其能在更高的转速下工作。盘上一般带有轴或与涡轮轴相连接的安装边。涡轮盘与轴间的连接有不同的方式。图4.8中涡轮盘带有一驱动轴，其靠螺栓与涡轮轴连在一起。连接处盘、轴间靠圆柱面配合来保证装配时定心。盘的驱动轴上加工有许多孔，允许冷却空气流过，从而减少盘向轴的传热。

为了缩短盘与轴的距离，涡轮轴的连接端向盘的方向凹入，但这种结构使轴的受力

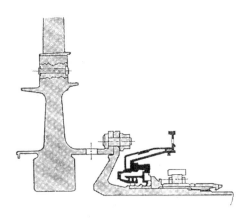

图4.8 涡轮盘与轴的连接

不好，因此轴壁较厚。

常见的连接还有端面齿和套齿连接。端面齿连接是在相互连接的两个端面上加工有齿和螺栓孔，齿有梯形、矩形和圆弧齿。图4.9为罗·罗公司发动机上常用的圆弧端齿连接。这种端齿可保证冷热状态下定心可靠，拆装后重复定心的精度也高。连接后，圆弧端齿定心传扭，而螺栓只起连接和传递轴向负荷的作用，不受剪切力。RB211-535E4发动机的低压涡轮的三级盘之间以及低压涡轮轴和第二级盘之间都采用了这种连接，见图4.10。

图4.9 圆弧端齿

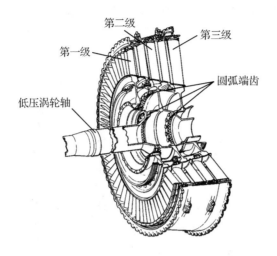

图 4.10　RB211-535E4 发动机低压涡轮

图 4.11 中的涡轮盘带有短轴，短轴内表面加工有套齿。压气机和涡轮转子之间的连接轴的外表面也加工有套齿，另外在此连接轴的后端还加工有螺纹。连接轴和涡轮盘的短轴间靠圆柱面定心，靠套齿连接传扭，轴向缩紧靠大螺帽。

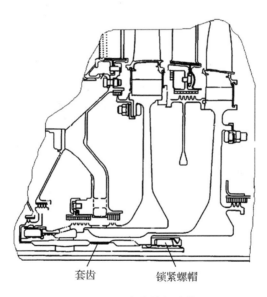

图 4.11　套齿传扭连接

高压涡轮一般采用盘式（单级或双级）结构，由于温度高、转速高，盘都比较厚重。低压涡轮转子，大多数采用盘鼓混合式结构。图 4.12 是 CFM56-3 发动机的低压涡轮转子，一共四级，采用了可分解的盘鼓混合式结构，每级间靠螺栓连接。连接时两级间夹有封严装置，用于静子叶片和转子间的封严。在第二级和第三级之间连接有喇叭形转子支承短轴，此短轴再与低压涡轮轴连接。V2500 发动机的低压涡轮转子也采用了类似的结构，见图 4.19。

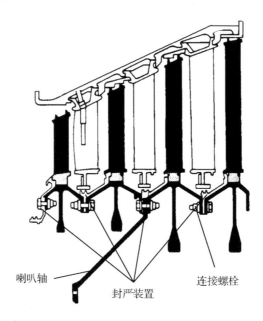

喇叭轴　　　封严装置　　　连接螺栓

图 4.12　CFM56-3 发动机低压涡轮转子

2. 工作叶片

涡轮工作叶片用来把周向气动力传给盘，产生能量，驱动涡轮盘转动。叶片在高温燃气的包围中工作，尤其是高压涡轮更为突出。它不仅要承受高速旋转时自身所产生的离心力、气动负荷、热应力和振动负荷，而且还要承受燃气对它的腐蚀和氧化。因此，涡轮工作叶片是发动机中受力和受热最严重的零件之一。与压气机叶片相比，涡轮工作叶片的叶身厚，弯曲大，横截面沿叶高变化也大。叶片的厚度取决于材料所允许的最大应力和叶身内部是否有冷却通道。

涡轮叶片有带冠和不带冠两种。不带冠的叶片可在更高的转速下工作，但由于叶尖漏气损失大，所以，其效率低些。叶片带冠后，当把叶片组装到涡轮盘上后，叶冠可在叶尖形成封严环，起到减小叶尖漏气（潜流）的作用，使涡轮的性能更好。但叶冠旋转时会产生很大的离心力，因此，它也限制了涡轮的转速。

涡轮叶片的材料要耐疲劳、耐热负荷冲击、耐腐蚀和耐氧化。早期涡轮工作叶片是锻件，经加工而成。现在一般为精铸件，常用的材料是镍基高温合金。叶片的表面一般有陶瓷隔热涂层或其他抗氧化涂层。为了提高叶片的强度，在普通铸造的基础上发展了定向结晶和单晶铸造技术。定向结晶的叶片就是铸造时，让晶粒沿叶高方向排成柱状，使叶片横截面没有晶界。单晶叶片就是整个叶片为一个晶粒，叶身没有晶界。这些铸造技术极大地提高了叶片的径向机械强度和叶片的使用寿命，并使其工作温度也大大提高。一种能适用于更高燃气温度的非金属基强化陶瓷叶片也正在开发过程中。

　　涡轮叶片工作久了，叶片可能会由于蠕变而变长。蠕变和氧化是影响叶片寿命的重要因素。一般来说，现代民用涡轮发动机涡轮叶片的工作寿命都很长，可达到35000小时，这对民用发动机来说，可大大提高发动机的在翼寿命。

　　工作叶片是否采用内部冷却，取决于叶片的工作温度、材料以及隔热涂层。现代涡轮发动机的涡轮叶片一般都采用空气冷却技术。在叶片内加工冷却空气通道，让空气在通道内流动，然后从叶身上的小孔中流出，从而降低叶片的工作温度。冷却空气来自压气机。常用的冷却形式有对流、冲击和气膜冷却三种。对叶片进行冷却，不但可提高叶片的工作温度，而且还可提高叶片的使用寿命。而叶片内部冷却通道的设计是很重要的，它将直接影响冷却效果。早期为单通道设计，即冷却空气从叶根的进气孔进入，在内部通道内流动，然后从叶片顶部的出口排出。在流动的过程中，进行对流散热。后来，把通道做得复杂了，为多通道、相通式结构（图4.13和图4.14）。让空气在不同通道内流动，这样就增加了冷却空气在叶片内部的流动时间，从而增加了冷却效果。另外，还在叶身上打很多小孔，让冷却空气从这些小孔中流出，在叶身上形成一层冷却空气膜。气膜把叶片与热燃气隔开，从而形成气膜冷却。通道截面的形状有圆形、扁圆和异型孔。其中，异型孔侧面积最大，即冷却空气与叶身金属的接触面积最大，散热效果最好，而扁圆形孔次之。图4.13和图4.14中的截面图给出常用的各种通道截面形状。随着新技术的不断出现，如激光打孔、可溶解陶瓷芯铸造技术等，使涡轮叶片内部冷却通道更加复杂，使冷却效果得到进一步提高，从而也节约了冷却空气量。

　　图4.13所示的叶片为对流散热形式。叶片内的冷却通道互相连通，冷却空气从叶根底面的孔进入，在通道内流动，然后主要从前缘和后缘的出气孔排出。叶尖上的小孔在排出冷却空气的同时还把空气中的杂质颗粒排出。

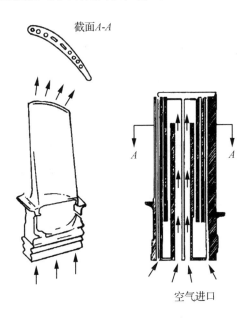

截面A-A

空气进口

图4.13　叶片的对流冷却

图 4.14 为 RB211 发动机涡轮工作叶片冷却结构，叶片内部为多通道互通式结构。不同通道的冷却空气的来源也不同。中间的通道（截面图中的空白处）中的冷却空气来自叶根平台下面的进气孔；而其他通道（前缘内部和叶片后段内部，截面图中涂黑处）的空气来自榫头底面的进气孔，此冷却空气经预旋喷嘴提供。在叶片前缘和叶盆表面上有很多出气孔。

为了增强冷却效果，可对叶片同时采用对流、冲击和气膜三种冷却形式。图 4.15 所示的叶片就同时采用了这三种冷却方式。冷却空气从榫头底面的孔进入。冷却空气在通道内流动，形成对流换热，前缘内部通道有横向出气小孔，这些小孔使冷却空气直接喷射到前缘内表面，使空气和金属表面间热传递很快，而形成冲击冷却；冷却空气从叶片前缘的孔及叶身上的孔流出，在叶身表面形成一层冷却空气薄膜，此空气薄膜把燃气与叶身表面隔开，起到减少燃气向叶片传热的作用，有很好的冷却效果，即为气膜冷却。

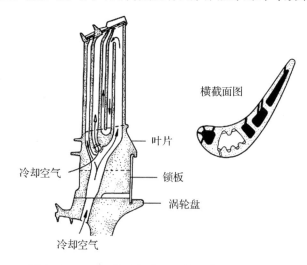

图 4.14　RB211 发动机高压涡轮工作叶片冷却结构

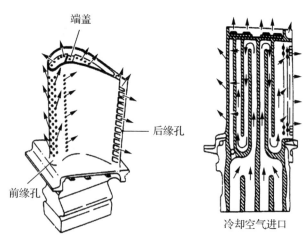

图 4.15　对流、冲击和气膜冷却结构

冷却空气从后缘孔流出，可以吹除叶片后的尾迹涡流及叶尾附近的附面层，起到改善涡轮性能的作用。

但值得一提的是，冷却空气来自压气机，这样就会影响发动机的性能。此影响可从两方面体现：一是从压气机引出的冷却空气不经燃烧室燃烧，从而使流过燃烧室的空气减少，造成燃气减少，而影响涡轮的功率；二是冷却空气从叶身表面的小孔流出，进入燃气时会引起气动损失。另外，冷却结构设计复杂会造成制造困难，成本提高。

涡轮工作叶片通常采用榫头和涡轮盘连接，它是发动机中负荷较大的部分。另外，榫头还处在高温燃气中，材料的机械性能将大大降低，在使用中榫头部分极易出现问题，因此，其结构和强度设计很关键。

现代航空发动机上，广泛使用的涡轮叶片榫头是枞树形（图 4.16），相应在涡轮盘缘上加工有榫槽。榫头和榫槽之间有一定的间隙，这不仅使叶片容易拆装，而且还允许轮缘受热后能自由膨胀，从而减小了连接应力。若有冷却空气流过此间隙，还可起到对叶片冷却和减少叶片向盘传

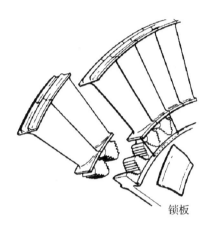

锁板

图 4.16 枞树榫头连接

热的作用。榫头的齿要经过精心设计和加工，以使工作负荷能在每道齿之间均匀分配。

但这种榫头连接只能起到径向定位作用，而轴向还需要采取措施来把叶片锁住。图 4.14 和图 4.16 中的叶片是通过锁板来轴向固定的。从图 4.14 中可清楚地看到，在叶根平台下面和轮盘上有卡槽，锁板镶嵌在卡槽内，从而阻止了叶片的轴向移动。而有的发动机则是通过级间的封严装置（封严盘或封严鼓筒）来定位涡轮叶片的，图 4.19 中的高压和低压涡轮工作叶片就是采用的这种方式。

枞树榫头的齿有不同形状，常用的是半圆形榫齿。

涡轮叶片带冠是一种常见的形式，叶冠可起到下列作用：减小叶尖处由叶盆向叶背的漏气，降低二次损失，提高涡轮效率；相邻叶冠相互抵紧后可以减小叶片的扭曲变形和弯曲变形，增强叶片刚性，提高叶片的振动频率。当叶片产生振动时，相邻叶冠间的摩擦可以吸收振动能量，起到减振作用。叶冠的形状有平行四边形和锯齿形两种（图 4.17）。平行四边形叶冠结构简单，叶片拆装方便，装配时相邻叶冠间有一定的间隙 Δ。理想情况下，工作时热膨胀后，此间隙应该消失，相邻叶冠相互抵紧。但实际工作中，由于加工制造误差以及叶片和盘的变形等因素，间隙难于控制，所以这种叶冠有磨损不均匀的问题。锯齿形叶冠在装配时，端面 A 互相靠紧，工作时由于叶片的扭曲变形，端面 A 的紧度加大，因而减振效果好，但叶片拆装不方便。该区域也是叶片孔探检查的重点。

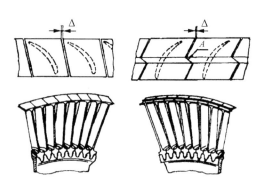

图 4.17 叶冠形状

叶片带冠后，使叶片的重量增加了。另外，由于它还是在叶尖处，旋转时，不但增加了叶身的离心拉伸力，而且也增加了榫头和轮盘的负荷。所以，一般只是在低压涡轮上采用带冠工作叶片，而高压涡轮则很少采用。但罗·罗公司的 RB211 系列发动机的高压涡轮都采用了带冠工作叶片。图 4.18 是 RB211-535E4 发动机的高压涡轮。其为单级盘式结构，涡轮工作叶片带冠（锯齿形），而且冠上还有两道封严齿和一条导流片。所有叶片的封严齿连成环形，此环形齿与涡轮机匣内表面的封严易磨层配合。旋转时，封严齿可切入易磨封严层，从而起到减少叶尖轴向漏气的作用，使涡轮效率得到提高。导流片的形状与叶片叶型一样，这样相邻两叶冠上的导流片就形成一条收敛通道。当冷却空气从叶冠上的出气孔流出时，就要流过此收敛通道，在通道中膨胀。气流膨胀时给导流片一个与转子转动方向相同的作用力，此力经涡轮叶片传给盘，对涡轮转子有一定的推动作用，即此导流片可回收冷却空气的部分能量。

叶片内有互通的多条通道，叶身上有很多出气小孔，冷却空气从叶根平台和榫头底面的孔进入叶片内部，在叶片内部形成对流散热，在叶身表面形成气膜冷却。

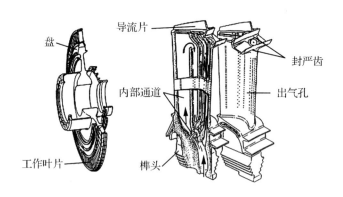

图 4.18　RB211-535E4 发动机的高压涡轮

图 4.19 是 V2500 发动机的涡轮结构，高压涡轮有两级，为盘式结构。两级盘之间装有带盘的封严鼓筒，以增强涡轮转子的刚性。鼓筒上有封严篦齿，与第二级导向器环

上的封严装置配合，减少级间漏气。另外，涡轮盘前后的封严装置，还起到轴向固定涡轮工作叶片的作用。两级高压涡轮盘都带有毂轴，毂轴与高压涡轮轴间靠圆柱面定心，靠套齿连接传扭，轴向靠大螺帽锁紧。这种连接方法就省略了连接两级盘的螺栓，避免了在涡轮盘上开孔。

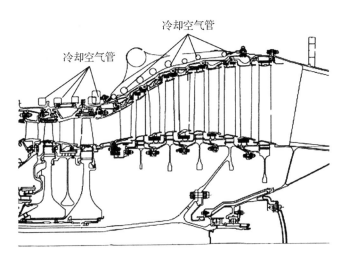

图 4.19　V2500 发动机的涡轮转子结构

高压涡轮盘为粉末冶金盘，高压涡轮工作叶片为不带冠、强度高、抗蠕变能力强的镍合金单晶叶片，叶身表面有陶瓷涂层，叶片内部加工有冷却空气流动通道。来自高压压气机的冷却空气从榫头底面的进气孔进入叶片内部。第一级工作叶片的叶盆和后缘有出气孔，冷却空气从这些孔中流出，可在叶盆表面形成一层冷却气膜；而第二级工作叶片只在叶盆后缘有出气孔，冷却空气从这些孔中排出，实现对叶片的冷却。

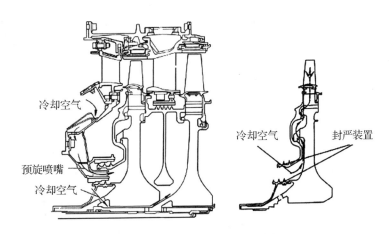

图 4.20　V2500 高压涡轮的冷却

为了增强冷却效果，来自压气机的冷却空气经预旋喷嘴喷出（图 4.20），然后在封严装置和涡轮盘之间向上流动，从工作叶片的榫头和榫槽间的缝隙流过，再经榫头底面的孔进入叶片内部。

高压涡轮工作叶片的叶尖带有硬质材料涂层，以增强叶尖的耐磨性。在工作过程中，即使叶尖和机匣内表面的封严层相刮，也不会造成叶尖损伤。

低压涡轮为五级，采用了盘鼓混合式结构，各级之间靠螺栓连接在一起。第四级盘带有驱动轴，此轴前伸与低压涡轮轴连接，连接件为精密螺栓。低压涡轮工作叶片为实心、带冠镍合金叶片。叶冠上有两道封严篦齿，篦齿与机匣内表面的蜂窝结构封严层配合，减少叶尖漏气。

为了提高涡轮的性能，高压涡轮和低压涡轮机匣都采用了主动间隙控制技术。

二、涡轮静子

涡轮静子由机匣和导向器等部件组成，是涡轮部分的主要传力件。

1. 机匣

和压气机相比，涡轮静子处于高温燃气中，冷热变化剧烈，若把机匣做成两半的，则工作中容易出现变形和翘曲等问题。因此，涡轮机匣一般都采用整体环形或锥形机匣，机匣前后有安装边。但有的发动机的低压涡轮机匣是两半的，如 CF6-50/-6。涡轮机匣一般由高温合金（如镍合金）锻造件制成。涡轮机匣前端与燃烧室机匣连接，后端与涡轮排气机匣连接，连接后一定要保证前后的径向和周向定位。

涡轮机匣除了有足够的强度能承受燃气的压力之外，它还应能传递涡轮工作时所产生的轴向负荷和扭转负荷。另外，万一叶片断裂，机匣还能包容住叶片，不允许其飞出造成二次损伤。

涡轮机匣和工作叶片叶尖之间的径向间隙对涡轮效率影响很大，间隙增加，涡轮效率下降。这会造成发动机耗油量增加，排气温度升高。所以，应尽量减小叶尖径向间隙，但间隙过小，工作时会造成叶尖和机匣相刮。实际工作中影响径向间隙的因素有很多，这主要包括：

（1）工作时叶片和盘的膨胀和拉伸变形，机匣的热胀冷缩及不均匀变形。

（2）叶片的蠕变伸长和盘、机匣的蠕变变形等。

为了减小叶尖间隙，通常采取如下措施：

（1）在机匣内表面镶嵌带易磨封严材料（如陶瓷）或金属蜂窝结构的封严装置，这样就允许有较小的装配间隙。一般是把石墨或陶瓷涂层粘接在环形块上，而蜂窝结构材料则是钎焊在环形块上，再把环形块镶嵌在机匣内表面。图 4.21 中左图为高压涡轮机匣，其内表面镶嵌的是陶瓷封严块，右图是低压涡轮机匣，其内表面镶嵌的是蜂窝结构封严块。图 4.22 给出了某发动机高压涡轮机匣内封严块的镶嵌结构，其采用了挂钩式结构。

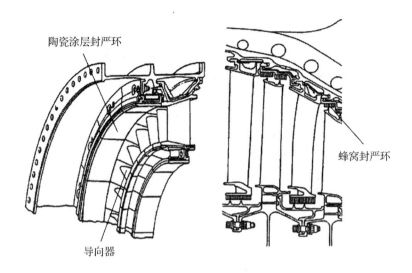

图 4.21 机匣内部封严层

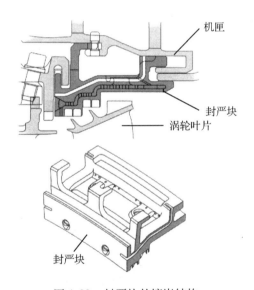

图 4.22 封严块的镶嵌结构

在工作过程中，这些环形封严块可能会出现向内翘曲的现象，从而造成工作叶片和封严环严重相刮，尤其是高压涡轮机匣内的封严环更容易出现这类问题，所以，有的发动机则在封严块与机匣之间通冷却空气，或在封严块上打孔（图 4.23），让冷却空气流过封严环，对封严环进行冷却。

（2）采用双层结构，图 4.37 中的高压涡轮就是双层机匣。在两层机匣之间（有的发动机则是在机匣与静子环之间，或封严层与机匣之间的夹层内）通冷却空气。让机匣不直接与燃气接触，以降低机匣的温度。另外，在过渡状态下，机匣与转子的热响应匹配好些。

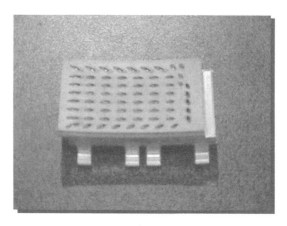

图 4.23　带冷却孔的封严块

（3）从材料上考虑，选择低线膨胀系数的合金来制作机匣。

发动机工作时，涡轮的叶尖间隙也要发生变化，尤其是发动机在做加、减速时，机匣的膨胀收缩快慢和涡轮盘、涡轮工作叶片的膨胀收缩快慢不同，从而使叶尖间隙发生变化。有的发动机通过在机匣内表面镶嵌绝热材料，来控制燃气向机匣的传热，从而实现对机匣膨胀的控制。图 4.24 为 CFM56-3 型发动机的低压涡轮机匣。其在机匣和导向叶片，机匣和蜂窝封严层之间镶嵌了绝热材料，绝热材料包在保护层内，一周由几个扇形段组成。其中机匣与导向叶片之间的绝热材料分两层，中间靠隔热层间隔开。机匣还采用了冷却。

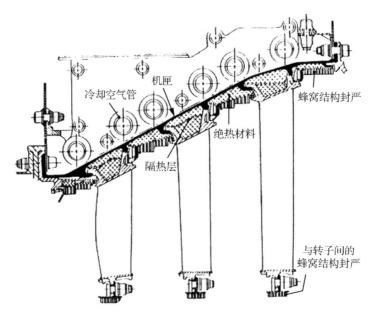

图 4.24　CFM56-3 发动机低压涡轮机匣

（4）采取机匣冷却措施。

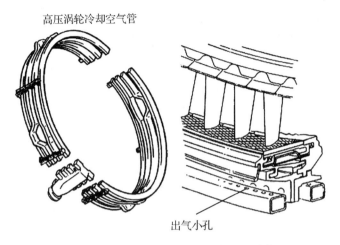

高压涡轮冷却空气管

出气小孔

图 4.25　V2500 发动机高压涡轮机匣冷却

为了控制涡轮机匣的膨胀，通常采取的措施是对机匣进行冷却。涡轮机匣的冷却方法有两种，即主动间隙控制和被动间隙控制。它们都是通过把冷却空气引到涡轮机匣的外表面，对机匣进行冷却，实现对涡轮机匣膨胀的控制。所不同的是主动间隙控制是根据发动机功率的大小来控制冷却空气量的多少，实现在发动机的整个工作过程涡轮叶尖间隙最佳；而被动间隙控制并不根据发动机的工作状况而改变冷却空气量的多少，只要发动机工作，就把一定量的冷却空气引到涡轮机匣外表面，对机匣进行冷却。图 4.19和 4.24 中的涡轮机匣都采用了空气冷却技术，冷却空气是来自外涵道的风扇空气。

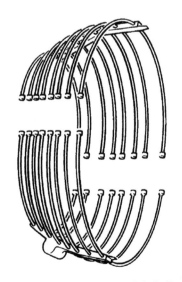

图 4.26　低压涡轮机匣冷却气管

通常在涡轮机匣的外面固定有多圈冷却空气管，如图4.19和4.24所示。冷却空气管朝向机匣的一面打有很多小孔。冷却空气被送到这些管子中，然后再经而这些小孔喷出，直接吹到涡轮机匣外表面。有的发动机则是在机匣外面罩上集气环，环上有大的进气口和小出气孔，让冷却空气进到环腔内对机匣冷却，冷却后的气体从小孔排出。

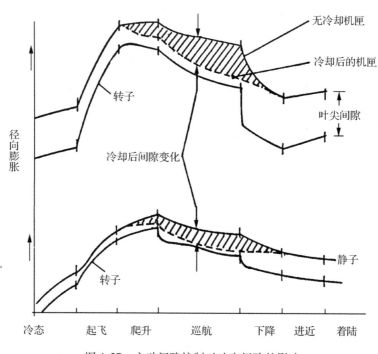

图4.27 主动间隙控制对叶尖间隙的影响

在图4.19中，高压涡轮机匣外有4排方形冷却空气管，管的形状和底面的小孔见图4.25。低压涡轮机匣外面有8根冷却空气管，管的截面是圆形（图4.26）。高压和低压涡轮机匣的冷却空气都来自外涵道。该发动机采用了主动间隙控制系统，整个冷却系统由发动机电子控制器（EEC）控制（控制过程参见第八章）。在发动机工作过程中，EEC根据高压转子的转速、发动机进气温度以及飞行高度来控制引气量的多少，以保证发动机在工作过程中获得最佳的涡轮叶尖间隙，提高涡轮效率。图4.27给出了涡轮机匣没进行主动间隙控制和进行了主动间隙控制两种情况下涡轮叶尖间隙变化的比较。上图代表高压涡轮叶尖间隙，下图代表低压涡轮叶尖间隙。图中横坐标给出了不同发动机的工作状态，纵轴给出了转子和机匣的径向膨胀量。可见，起飞功率时，涡轮机匣没有冷却，从爬升功率到进近之前，涡轮机匣都有冷却。巡航飞行时，涡轮叶尖间隙最小，这样，在整个巡航过程中，涡轮效率高，发动机的经济性能好。TRENT700发动机的中压涡轮机匣也采用冷却措施。但只是巡航时，才对机匣进行冷却。图4.28给出了其冷却控制系统简图。

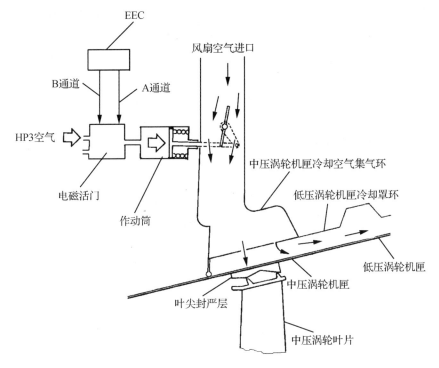

图 4.28　TRENT700 发动机中压涡轮机匣冷却系统

冷却系统包括冷却空气控制活门（蝶形）、EEC 控制的电磁活门、作动筒和冷却空气集气环。中压涡轮的冷却空气集气环截面为扁盒状，集气环的内壁（与机匣相对的壁面）上均匀地钻有两排小孔。冷却空气从这些小孔喷到中压涡轮机匣表面，对机匣进行冲击冷却。集气环的右侧（从发动机后面向前看）有风扇空气进口，进口内装有冷却空气控制活门。参见图 4.29。另外，在中压涡轮机匣冷却空气集气环的后部连接有低压涡轮机匣冷却罩环，冷却完中压涡轮机匣的气体沿罩环与低压涡轮机匣之间的间隙向后流动，顺便冷却低压涡轮机匣。电磁活门控制作动伺服空气 HP3（高压压气机第三级的空气）。电磁活门通电时，允许 HP3 空气进入作动筒，作动筒伸出，打开冷却空气活门。电磁活门断电时，作动筒中的伺服空气通过电磁活门放掉。作动筒靠弹簧力缩回，关闭冷却空气活门。但冷却空气控制活门只有在稳态、巡航功率时才打开。其控制过程如下：

正常情况下，EEC 根据 EPR 值（发动机压比）和飞行速度来控制电磁活门的通电和断电，从而控制冷却空气活门的开关。当飞行高度大于 15000 英尺，飞行速度大于 0.4 马赫数，并且达到巡航功率时，EEC 就给电磁活门通电。若控制失效，则 EEC 给电磁活门断电，关闭冷却空气活门。

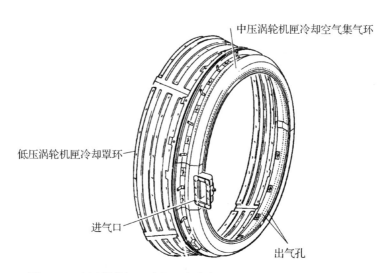

图 4.29　中压涡轮机匣冷却空气集气环和低压涡轮机匣冷却罩环

图 4.24 中的涡轮机匣则采用的是被动间隙控制，机匣外面有 6 根冷却空气管，冷却空气同样也来自外涵道。但 CFM56-3 发动机的高压涡轮机匣则是采用了主动间隙控制。其利用从高压压气机五级和九级引来的空气冷却高压涡轮机匣。各级引气都是由各自的引气活门控制。发动机主控制器（MEC）根据发动机的工作状态，控制五级和九级引气活门的开、关，从而实现对冷却空气量的控制，既保证稳态又保证瞬态时高压涡轮的叶尖间隙最佳。MEC 是个机械液压式部件，其向引气活门的作动器提供伺服燃油。当发动机处于稳态时，引气状况如下：

慢车功率：引九级空气；

巡航功率：引五级空气；

爬升功率：引五级和九级空气，即冷却空气是五级和九级的混合气；

起飞功率：引九级空气。

在九级引气管的出口有一个限流器，用来降低引气压力。当五、九级同时引气时，可防止九级的空气进入五级而引起压气机工作不稳定。

2. 涡轮导向器

涡轮导向器包括支承导向叶片的内、外环和导向叶片。导向器的作用就是把燃气的部分热能转化为动能，并使燃气以合适的角度进入涡轮工作叶片通道（即导向器使气流朝向涡轮的旋转方向），以使涡轮获得最大效率。导向器的工作环境恶劣，这主要表现在：导向器处于高温燃气的包围之中，尤其是第一级导向器就在燃烧室的出口，温度不但高，而且分布还不均匀，使导向叶片更容易烧坏；燃气中的一些腐蚀性物质还对叶片有一定的腐蚀作用；工作时各零件的热应力大，容易产生疲劳裂纹等。因此，导向叶片也由高温合金（如镍基合金、钴合金等）制成，并且在叶片表面还涂有保护层（隔热涂层,如陶瓷涂层;防腐蚀和抗氧化涂层,如铝化物涂层),对叶片采取冷却措施(尤其是第一级导向叶片)。

相邻两个导向叶片之间形成的气流通道的大小是很关键的,其最小截面处也叫发动机的气动"喉部"。通过对"喉部"的设计可实现优化涡轮的级效率、实现涡轮与压气机和燃烧室的匹配。

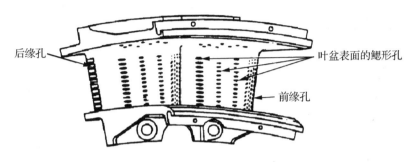

图4.30 涡轮导向叶片

导向叶片一般带有内、外平台。在现代民用涡轮发动机上,高压涡轮静子叶片和中压涡轮静子叶片一般都倾向于采用空气冷却技术,而低压涡轮静子叶片一般不冷却。图4.30为CFM56发动机的高压涡轮导向叶片。两个叶片一组,通过内、外平台钎焊在一起,这样可减少两叶片之间的漏气。此焊接只部分穿透,以便大修时容易分解。叶片内部加工有冷却空气通道,叶身表面有出气孔。燃烧室的二股气流从叶冠和叶根平台上的进气口进入叶片内部,然后从叶身上的小孔流出,对叶片散热。

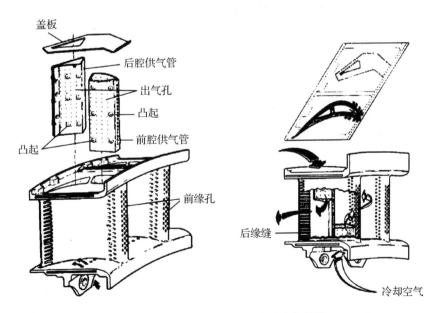

图4.31 CF6高压涡轮导向叶片冷却结构

图 4.31 是通用电气公司 CF6 发动机的第一级涡轮导向器叶片的冷却结构。叶片的空腔做成叶型形状，且把空腔用隔板分成前后两个腔室。每个腔室内都插入一供气管，供气管的形状与腔室一样。供气管上有很多小孔，以便空气从这些小孔喷出。另外管壁表面还有几个凸起，当把供气管插进腔室后，凸起就紧靠在腔室壁上，起到定位作用，同时还使供气管与腔室壁之间形成一定的间隙。为了把供气管封在内部，在叶冠平台上焊上一盖板，盖板上有冷却空气的进口。

该导向叶片采用了对流、冲击和气膜三种冷却方式。来自压气机的冷却空气分别从叶冠平台（或叫叶尖平台）的进气口和叶根平台（或叫内端平台）的进气口进入叶片空腔内。从叶冠进气口进来的空气流入后腔室的供气管，通过供气管壁上的小孔喷到叶片腔壁上，形成冲击冷却，然后从后缘上的出气缝孔流出，在流动过程中进行对流换热。从叶根平台进气口进来的冷却空气进入前腔室的供气管，同样经小孔喷到腔内壁上，但这些气体是经前缘的出气孔流出，形成冷却气膜冷却。

图 4.32 是 RB211 发动机的高压涡轮导向叶片的冷却结构，其也采用了冲击、对流和气膜冷却。并且叶根平台和叶冠平台也都采用了气膜冷却。冷却空气为来自燃烧室的二股气流。从图 4.32 中可见，空心叶片分成前后两个腔，腔内装有冷却空气导管。冷却空气分别从叶冠和叶根平台的进气口进入。从叶冠平台上进气口进来的空气只进入后导气管，而从叶根平台进气口进来的空气则分别进入前、后腔导气管。

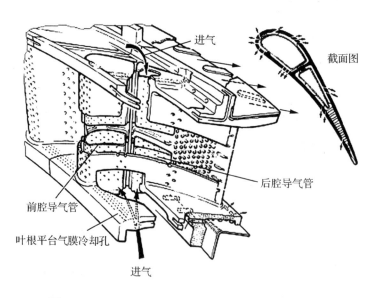

图 4.32　RB211 发动机高压涡轮导向叶片的冷却结构

导向器静子叶片的安装一定要考虑两方面，一是受热后叶片的自由膨胀；二是工作中叶片要承受的轴向气动负荷和扭转气动负荷。第一级导向叶片在燃烧室的出口，安装时，通过叶冠平台和叶根平台都可进行固定，而后面的导向叶片是位于两转子之间，所以只能靠叶冠平台来安装。常见的安装方式有：挂钩式连接和用螺栓固定。

挂钩式连接：大多数涡轮导向叶片都采用这种连接方法，尤其是低压涡轮导向叶片。在叶冠平台上加工有安装边，安装边上有凸缘，在机匣内有相应的安装槽（卡槽）。安装时，把凸缘镶在卡槽内，叶片的周向定位靠定位销，而静子叶片的叶根平台与封严环连接在一起，见图4.33。不同的发动机，涡轮机匣内卡槽的形式和叶片顶部安装边的形式不同。

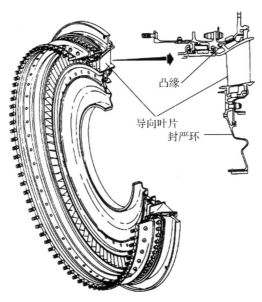

图4.33　涡轮导向叶片挂钩式安装

螺栓固定：在导向叶片的叶冠平台或叶根平台的安装边上有螺栓孔，靠螺栓把导向叶片固定在静子上。图4.34是V2500发动机高压涡轮第一级导向叶片的固定结构形式。图4.35是叶片的照片。叶尖平台上的前安装边带缺口，以便螺栓穿过，但该螺栓对叶片只起周向定位作用。叶尖平台上的后安装边镶嵌在静子环内。叶根平台的安装边上加工有螺栓孔。安装边镶在高压涡轮第一级的冷却供气组件与燃烧室内环筒的安装边之间的环形槽内，并用螺栓固定。这种连接能允许叶片自由膨胀。该叶片为空心冷却叶片，叶身上有许多冷却空气的出气小孔，叶盆后缘有一排大的出气孔，叶片表面有陶瓷涂层。燃烧室的二股气流从叶片顶部进入叶片空腔，从叶身上的小孔流出，对叶片进行对流和气膜冷却。另外，二股气流还经过预旋喷嘴，给高压涡轮第一级盘和工作叶片提供冷却空气。参见图4.20。

图4.36是CF6发动机高压涡轮导向叶片的固定方式。第一级导向叶片在叶根平台上有带螺栓孔的安装边，第二级导向叶片在叶尖平台上有带螺栓孔的安装边。第一级导向器叶片是单个铸造叶片，然后每两个一组焊接在一起，起到减少叶片间的漏气和便于拆装的作用。为了便于分解叶片组，焊接时只部分焊透，这样修理时就很容易把它们分开。第一级导向器的静子叶片靠螺栓固定在内支承环上，叶尖平台的前缘镶在外封严圈内，后缘上的凸耳起周向固定作用。第二级导向器叶片采用了悬臂支承。在叶尖平台上

有带孔的安装边（后安装边），靠螺栓把叶片固定在导向器支承环上。叶尖平台上的前安装边镶嵌在支承环的槽内。当把所有静子叶片安装后，各导向叶片叶根平台上的后安装边便形成一安装环，用来固定级间封严环。级间封严环分为6段，每段是一个60°的扇形段，靠螺栓连接在第二级导向器叶片的内端安装环上。级间封严环采用了阶梯式（4个台阶）封严面，其与高压涡轮转子上的封严篦齿配合，减少第二级高压涡轮导向器内侧与转子之间的漏气。

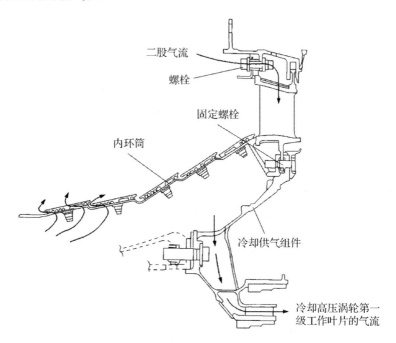

图4.34　V2500发动机高压涡轮第一级静子叶片的固定和冷却

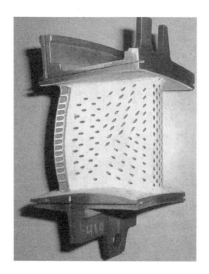

图4.35　V2500高压涡轮导向叶片

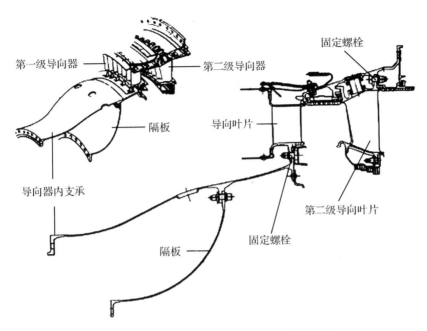

图 4.36　CF6 发动机高压涡轮导向叶片的安装

第四节　涡轮冷却

涡轮进口温度越高，发动机的热效率就越高。但此温度受到了涡轮工作叶片和导向器静子叶片材料的限制。若对这些部件采取一定的冷却措施，就可使涡轮叶片在超过其材料熔点的环境温度下工作，而不至于对叶片造成损坏。对涡轮盘进行冷却，可防止盘热疲劳并控制盘的膨胀和收缩的快慢。在上一节中已介绍了涡轮工作叶片和导向叶片的冷却方式，本节主要介绍冷却气流在涡轮内部的流动和控制情况。

图 4.37 是 AE3007 发动机涡轮部分冷却空气流动示意图。高压涡轮第一级和第二级导向器静子叶片都采用了空气冷却。空心的叶片内部装有形成冲击冷却的导气管。冷却空气是来自燃烧室的二股气流，空气从叶冠进入。第一级导向叶片两个一组焊接在一起，在叶身和叶片后缘有出气孔。第二级导向器叶片 4 个一组焊接在一起，只在叶片的后缘有出气缝孔。第一级导向器的内支承环上加工有 8 个气流通道，用来把燃烧室的二股气流引到第一级高压涡轮盘的毂轴处。通道的出口都是朝向涡轮旋转方向的（见图4.38）。冷却空气从出口出来后，一部分空气经过篦齿封严，到达第一级涡轮盘的前腔，对涡轮盘的前表面进行冷却，冷却后的空气，经过第一级导向器内支承环与涡轮盘之间的篦齿封严而进入燃气中。另一部分空气穿过第一级涡轮盘短轴上的孔，沿高压一、二级涡轮短轴之间的间隙向后流动，进入一、二级涡轮盘之间的空腔。对第一级涡

轮盘的后表面和第二级盘的前表面进行冷却，同时冷却空气还从第一级和第二级涡轮工作叶片榫头底面的进气孔进入涡轮工作叶片内部，对第一级和第二级涡轮工作叶片进行冷却。第一级涡轮工作叶片不带冠，叶片内部采用了冲击和对流冷却。叶片的后缘有出气缝孔，冷却后的空气从这些缝孔中流出。第二级涡轮工作叶片带冠，冠上有冷却空气

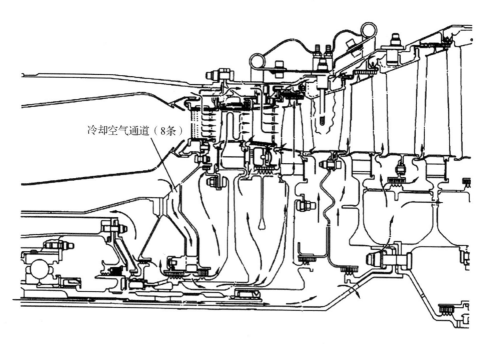

图 4.37 AE3007 发动机涡轮部分的冷却

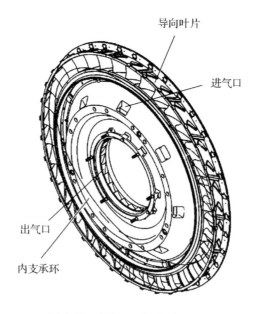

图 4.38 AE3007 高压涡轮导向器

出气孔和两道封严篦齿。冷却空气从叶根进入，从叶尖排出，对叶片进行对流散热。高压第一、二级涡轮盘之间有个带盘的封严鼓筒，其固定在第二级涡轮盘的前端。鼓筒上有五道篦齿，与高压涡轮第二级导向器上的封严配合，形成一、二级转子之间的封严。鼓筒的前端开有很多缺口，冷却完一、二级盘的空气经这些缺口进入燃气中。第一级工作叶片轴向靠前后锁板固定，此锁板还起到阻止冷却空气沿榫齿漏掉的作用。

高压第一级和第二级涡轮工作叶片都是镍合金单晶叶片，叶身表面有防腐保护涂层。第一级叶片的叶尖有耐磨涂层。第二级叶片的叶冠为"Z"形。

高压涡轮机匣采用了双层结构，来自燃烧室的二股气流，流经两层机匣之间，并向后流动，流过低压涡轮静子叶片叶尖平台与机匣之间的间隙和封严层与机匣之间的间隙，对机匣进行冷却，控制机匣的膨胀。

冷却低压涡轮盘的空气来自高压压气机第十级。在高压压气机转子上，位于第十级处开有引气口，用来把第十级的空气引入转子腔。此空气经高压轴和低压涡轮轴之间的间隙进入低压涡轮转子腔。冷却空气穿过迷宫封严对两级低压涡轮盘和高压第二级涡轮盘的后表面进行冷却。冷却后的空气都进入燃气中。低压涡轮工作叶片和导向叶片都未采用空心冷却。

图4.39给出了CFM56-3发动机涡轮部分的冷却空气流动情况。高压涡轮导向叶片的冷却空气来自高压压气机的出口（燃烧室的二股气流）。此空气分别从叶尖平台和叶根平台的进气孔进入叶片内部。从叶根进入的空气冷却前腔，从叶尖进入的空气冷却叶片的后腔。燃烧室的二股气流还经导流器（见图4.40，导流器起引导气流，并使空气温度下降的作用）和高压涡轮前面的封严盘上的孔，进入封严盘和高压涡轮盘之间的空腔内，对涡轮盘的前表面进行冷却，并从高压涡轮叶片榫头底面进入叶片内部，对叶片进行冷却。高压涡轮工作叶片采用了三种冷却形式，即冲击、对流和气膜冷却。冷却空气继续向后流动，对高压涡轮工作叶片的封严块进行冷却，之后与燃气汇合。

低压涡轮第一级导向器叶片的冷却空气是高压涡轮主动间隙控制的冷却空气和来自高压压气机第五级空气的混合。高压压气机机匣后段为双层，分别形成五级和九级的集气环，通过管路（4根）把五级气体引导到低压涡轮一级导向叶片的支承环外，与冷却完高压涡轮机匣的空气汇合，然后，再进入低压涡轮第一级导向叶片，对导向叶片进行冷却。冷却空气从第一级低压涡轮导向器叶片出来后分两路，一路用来冷却高压涡轮盘后表面，另一路对低压一、二级盘进行冷却。冷却低压涡轮盘的气体还流过低压涡轮一、二、三级工作叶片的榫头，对榫头进行冷却，以减少叶片向涡轮盘的传热。冷却完榫头后的气体就进入燃气通道，见图4.41。低压涡轮工作叶片是实心的，没有进行冷却。

为了控制好涡轮内部冷却，不同区域所需冷却空气量的多少，都是经过严格计算的。通过设计引气孔以及引气通道的尺寸和个数，封严篦齿的道数，可确保这些冷却空气能顺利到达需冷却的部位，从而实现既满足冷却需要，又尽可能减小对发动机性能的影响。另外，转子腔内的冷却空气还有给转子加轴向载荷的作用，用来控制转子上推力轴承的轴向负荷，防止发动机工作过程中出现零轴向负荷现象。

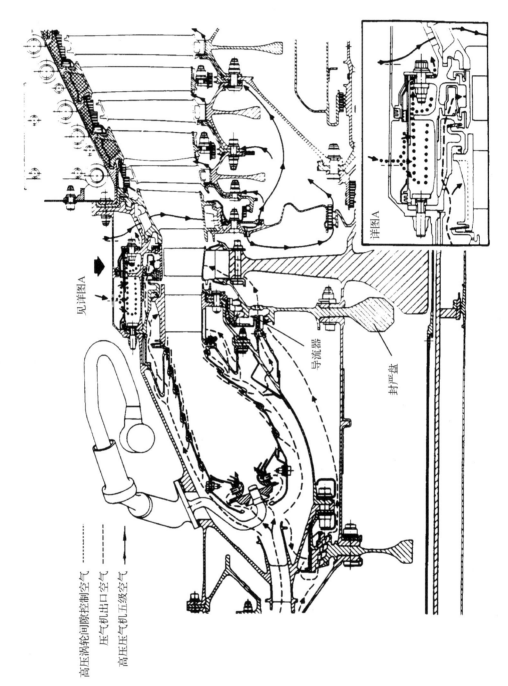

见洋图A

导流器

封严盘

洋图A

高压涡轮间隙控制空气 ------
压气机出口空气 ------
高压压气机五级空气 ——→

图4.39 CFM56发动机涡轮冷却

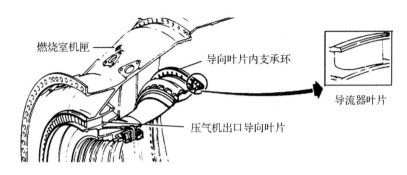

图 4.40 导流器

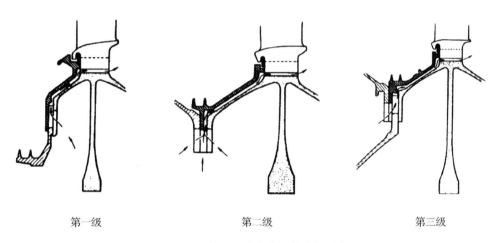

第一级   第二级   第三级

图 4.41 低压涡轮盘缘和榫头的冷却

涡轮静子叶片和工作叶片是否采取冷却，这取决于工作温度和叶片的材料以及制造成本。涡轮叶片内部冷却通道的几何形状设计和制造随着加工技术的发展，如激光打孔和可溶陶瓷芯的应用，也变得越来越复杂，相应的冷却效果也越来越高。

涡轮机匣的热膨胀可通过对机匣进行冷却的方式来控制，从而保持工作叶片叶尖与机匣封严之间的间隙最佳。在前面已经提过，涡轮机匣的冷却有两种：主动间隙控制和被动间隙控制。对于涡轮风扇发动机来说，冷却空气通常来自外涵道。

第五章　排气系统

　　排气系统的组成和结构形式取决于发动机和飞机的类别和用途。排气系统一般包括尾喷管、尾锥、消音装置、反推装置等。在涡轮喷气发动机中，排气速度和压力决定推力的大小，但在涡轮螺旋桨发动机中，排气所产生的推力很小，燃气中的大部分能量都被涡轮吸收了。因此排气系统的设计对发动机的性能有很大影响，而排气喷口的面积还会影响到涡轮进口的温度，以及发动机排气的压力和速度。

　　但不管哪种排气结构，排气系统的作用都是：在最小的流动损失和紊流下，使燃气以合适的速度排出发动机。

第一节　排气系统的基本结构

　　基本的排气系统一般包括排气锥（尾锥）、整流支板和喷管，如图 5.1 所示。

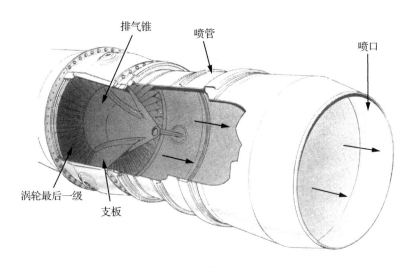

图 5.1　排气系统

燃气从涡轮出来时，是经一环行通道流出的，并且有一定的旋转。为了降低涡流和摩擦损失，在涡轮出口装有尾锥。尾锥能使燃气从环形通道过渡到实心通道，避免涡轮盘后的涡流损失。尾锥靠整流支板固定在排气管内，尾锥和排气管之间形成的通道为扩张形，使燃气的速度稍有下降，以减少流动摩擦损失。整流支板为叶型结构，其除了支承锥体外，还起整流作用，把从涡轮出来的旋转气流变直。

有的发动机上，涡轮后面有一涡轮排气机匣。它主要包括内机匣和外机匣，内、外机匣之间靠支板连接在一起。这些支板不但具有叶型结构，而且片数较多，起半级涡轮的作用。通常这些支板也是发动机转子轴承的支承，把转子的负荷传给机匣。支板一般为空心结构，一些测量排气压力或排气温度的探头装在其内，给轴承供油和回油等的一些管路也要穿过空心支板到达轴承腔。

喷管的形状有两种，收敛喷管和收敛－扩张喷管。喷口面积有固定和可调的两种。喷口面积不可调的收敛喷管用于亚音速或低超音速飞行的飞机上，如高涵道比的涡轮风扇发动机的排气管。在军用飞机上，还可采用喷口面积可调收敛喷管，即根据发动机的工作状态调节喷口大小，以使发动机在各种工作情况下都能获得较好的性能。尤其是带加力燃烧室的发动机，都要采用可调节的尾喷管。而收敛－扩张喷管用于超音速飞行的飞机上，因为这时燃气在喷管中的膨胀很大，如果仍采用收敛喷管，则燃气在喷管中不能完全膨胀，所造成的推力损失会很大。为了保证燃气能充分膨胀，减少推力损失，所以要采用收敛－扩张形喷管，并且喷管喉道面积可调，以适应发动机的不同工作状态，使燃气能完全膨胀，减少推力损失。

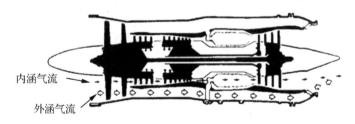

内涵气流

外涵气流

图 5.2　内、外涵混合排气

涡轮风扇发动机的排气系统有二股气流，即外涵的"冷气流"和内涵的"热气流"。一般在较低涵道比的发动机中（如涵道比低于 5），可采用内、外涵混合排气的方式，见图 5.2。内、外涵的气流经混合装置混合后，从同一喷口喷出。为了降低气流混合所产生的噪音，一般常用花瓣式强制混合器，如图 5.3 所示。

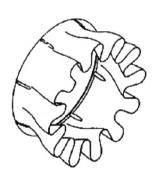

高涵道比的涡扇发动机一般采用内、外涵分开排气的方式，且内、外涵道平行。相应每个喷口的面积都经过严格设计，以达到最大喷气效率。但在有的高涵道比涡扇发动机上

图 5.3　花瓣式混合器

也采用了内外涵混合排气的方式，如图 5.4 和图 5.5 所示。

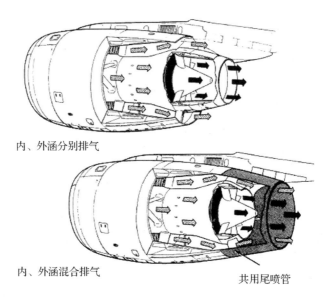

内、外涵分别排气

内、外涵混合排气

共用尾喷管

图 5.4　风扇发动机的排气方式

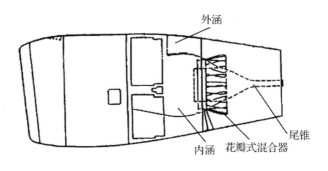

外涵

尾锥

内涵　花瓣式混合器

图 5.5　CFM56-7C 发动机的混合排气系统

　　图 5.5 是 CFM56-7C 发动机的排气系统，其采用了花瓣式强制混合器。在罗·罗公司的 AE3007 发动机和普惠公司的 PW500、600 发动机上也都采用了类似的混合器。而罗·罗公司的大型涡轮风扇发动机上广泛采用的是共用尾喷管（见图 5.4）。通过共用尾喷管把内、外涵道连接在一起，使内、外涵道的气流在共用尾喷管内混合后，再从同一喷口排出。共用尾喷管由两个同轴的收敛喷管组成，内、外喷管靠支板连接在一起（见图 5.6）。内喷管前缘有安装边，共用尾喷管靠此安装边固定在涡轮排气机匣上。内喷管一般由高温合金制成，以承受核心机排出的高温燃气的温度。外喷管一般由轻质的材料，如钛合金制成。

　　通常把内外涵道分开排气的叫做短外涵排气系统；而把内、外涵混合排气的叫做长外涵排气系统。短外涵排气系统，外涵道短，所以整个推进系统的重量轻，吊舱的阻力小。而长外涵排气系统，由于外涵道加长了，所以整个推进装置的重量要增加些，同时吊舱的阻力也大些。但这种排气系统也有它自己的优点：

（1）风扇效率会提高。采用混合排气喷管后，会使风扇的效率在巡航、爬升时均大于分开排气的喷管系统。

（2）提高推进效率。由于内外涵的掺混，使排气温度大大降低，从而减小了内涵燃气的热损失，提高发动机效率。另外，混合还使排气速度降低，增加发动机的推进效率。

（3）降低耗油率。由于前面提到的效率提高了，所以使发动机在爬升和巡航时的耗油率下降。但这种效果相对来说在长航程的飞行中比较明显，而在短航程时，由于重量的增加，这种优势就不明显了或抵不过重量增加所带来的影响。

（4）降低噪音。排气速度的降低带来的另一个好处就是排气噪音降低了。

对涡轮轴发动机而言，通常排气管起扩压作用，尤其是涡轮后带自由涡轮的涡轴发动机，排出的气流速度相当低，排气动能比较小，所以常常不被利用。

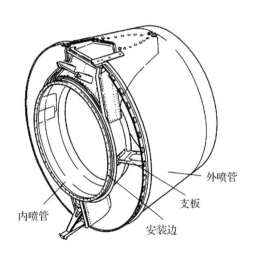

图 5.6　共用尾喷管（罗·罗公司）

第二节　反推系统

随着飞机飞行速度的增加，其降落时着陆速度也相应增大，尤其是民用飞机体积大、重量大，所以着陆时的惯性也大，这样滑跑距离就增长。采用刹车、扰流板或阻力伞等措施可起到一定的辅助作用，但比较有效的方式就是使排气系统向前排气、产生反推力，这就是反推装置。最理想的情况是使排气完全向前（即与正常排气方向完全相反），这样产生的反推力最大，但这是不可能实现的。所以一般来说反推装置都是把气流折反向前大约45°的方向排气。反推装置在军用飞机上可用来降低空中的飞行速度，以提高飞行机动性，但现在用的也比较少了。在现代民用飞机上，反推装置就是用来帮助飞机落地后减速，它能很好地降低飞机的滑跑速度，缩短滑跑距离，节省刹车，尤其是在跑道湿滑时效果更明显。对于用涡轮螺旋桨作动力的飞机，反推力是靠把桨叶角从正变为负来实现的，即反桨系统。这种变距螺旋桨一般是液压机械操纵，并且也只是在地面上能使用。

在大推力、高涵道比的涡扇发动机上，一般把反推装置装在外涵道。这是由于发动机的推力大部分由风扇产生。通常采用"C"涵道式反推装置，即把外涵道分成两个"C"形涵道，它们分别吊挂在发动机吊架上，这样也方便地面维护时接近核心机。

现代民用飞机上常用的反推装置有两种：气动阻塞式和机械阻塞式。但无论哪种反推类型，它们都应该满足下列要求：

（1）反推系统只有当飞机落地后才能使用。所以，反推系统都有安全措施，防止反推装置空中意外打开，这包括控制电路上的空地电门和反推装置上的机械锁等。

（2）驾驶舱内有反推控制手柄，用来选择反推装置的放出和收起。

（3）反推装置在打开过程中，未达到相应的位置时，发动机的功率不能增加，以防止造成反推装置的损坏。

（4）反推装置要有自动再收上功能，即万一反推装置故障打开，控制系统能自动探测到，并能及时把反推装置收回且锁死。若意外打开，收不上来，发动机的功率应能自动从高功率减小到慢车功率。

（5）在驾驶舱内有反推装置工作情况的指示系统。包括开锁指示和反推位置指示。

（6）反推系统喷出的气流不能喷到机翼或机身上，也不能被发动机重新吸入，因为这样可能会引起压气机喘振。

一、气动阻塞式反推装置

在现代大型涡轮风扇发动机上常用的反推系统是气动阻塞式，见图5.7。它主要包括"C"涵道，阻塞门（若干个），格栅（若干块），平移罩和作动、控制系统。这种反推装置通常用于外涵道，因为大型涡扇发动机推力的70%～80%都是由外涵道产生的。当反推装置位于收上位（见图5.7）时，阻塞门贴在平移罩的内表面，使外涵道畅通无阻；当反推装置放出后，平移罩后移，阻塞门被拉到竖起位，从而把外涵道堵死。平移罩后移后，格栅被暴露出来，这样被截住的气流从格栅中流出，使气流按格栅规定的角度排出，产生反推力。

由图5.7可见，阻塞门的一端与平移罩连接在一起，另一端铰接在拉杆上，拉杆的另一端固定在"C"涵道的内环管上。由于外涵道的气流温度低，所以，为了减轻重量，平移罩、格栅都由复合材料制成，而阻塞门和拉杆一般由铝制成。为了防止反推装置打开时气流直接吹到地面或机身上，不同部位的格栅的出气角度是不同的。

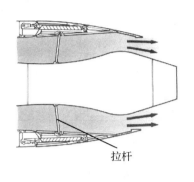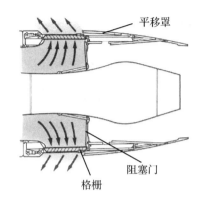

平移罩

拉杆

阻塞门

格栅

反推装置在收上位　　　　　　　　　　　　反推装置在放出位

图 5.7　气动阻塞式反推系统

1. 反推系统的控制和工作

这种外涵道气动阻塞式反推装置一般是电动或液压作动，液压油来自飞机的液压系统。但也有气动作动系统，利用气动马达和柔性传动轴来驱动反推系统，压力空气引自发动机本身。图 5.8 为一典型的液压操纵的反推系统简图。系统主要包括驾驶舱内的油门杆和反推手柄、液压控制组件、（液压）方向控制活门、操纵钢索、操纵毂轮和反馈系统。左、右两个"C"涵道上的反推装置分别靠 3 个液压作动筒操作，其中一个作动筒带机械锁。发动机处于正常前推力状态时，反推装置靠这两个机械锁保持在收上位。在放出供油管内有柔性软轴，软轴把两侧的 6 根作动筒连接在一起，起到同步作用。反推装置的收、放由油门杆和反推手柄控制。当油门杆在前推慢车位时，拉起反推手柄，反推控制电门被作动，电信号到达同步锁和液压控制组件。同步锁先被打开，允许软轴转动。之后液压控制组件内的隔离活门通电打开，允许来自飞机的液压油进入反推系统，液压油先到达收上供油管，即液压油先到达作动筒的收上端，这样有利于机械锁开锁。同时，反推手柄的移动还通过飞机上的油门操纵系统到达发动机吊架处的操纵毂轮，使操纵毂轮转动，毂轮带动钢索，到达发动机的燃油控制组件，控制发动机的功率大小。另外，毂轮的转动，还通过机械连接作动方向控制活门。通过方向控制活门把来自液压控制组件的液压油送到放出供油管，使液压油到达作动筒的放出端。液压力先把每侧带锁的作动筒内的机械锁打开，允许作动筒伸出（伸出时，作动筒的放出和收上端都通高压油，因为活塞放出端的面积比收上端的面积大，所以作动筒伸出）。锁接近电门给出开锁信号，在驾驶舱内给出反推开锁的显示。作动筒伸出，推动平移罩，放出反推装置。平移罩移动的同时，反馈作动筒随动，通过反馈钢索把反推装置的位置反馈到油门操纵互锁机构。此互锁机构有两个作用：一是当反推装置没到达一定开度时，其可阻挡反推手柄移动，不允许增加发动机的功率；二是若反推装置意外打开，其可把油门推回到慢车功率，以减小反推力对飞机飞行所造成的影响。另外，反馈作动筒上装有一个接近电门，当反推装置放出到一定位置时，其发出信号，使反推开锁显示变为反推完全打开显示。

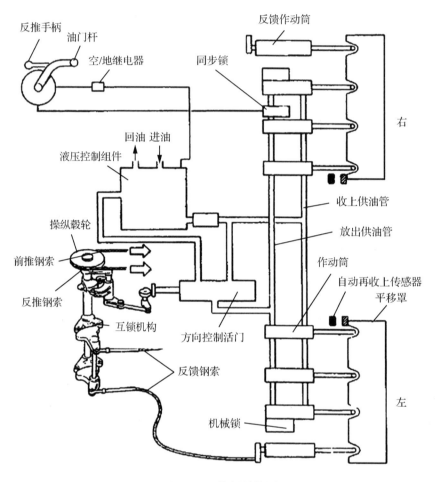

图 5.8　反推操纵简图

收起反推时，把反推手柄收回，则油门操纵毂轮通过连接机构改变方向控制活门的位置，使作动筒的放出端通回油，而收上端仍然通高压油。作动筒缩回，把反推装置收上。每侧的平移罩都有一个作动筒带机械锁，当平移罩完全收上后，机械锁锁死。液压控制组件内的隔离活门断电，隔离活门关闭，切断飞机与反推系统之间的液压联系。在正常飞行过程中，反推装置靠机械锁保持在收上位，作动筒的收上、放出端都通低压。万一反推装置意外放出，自动再收上传感器感受到平移罩远离后，会发信号给液压控制组件，使隔离电磁活门通电，隔离活门打开，把压力油送往作动筒的收上端，使反推装置收上来。若反推装置收不上来，继续放出，则反馈钢索带动互锁机构，通过互锁机构把油门推回到小功率位置。

油门杆和反推手柄是互锁的，只有在前推慢车位，才能拉起反推手柄，在其他位置时，反推手柄被锁死，不能动。当拉起反推手柄后，油门杆就被锁定在慢车位。

在 FADEC 控制的发动机上，反推装置的工作完全由发动机电子控制器（EEC）来控制，这不仅包括反推装置的放出和收上，还包括对反推推力大小的控制和反推装置的自动再收上、自动再放出等安全保护功能的控制。图 5.9 是空客 320 飞机上的 V2500 发动机的反推控制系统。反推装置每侧的"C"涵道上有两个作动筒，其中一个带机械锁和人工开锁手柄。有接近电门感受锁的位置，并把锁的位置信号传给 EEC。这 4 根作动筒靠软轴连接在一起，起到同步的作用。不带锁的两个作动筒上安装有位置传感器（LVDT：线性可变差分传感器），负责把两侧平移罩的位置反馈给 EEC。反推装置的操纵是靠电信号来完成的，从驾驶舱的油门杆到反推装置，没有机械（操纵钢索）连接，完全是电传操纵。当油门杆在前推慢车位时，提起反推锁手柄，并向后拉油门杆，则电信号到达 EEC 和 EIU（发动机界面组件）。当满足下列条件后，EEC 才允许放出反推装置：

（1）EEC 要检查飞机是否落地，这由起落架控制组件（LGCIU）给 EEC 提供位置信号。

（2）EEC 检查发动机是否在慢车功率，由油门杆角度解算器（在油门控制组件 TCU 内）提供油门杆位置。

（3）EIU 接收油门杆角度信号和 LGCIU 的飞机落地信号，使反推准许电门通电。

满足上述条件后，EEC 才给液压控制组件内的隔离活门通电，隔离活门打开，使来自飞机的液压油进入反推系统，并先到达收上供油管路，为开锁作准备；准许电门闭合后，液压控制组件内的方向控制活门通电。方向控制活门移动，把液压油送到作动筒的放出端供油管。反推装置放出过程中，作动筒的收上端和放出端都有高压油，但由于活塞两端面积不同，所以作动筒伸出。来自飞机的液压油要经过液压关断活门才能到达液压控制组件。液压关断活门受控制于扰流板和升降舵计算机（SEC）以及无线电高度表。当飞行高度或扰流板的位置达到一定位置，SEC 接收到油门杆角度后，才允许关断活门打开，使来自飞机的液压到达反推液压控制组件。

液压油到达作动筒的放出端后，先把作动筒内的机械锁打开（两个作动筒），开锁后，作动筒才能伸出。开锁信号由接近电门传给 EEC。EEC 在 ECAM 的 EPR 表上给开锁指示（橘红色 REV）。在反推装置放出过程中，平移罩位置传感器 LVDT 不断把平移罩的位置反馈给 EEC。当反推装置放出到一定位置后，ECAM 上的反推装置开锁指示转换为反推装置完全放出的指示（REV 变绿色），并且 EEC 允许发动机的功率增加。

在发动机产生正常前推力时，若反推装置意外开锁并放出达到行程的 10%，则 EEC 给液压控制组件内的隔离活门通电，允许来自飞机的液压油到达作动筒的收上端，把反推装置收回。若反推装置不能收回，继续放出，则当达到行程的 15% 之后，EEC 就会把发动机的功率减小到慢车。

当发动机在反推状态下工作时，若反推装置意外收回，当从完全放出位收回 10% 时，EEC 就给隔离活门断电，使反推装置与飞机的液压系统隔离，这样反推装置靠气动负荷保持在放出位。若不能保持在放出位，继续收回，当收回了 22% 时，则 EEC 自动把发动机的功率减小到慢车。

从前面两种反推控制系统可发现，为了确保飞行安全，不让反推装置在飞行中意外

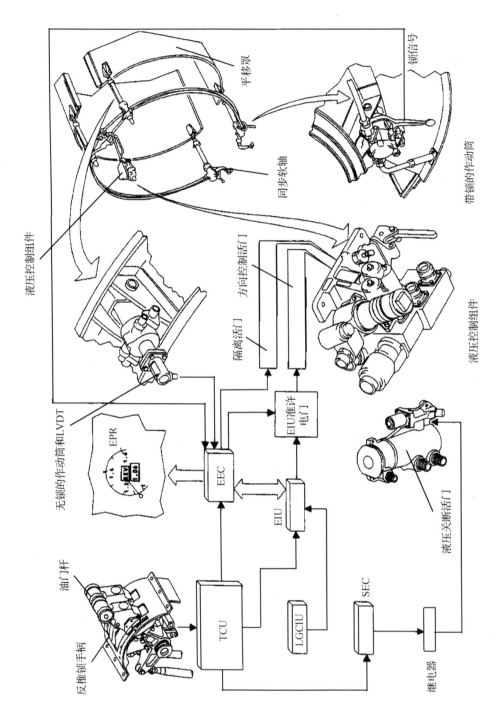

平移罩

锁信号

同步软轴

带锁的作动筒

液压控制组件

方向控制活门

隔离活门

液压控制组件

无锁的作动筒和LVDT

EPR

EEC

EIU催许电门

EIU

液压关断活门

油门杆

TCU

LGCIU

SEC

继电器

反推锁手柄

图5.9 空客320飞机V2500发动机反推系统

打开，反推系统都设计有三道安全锁机构，其中有两道在动力装置上，另一道在飞机上。如图5.8所示的反推系统中的三道锁分别是同步轴锁，作动筒上的机械锁和空/地继电器。前两个锁都在反推装置上，在飞行过程中，反推装置靠它们保持在收上位。空/地继电器在飞机上，其控制反推电路的形成。图5.9中的三道锁分别是作动筒上的机械锁，液压关断活门和空/地继电器。其中液压关断活门用来切断飞机液压与反推系统的联系。要想放出反推装置，只有在这三道锁都允许的情况下才能实现。三道锁机构设计已被广泛用在发动机反推控制系统中，这也是适航部门对反推系统安全方面的一项要求。

2. 反推系统的主要部件

1）液压控制组件

液压控制组件是液压操纵的反推系统中的一个重要部件，它控制飞机液压系统和反推液压系统之间的联系。在正常飞行时，其把飞机液压系统与反推系统隔开；当选择反推后，其允许来自飞机的液压油进入反推系统。图5.10为一典型液压控制组件的原理图。

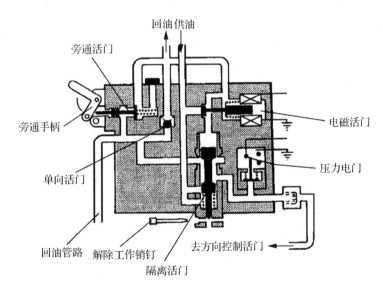

图 5.10　液压控制组件原理图

由图5.10可见，液压控制组件主要包括电磁活门、压力电门、隔离活门和旁通活门。电磁活门受控于反推选择电信号。图中电磁活门处于断电位置，活门靠弹簧力保持在最左端位置，阻止来自飞机的液压油到达隔离活门的上腔。隔离活门在弹簧力和液压力作用下处于关闭位，阻止来自飞机的液压油进入反推系统，并且反推系统经过隔离活门与回油系统连通，即反推系统没有高压液压油。

当选择反推后，电磁活门通电打开，克服弹簧力右移，允许来自飞机的液压油到达隔离活门的上腔，使隔离活门下移。隔离活门的上凸台把回油路堵死，下凸台下移后，允许来自飞机的液压油进入反推系统的方向控制活门。隔离活门可人工解除工作，用于地面维护和反推控制故障后放飞。由图可见,当把解除工作销插入后,其可阻止隔离活门下移,这样来自飞机的液压油就不能进入反推系统。

压力电门感受隔离活门下游的压力,当下游压力与隔离活门位置不一致时,给出故障信息。地面维护人工收放反推装置时,通过旁通手柄可把旁通活门锁定在旁通位。这样可允许作动筒的两端与液压油箱连通,使液压油能自由出入作动筒的两端,以减轻人工收放反推的负荷。地面维护时,单项活门起到隔离作用,阻止油箱中的液压油经回油管路进入反推系统。受热膨胀后,液压油可通过此活门回油。

2)方向控制活门

其作用是控制进入反推系统的液压油的去向,即作动筒的收上端和放出端。通常反推装置放出时,作动筒的两端都通高压油;反推装置收回时,收上端通高压油,放出端通回油。方向控制活门有机械连接控制和电磁活门控制两种。由电磁活门控制的方向控制活门有的是和隔离活门一体的,都在液压控制组件内部。图 5.11 所示的液压控制组件就是这种类型。液压组件内包含有隔离活门和方向控制活门,它们都由电磁活门控制。图中所示为电磁线圈断电状态,隔离活门关闭,方向控制活门处于"收上"位置。此时作动筒的放出端和收上端都通回油。选择反推后,隔离活门和方向控制活门的控制电磁线圈都通电,两个活门都向右移动。结果隔离活门打开,来自飞机的高压液压油进入反推系统,并向作动筒的收上端供油,同时关闭回油路。方向控制活门右移的结果是把高压液压油通向作动筒的放出端,同时也关闭回油路线。当接收到反推收上信号时,隔离活门电磁活门仍保持通电状态,但方向控制活门断电回到图示位置。这样,作动筒的收上端继续通高压油,而放出端通回油。反推装置完全收上,并锁死一定时间后,隔离活门断电。也就是说在正常前推功率状态下,两个活门都处于如图所示的断电状态。

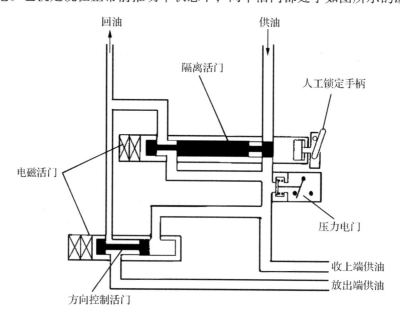

图 5.11　液压控制组件原理示意图（V2500 发动机）

机械连接控制是通过油门操纵机构直接作动方向控制活门。当操作反推时,通过钢索或连杆等机械连接机构直接作动方向控制活门。

3)作动筒

通常作动筒有两种:带锁机构和不带锁机构。除了锁机构,作动筒的结构基本上都包括柱塞、螺纹轴、蜗杆蜗轮机构和万向安装座,如图5.12所示。通常反推装置放出时,柱塞两端(收上、放出端)都有相同压力的高压油;而反推收上时,只收上端有高压油。这样能加快反推装置的放出速度。为此,柱塞采用了放出端面积大于收上端面积的结构。另外柱塞带内螺纹,其与螺纹轴配合。柱塞只能沿螺纹轴作直线往返运动,这样当柱塞移动时就带着螺纹轴转动。螺纹轴又与蜗轮连接,从而使蜗轮转动,蜗轮再传动蜗轴。各作动筒之间的蜗轴靠软轴连接在一起,从而可保证各作动筒能同步运动,所以软轴也叫同步轴。当需要人工收放反推(人工摇)时,可通过驱动软轴来带动柱塞移动,实现收放反推。这时软轴通过蜗杆、蜗轮机构带动螺纹轴,螺纹轴的转动再使柱塞移动。

锁机构是保证反推装置安全的重要措施之一。在前推功率状态下,反推装置就是靠作动筒上的锁机构保持在收上位置的。但并不是所有的作动筒都有锁机构,通常每侧"C"涵道上都有一根作动筒有锁机构,如图5.8和图5.9所示。锁机构有不同形式,图5.12为锁盘式结构。两个锁盘相互接触的端面上带有锯齿形齿,参见图5.13锁机构示意图。

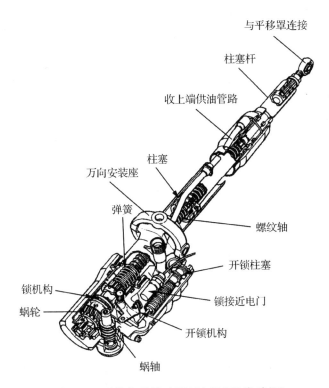

图5.12 反推作动筒(RB211-535E4发动机)

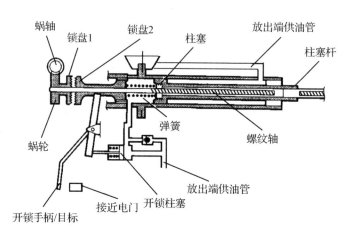

图 5.13　锁机构原理示意图

　　锁盘 1 固定在螺纹轴上，且随轴转动。锁盘 2 靠套齿与作动筒筒壁连接，所以不能转动，但在开锁机构的作动下能左、右移动，即上锁和开锁。因为是锯齿形齿，所以，当两个锁盘相互接触后，能向一个方向自由转动。这个方向就是反推装置收上的方向。反推装置收上后，弹簧被压缩，且把锁盘 2 压在锁盘 1 上，使锁机构保持在锁定位置。当反推放出时，锁盘 1 则随螺纹轴向相反方向转动。若两个锁盘是相互啮合在一起的，则锁盘 2 就限制了锁盘 1 的转动。锁盘不能转动，螺纹轴就不能转动，这样柱塞就不能伸出。要想使锁盘 1 能转动，只有开锁，即把锁盘 2 移开。这是靠开锁机构完成的。

　　当选择反推后，液压油经放出端供油管路先到达开锁作动筒，开锁柱塞伸出，通过开锁手柄推动锁盘 2 右移开锁。开锁手柄上带有锁接近电门的目标。开锁时，目标远离接近电门，给出开锁信号。此开锁手柄也是地面维护时，人工开锁的手柄。另外，开锁柱塞还起到顺序开关的作用，即开锁后，才允许高压油到达作动筒柱塞的放出端，使作动筒伸出。

　　反推装置收上时，作动筒缩回压缩弹簧，把锁盘 2 推回到上锁位置。上锁时锁盘 1 可在锁盘 2 上打滑。

　　图 5.14 为 V2500 发动机反推装置上的带锁的作动筒，其采用的是"弹簧爪"式锁机构。图 5.15 是锁结构和开锁过程示意图。

　　锁机构包括弹簧爪锁、锁弹簧、开锁套筒和开锁套筒弹簧。弹簧爪的弹力总使每根弹簧爪向外张开。当在锁定位置时，开锁套筒压在弹簧爪外面，使弹簧爪不能张开，弹簧爪卡在柱塞机构的凸台上，保持在锁定位置，见图 5.15 中（a）。此时，锁套筒是靠锁弹簧保持在锁上位置。

　　选择反推后，液压油从放出端供油管进入作动筒，首先推动开锁套筒右移压缩锁弹簧，同时开锁手柄也随着移动到开锁位。开锁套筒右移，解除对弹簧爪的压制，允许弹簧爪张开，见图 5.15 中（b）。开锁手柄带有接近电门的目标，开锁手柄移动后，目标远离接近电门，锁接近电门给出开锁信号。人工扳此手柄，可人工开锁。

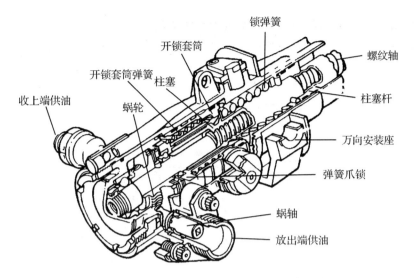

图 5.14 V2500 发动机反推装置的带锁作动筒

压缩后的锁弹簧给作动筒柱塞一个放出方向的载荷，此载荷迫使弹簧爪和凸台脱离咬合状态而开锁，见图 5.15 中（c），弹簧爪处于张开状态。

开锁后，锁弹簧推着柱塞向放出方向移动，使"L"形套环与开锁套筒间脱开，柱塞在液压油作用下继续放出，见图 5.15 中（d）。

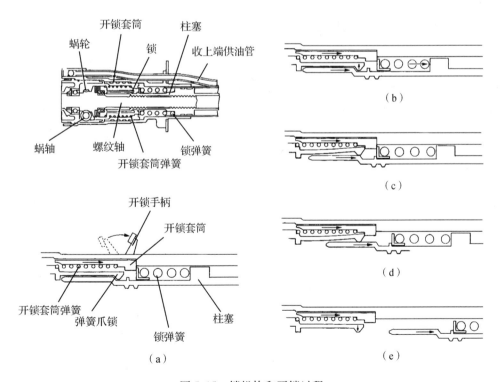

图 5.15 锁机构和开锁过程

柱塞移动到完全放出位,开锁套筒靠开锁套筒弹簧保持在开锁位置,见图5.15 中(e)。反推装置收上后,柱塞压缩锁弹簧,"L"形套环把开锁套筒推回锁定位置。

4）格栅

格栅的作用就是控制反推气流的方向。不同位置的格栅,其出气角可能不同,对应的件号也不一样。所以,拆装格栅时一定要注意它们的安装位置。为了减轻重量,格栅通常由碳纤维复合材料制成。图5.16 为格栅及其安装示意图。

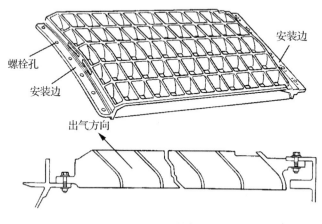

图5.16　格栅

二、机械阻塞式反推装置

另外一种常用的反推装置为戽斗式结构,如图5.17 所示。它主要包括两个半圆形锥筒（戽斗）和作动机构。当反推装置在收上位时,戽斗包在排气管的外表面,形成吊舱的一部分。当反推装置打开后,戽斗张开,基本堵塞正常排气路线,使排气只能按张开的戽斗的方向排出,从而产生反推力。这种反推装置一般用于推力偏小或涵道比低以及内、外涵推力差别不是很大的涡轮风扇发动机上,且反推装置安排在内、外涵混合后的排气管道上。

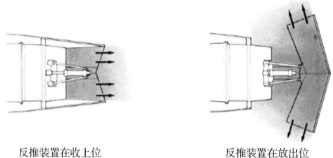

反推装置在收上位　　　　　　反推装置在放出位

图5.17　戽斗式反推系统

反推装置打开时，斗斗要承受较高的燃气温度和气动负荷，所以，斗斗通常由耐热、强度好的材料加工而成。

图5.18为一机械操纵的斗斗式反推系统。反推装置主要包括上、下两个斗斗，左、右侧两个斗斗收放作动筒和相应的作动连杆机构，斗斗锁机构和开锁、上锁作动筒。反推的收放由油门杆上的反推手柄控制，反推手柄的移动通过油门操纵机构和钢索传给控制活门。控制活门控制液压油的流动方向，即斗斗收放作动筒的收上端、放出端和锁作动筒的开锁端和上锁端。控制活门内还有一关断电磁活门，此活门受控于空/地继电器。空中飞行时，反推装置处于收上、锁定位，关断电磁活门通电，使关断活门处于关闭位，把反推系统与飞机液压系统隔开。当飞机落地后，其断电，允许隔离活门打开，使来自飞机的液压油进入反推系统。

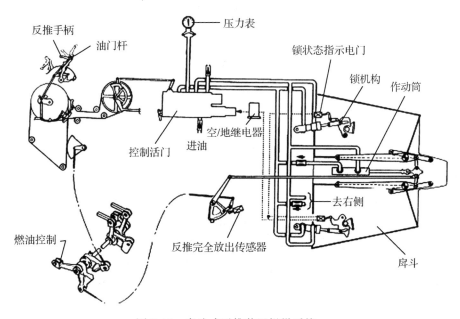

图5.18 斗斗式反推装置操纵系统

操纵油门杆上的反推手柄时，反推手柄的移动，通过钢索、滑轮、连杆等操纵控制活门，控制液压油的流动方向，使液压油到达锁机构作动筒和斗斗作动筒，操纵反推装置的开锁和斗斗的打开、收上。作动筒缩回，放出反推装置（斗斗张开）；作动筒伸出，收回反推装置（斗斗闭合）。斗斗的移动通过互锁机构反馈到油门杆操纵机构。当反推放出后，解除对油门操纵的限动，并作动反推完全放出传感器，在驾驶内给出反推装置完全打开的指示。

每个斗斗都有一套锁机构，锁作动筒在液压的作用下缩回，开锁；当锁作动筒伸出时，上锁。锁状态指示电门给出开锁、上锁指示。

另外一种用于大型涡轮风扇发动机"C"涵道的反推装置叫旋转门式（通常有4个

门），见图 5.19。旋转门在作动筒作用下打开和关闭。当旋转门打开时，把外涵道堵塞，使气流按旋转门的方向排出，产生反推力。图 5.19 是用于空客 330 飞机的 TRENT700 发动机的反推装置。为了控制气流排出方向，其每侧下面的旋转门装有格栅，以防气流直接喷到发动机进气区域。图 5.20 给出了旋转门在收上位和打开位时的气流流动情况。折流板起到控制排气方向的作用，它是可移动的，当旋转门在关闭位时，它和"C"涵道的内壁齐平。

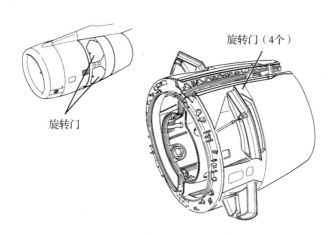

图 5.19　旋转门式反推装置

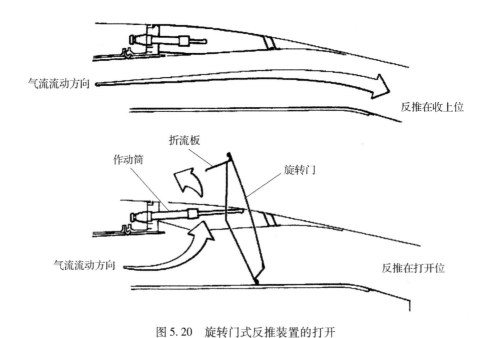

图 5.20　旋转门式反推装置的打开

第三节　消音措施

声音就是指人们能够听到的东西。它主要包括空气中的一些压力波，这些声压波可能是各种频率波的组合，也可能是单一频率的波。一般用声压和声级这两个物理参数来衡量声音。声压级越高，声音越强；声压级越低，声音越弱。人耳对声音的感觉，不仅和声压有关，而且还和声音的频率有关。一般对高频率声音感觉灵敏，对低频率声音感觉迟钝。声压级相同而频率不同的声音听起来可能是不一样的。

通常我们用有效感觉噪音分贝（dB）来表示噪音对人的干扰程度。当声压级到了一定分贝数后，它就会对人的听觉造成损伤。对人来说超过100分贝的声音，其强度就很大了。人的耳朵能分辨出来的声音大约为120分贝，超过此值，我们只能感觉到声音强度增加了，但听不出区别，并且超过此值的声音也会对我们的听觉系统造成损伤。

由于声音传播的特性，其强度会随着声源距离的增加而下降，并且声音的频率越高，距离增加时，声音的强度就衰退得越快。

涡轮喷气发动机工作时所产生的噪音主要来源于以下几处：风扇、压气机、涡轮和排气系统。不同噪音源有不同的规律和噪音产生机理，但随着相对速度的加大，所有噪音源所产生的噪音都有不同程度的增加。

压气机噪音和涡轮噪音是由于旋转的工作叶片和静子叶片的压力场和尾迹的相互作用而产生的，可分为两种噪音：单频噪音和宽频噪音。气流流过叶片表面时，在叶片表面产生压力变化，产生宽频噪音（也叫白噪音）。流过叶片的气流的紊流度加大，宽频率噪音就会增加。流过叶片所产生的尾迹有规则地通过下一级叶片而产生单频噪音，其频率与转速以及每级工作叶片的数目有关。尾迹的强弱取决于工作叶片和静子叶片之间的距离。距离短，压力场的相互作用就强烈，相应的噪音就大。在大涵道比的涡轮风扇发动机上，风扇叶片和风扇出口导向叶片之间就产生这种噪音，但由于它们之间的距离较远，所以噪音强度不大。由此可见，设计发动机时选择合适的转速以及每级工作叶片和静子叶片的数目，并使它们的数目匹配；降低内部流动的紊流度；适当选择工作叶片和静子叶片之间的轴向距离等都可控制发动机的内部所产生的噪音。

对于现代涡轮风扇发动机来说，风扇噪音也是发动机噪音的一个重要来源。因为它在发动机的最前端，其产生的噪音可通过进气道向前传播，到达发动机外面，也可通过外涵道向后传出。通过提高风扇叶片的气动效率，改变叶型，合理安排风扇叶片、风扇出口导向叶片的数目以及它们之间的距离可有效降低风扇噪音，如后掠风扇叶片设计就可减少风扇叶片所产生的噪音。另外，通过对进气道几何形面的设计，可减少风扇噪音通过进气道向外传播；在进气道和外涵道的内表面使用吸音材料，可吸收风扇系统所产生的噪音。

涡轮喷气发动机的排气噪音主要是由从尾喷管高速喷出的热燃气与周围相对静止的

空气之间的紊流剪切造成的。这种排气噪音是不同频率噪音的混合，属于宽频噪音。发动机的功率增加，排气速度越大，相应的噪音就越大。从理论上讲，喷气噪音和排气速度之间的关系是八次方关系（v^8），所以，降低排气速度是减小排气噪音的一个有效途径。

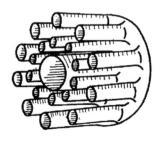

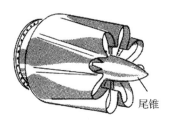
尾锥

图 5.21　多喷管排气系统　　　　图 5.22　花瓣式消音喷管

　　为了降低排气噪音，有的发动机采用消音喷管，如多管式消音喷管（图 5.21）、花瓣式排气管（图 5.22）等来增加周围大气与排气气流的接触面积，减小紊流位移的剪切力，使更多的周围大气参与混合，从而提高掺混速度，使掺混区长度减小，掺混区内的气流速度减小，提高声音的频率。使低频率噪音减小，高频率就会增加。但高频噪音我们听不到，因而可以实现降低排气噪音的目的。在涡轮风扇发动机上，采用内外涵道混合排气时，也可采用这种花瓣式混合器（图 5.3 和图 5.5），用来加强内外涵气流的混合，降低排气噪音。

图 5.23　"墙垛"式齿形喷口

对于涡轮风扇发动机来说，若采用内、外涵道分开排气方式，则排气噪音来源于内、外涵气流之间的剪切、外涵气流和大气之间的剪切以及内外涵气流混合后所形成的气流和大气之间的剪切。由于外涵排气速度低，所以涡扇发动机的排气噪音大大降低了。选择较低的风扇叶尖速度，降低风扇的增压比，可降低外涵排气速度。这不但有利于降低噪音，而且也有利于提高发动机的推进效率。为了进一步降低排气噪音，最新设计的"墙垛"式齿形喷口，能使内、外涵气流和周围大气的预先混合得到增强，从而可进一步降低排气噪音，见图 5.23。这一设计已被用在 TRENT1000 和 Genx 发动机的排气系统中。

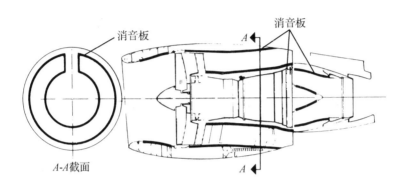

图 5.24　消音材料在发动机上的使用

另外，在现代涡轮风扇发动机内还大量采用了消音衬套（消音板），如在进气道、外涵道和尾喷管的内表面（图 5.24）。消音面板吸收噪音，可减少噪音向外传播。常用的消音衬套为蜂窝结构。衬套一般由底板、蜂窝结构夹层和多孔的面板组成。发动机内不同区域的噪音特点不同，相应所采用的面板和蜂窝结构也不同，但它们都是利用亥姆霍兹（Helmboltz）共振器原理来消音的。图 5.25 给出了几种常见的消音板结构示意图。

从图 5.25 中可见，无论什么类型的消音板，它们的夹层都采用类似的蜂窝结构，这样，声波通过面板上的小孔进入蜂窝内，引起蜂窝内的空气的振动，把声波的能量转换为热能传给空气而散掉。

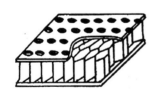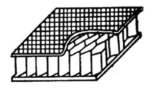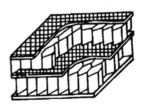

图 5.25　消音板

第六章　附件传动系统

　　为了保证飞机和发动机正常工作，有许多有一定功率、转速和转向要求的附件需要发动机来带转，这些附件分为发动机附件和飞机附件。前者属于保证发动机正常工作的附件，如滑油系统的油泵、离心式油气分离装置，燃油系统的燃油泵、燃油控制装置等。后者属于向飞机提供动力的装置，如液压泵、发电机。一般这些需要发动机带转的附件都安装在附件齿轮箱上，齿轮箱内有一系列相互啮合的齿轮，发动机驱动齿轮箱，这些齿轮再传动装在其上的所有附件。在发动机上，通常有一个或几个附件齿轮箱。现代大型涡轮风扇发动机上一般都是一个齿轮箱，且多数固定在风扇机匣上。

　　在现代燃气涡轮发动机上，传动发动机附件的功率约占涡轮功率的 0.2% ~ 0.5%，传动飞机附件的功率约占涡轮功率的 0.3% ~ 0.6%。

　　附件传动系统工作的可靠性，无论是对发动机还是对飞机来说都是极为重要的，因此，附件传动系统必须在整个飞行包线范围内可靠工作，并保证所有附件的转速、转向和需用的功率。附件齿轮箱一般安装在发动机的低温区域，如压气机机匣和风扇机匣等的表面，以避免高温对附件的影响；并且附件齿轮箱的安装区域要有通风结构，以满足对附件的冷却和发动机防火要求。另外，附件齿轮箱的可达性要好，这样维护人员做航线维护时容易接近，便于拆装其上的附件。

第一节　附件传动装置

　　把发动机转子的功率、转速传输给附件并驱动附件以一定转速和转向工作的齿轮系及其传动轴的组合叫做附件传动装置（图6.1）。

　　附件传动装置一般由内部传动装置（内部齿轮箱）和外部传动装置组成。内部齿轮箱位于发动机核心，主要包括两个伞齿轮1和2。伞齿轮1由发动机转子6驱动，伞齿轮2把发动机转子的转动转换为与转子轴垂直或成一定角度的转动，并经径向驱动轴5传到发动机外部。外部传动装置包括两部分：转换齿轮箱（或叫角齿轮箱）和附件齿轮箱。转换齿轮箱主要由两个伞形齿轮3和4组成。其作用是当径向驱动轴5不能直接驱动附件齿轮箱时，转换齿轮箱起中介作用，负责改变径向轴的转动方向，并输出给附件齿轮箱。若径向驱动轴能直接驱动附件齿轮箱时，则可省去转换齿轮箱。附件齿轮箱可以有一个，也可以有多个，但为了简化结构，拆装方便，附件齿轮箱应尽可能少。附件齿轮箱的外观尺寸应尽量小，这样可减少对发动机迎风面积的影响。图 6.2 为罗·罗公司发动机上常用的典型附件齿轮箱传动结构。图中有的附件齿轮箱由高压转子驱动，叫做高速附件齿轮箱；有的由低压转子驱动，叫做低速附件齿轮箱。现在的涡轮风扇发动机的附件齿轮箱一般都由高压转子驱动。

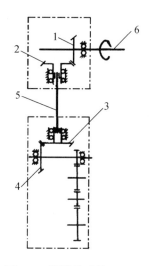

图 6.1　附件传动装置

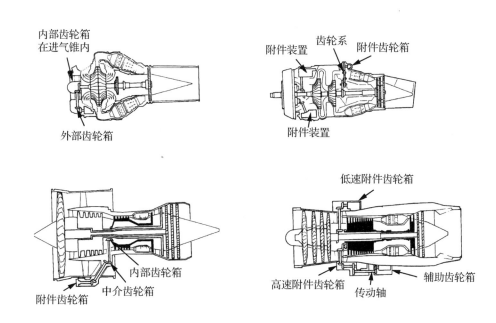

图 6.2　附件齿轮箱传动结构

153

第二节　内部齿轮箱

　　内部齿轮箱（中心传动装置）的功用是把发动机转子的转动传给径向驱动轴。在多转子发动机中，内部齿轮箱由哪个转子来驱动，主要取决于发动机起动的难易程度。这是因为发动机起动是通过安装在附件齿轮箱上的起动机，经内部齿轮箱驱动发动机转子来完成的。为了减轻起动机的负担，通常都是选择驱动高压转子。因此，在双转子和三转子的发动机中，内部齿轮箱一般由高压转子驱动。

　　发动机转子与内部齿轮箱之间的传动方案一定要考虑到发动机工作时，转子会发生轴向移动。这样在相互啮合的两个伞齿轮（图6.1中的伞齿轮1和2）之间就会出现轴向间隙，从而影响内部齿轮箱的传动效果。在布局内部齿轮箱的这两个伞齿轮时，为了避免这一情况的出现，可采用如图6.3所示的三种传动方案。

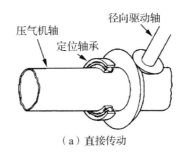

（a）直接传动

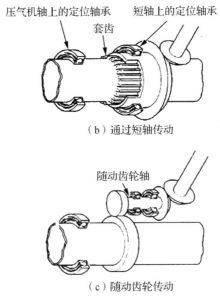

（b）通过短轴传动

（c）随动齿轮传动

图6.3　内部齿轮箱的传动方案

图 6.3（a）是最为简单的一种传动方案。水平伞齿轮直接固定在压气机轴上，径向伞齿轮直接固定在发动机内部承力结构上，这种传动方案所用的传动部件最少。但是为了保证工作时水平伞齿轮和径向伞齿轮之间的轴向间隙，水平伞齿轮应尽可能装在靠近压气机轴上的止推支点（滚珠轴承），以定位水平伞齿轮，使水平伞齿轮不会随压气机转子的轴向移动而移动。这种传动方案在发动机上的应用较多，如在 RB211-535E 发动机、V2500 发动机上都采用了类似的结构。图 6.4 是 CFM56-3 发动机的内部齿轮传动结构。水平伞齿轮通过套齿与高压压气机前短轴连接，并靠滚珠轴承 1 的锁紧螺帽 3 轴向固定。滚珠轴承 1 就是高压转子的止推支点。轴承的内环装在伞齿轮轴上，随转子转动，外环固定在内部齿轮箱机匣上。径向伞齿轮靠两个滚棒轴承 8 和一个滚珠轴承 6 也支承在内部齿轮箱机匣上。这样也就把两个伞齿轮都支承在了机匣上，从而保证了发动机工作时，高压转子的轴向移动不会影响两个伞形齿轮间的齿隙，使两个伞齿轮能正常传动。径向伞齿轮和水平伞齿轮都是和轴是一体的。径向伞齿轮的轴带内套齿，与径向驱动轴上端的外套齿相咬合。

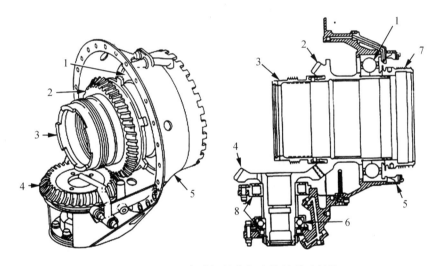

图 6.4　CFM56-3 发动机的内部齿轮箱传动结构

1. 滚珠轴承；2. 水平伞齿轮；3. 滚珠轴承 1 的锁紧螺帽；4. 径向伞齿轮；
5. 内部齿轮箱机匣；6. 滚珠轴承；7. 轴承封严；8. 滚棒轴承

第二种传动方案是，水平伞齿轮不直接固定在压气机轴上，而是固定在一根短轴上，短轴再通过套齿与压气机轴连接 ［图 6.3（b）］。套齿啮合间隙较大，允许压气机轴轴向移动，而短轴有自己的定位轴承（滚珠轴承）。这样发动机工作时，压气机转子的轴向移动就不会影响水平伞齿轮和径向伞齿轮间的轴向间隙。

AE3007 发动机的内部齿轮箱就采用了这种驱动结构，见图 6.5。水平伞齿轮固定在水平空心轴上，水平空心轴通过套齿与高压压气机前短轴连接。水平伞齿轮靠 3 个轴承支承，中间一个是起定位作用的滚珠轴承，其他两个是滚棒轴承（滚棒轴承1号和2号）。径向伞齿轮靠一个滚珠轴承支承在机匣上。高压压气机前短轴支承在滚棒轴承上（高压转子的定位轴承在压气机和涡轮之间），即允许高压转子轴向移动，但这个移动是在水平空心轴与高压压气机前短轴之间，因而不会影响两个伞齿轮之间的啮合齿隙。发动机工作时的传动关系是：高压压气机前短轴带动水平空心轴，水平空心轴传动水平伞齿轮，再通过相互啮合的两个伞齿轮传动径向驱动轴，进而带动附件齿轮箱。

另一种传动方案比较复杂，见图6.3（c），采用了随动轴，随动轴的一端通过正齿轮与压气机轴啮合，另一端安装有伞齿轮，该伞齿轮再和径向驱动轴的伞齿轮相啮合。随动轴有自己的定位轴承，这样发动机在工作时，压气机转子的轴向移动通过相互啮合的正齿轮来弥补，而不会影响两个伞齿轮间的啮合齿隙。

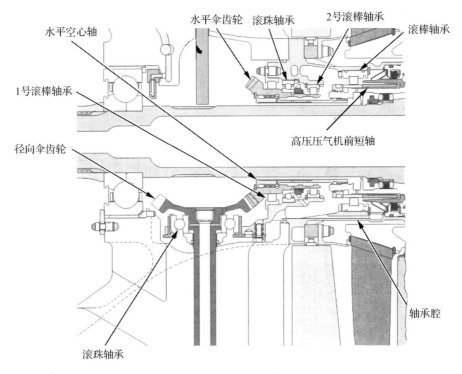

图6.5　AE3007发动机内部齿轮箱

在内部齿轮箱与外部传动装置之间，有一个很重要的部件：径向驱动轴，一般为空心结构，两端都带有套齿。其作用就是把内部齿轮箱的转动传给外部传动装置。当发动机起动时，它还负责把起动机的高扭矩传给发动机转子。径向驱动轴可直接驱动外部的附件齿轮箱，也可经中介齿轮箱来传动外部齿轮箱，参见图6.2。这样径向驱动轴要穿过压气机通道，才能到达发动机外面。为了减小径向驱动轴对压气机内气流的影响，径向驱动轴都是包在压气机空心静子叶片（或支承结构）内，所以此轴一般细而长。为了能传递大扭矩，通常对其采用大弹性结构设计。当扭矩大时，径向轴会发生一定的扭转变形，起到缓冲作用，而不会损坏。在轴的中间部位装有支承轴承，以减小高转速时的振动，保证工作平稳。

径向驱动轴安全可靠对发动机的工作至关重要，一旦出现故障，就可能造成空中停车。由于径向驱动轴比较长，且转速高，所以，在工作中最可能出现的问题就是振动。振动严重了，还可能造成支承轴承的损坏，从而引起径向驱动轴故障。

在涡轮风扇发动机上，径向轴还要穿过外涵道才能到达外面的附件齿轮箱，这样轴就更长些。尤其是大流量、高涵道比涡扇发动机就更是如此。为此，一般把径向轴分成两段，两段轴之间靠齿轮或联轴器连接起来。图6.6是罗·罗公司 RB211 发动机上采用的两种结构。图 6.6（a）中，两段轴靠中介齿轮箱连接起来。内轴（径向驱动轴）在核心机内部，而外轴（也可叫斜轴）和中介齿轮箱都在风扇涵道中，拆装时接近方便。在现代涡扇发动机上，中介齿轮箱一般是航线可更换组件。中介齿轮箱内的两个相互啮合的齿轮一般采用螺旋伞齿轮，以保证传动平稳。这种结构可使高转速的径向驱动轴做得短些，而把外轴做得长些，通过选择恰当的传动比，外轴的转速可低些，以传动更大的扭矩。

图 6.6（b）中的径向驱动轴分为两段，内段在高压压气机内部，外段在外涵道，内、外轴靠联轴器连接，拆装时从联轴器处断开。但不管哪种布局，外段轴经过外涵道时，轴被包在整流板内，以尽量减少对外涵道中气流的干扰并起保护作用。图 6.9 中的附件齿轮箱的径向驱动轴只穿过核心机，而在外涵道中没有。

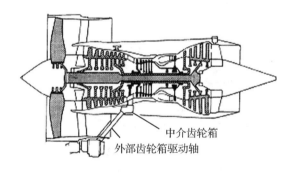

中介齿轮箱

外部齿轮箱驱动轴

（a）

（b）

径向驱动轴

图 6.6　风扇发动机的径向轴布局

第三节　外部传动装置

一、附件齿轮箱

附件齿轮箱的主要作用就是为发动机附件和飞机附件提供安装表面，并为这些部件提供旋转动力；按各附件对转速和转向的不同要求，为其提供转速；在发动机起动过程中，把扭矩从起动机传给发动机转子；为发动机维护及孔探检查提供人工转动发动机高压转子的接口。图6.7为一附件齿轮箱及其上所安装的附件。典型的发动机附件包括：燃油泵、滑油泵、燃油控制组件和专用发电机。飞机附件有发电机和液压泵。在考虑这些部件的安装位置时，为了防火，一般把电气部件与充满油的部件隔开。把电气部件装在"干"的一侧，而充满油的部件装在"湿"的一侧。

滑油系统的离心式油气分离装置一般也由附件齿轮箱来带动。这是因为装在附件齿轮箱上，通过合理安排传动比（如RB211-535发动机附件齿轮箱上的油气分离器的转速与高压转子的转速关系为$0.9942N_3$，而N_3转速最大可到10500转/分钟左右），能使油气分离装置高速旋转。这样在高离心力作用下，能很好地把油气中的滑油分离出来，并把空气排到发动机外面，把滑油留在齿轮箱内部。

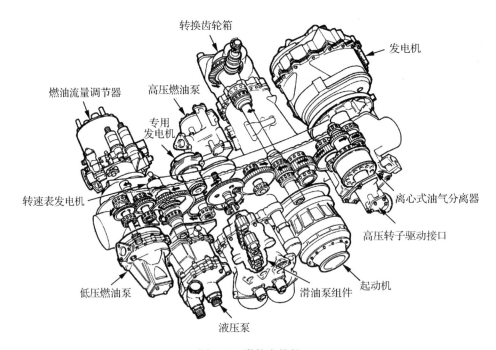

图6.7　附件齿轮箱

一般附件齿轮箱装在环境温度比较低的区域，如风扇机匣或压气机机匣上，为了减小飞行阻力，应尽量减少发动机的迎风面积，保证动力装置的流线外形，附件齿轮箱一般是"包"在机匣周围（图6.8）。另外，齿轮箱的位置还应便于维护人员接近。

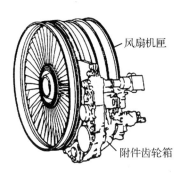

图6.8　附件齿轮箱的安装

图6.8中附件齿轮箱是包在风扇机匣外面的，这种安装结构，在很多涡轮风扇发动机上被采用。但JT9D和PW4000发动机的附件齿轮箱则是安装在高压压气机机匣上的。图6.9是JT9D发动机附件齿轮箱的安装。高压压气机和低压压气机之间是中介机匣，内部齿轮箱就在中介机匣内。径向驱动轴经中介机匣的空心支板穿出，到达位于中介机匣底部的转换齿轮箱。在转换齿轮箱和附件齿轮箱之间有水平驱动轴，其把转动传给附件齿轮箱。这样安装可采用较短的径向驱动轴，其只需穿过中介机匣就可，也使风扇的迎风面积得到减小。但相对来说，附件齿轮箱接近困难，需要打开外涵道，维护不便，附件齿轮箱的工作环境温度也要高些。GE90和CF6-80A、-80C2发动机的附件齿轮箱也采用了类似的安装方式（装在核心机上），但CF6-80A1的附件齿轮箱是装在风扇机匣上的。

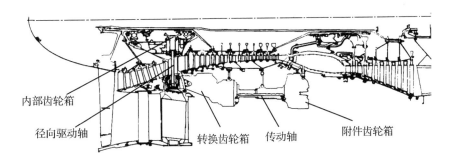

图6.9　JT9D发动机的附件齿轮箱的安装

用于附件传动系统中的齿轮主要有两种：圆柱形齿轮和圆锥形（伞形）齿轮。圆柱形齿轮的齿有直齿和斜齿两种。圆柱形齿轮的支承轴相互平行，而当两轴之间有一定的角度时，可用伞形齿轮。如内部齿轮箱和转换齿轮中的两个齿轮，它们都需要改变传动方向。

附件齿轮箱中大多数是圆柱直齿齿轮，而斜齿圆柱齿轮一般用于高转速，承载大且对轴向力没有特殊要求的部位。伞齿轮中螺旋齿用得最多，因为其承载能力强，运转平稳，且可用于高转速。

直齿齿轮，齿面越宽，齿轮承受载荷的能力就越大。齿轮固定在转轴上，转轴靠滚棒轴承支承在齿轮箱内。但其中的伞形齿轮对定位精度要求较高，这种齿轮由于转动时有轴向负荷，所以安装时要采取轴向止动措施，靠滚珠轴承支承。

齿轮直径决定了附件齿轮箱端面各附件安装空间的大小，齿轮齿数决定了传动比。传动比是根据不同附件对转速的要求确定的。发动机工作过程中，若附件由于故障而不能转动，应该不影响附件齿轮箱内齿轮系的正常工作，否则就会造成齿轮系的损坏。所以，附件齿轮箱上某些驱动轴或附件本身的驱动轴上都设计了"剪切点"，即强度比较薄弱的截面。若出现不能转动的情况，则轴会从"剪切点"处剪断，以保护齿轮箱内的齿轮系不会出现问题，而不影响其他传动系统，保证齿轮箱仍能正常工作。但发动机的一些主要附件如滑油泵、燃油泵等驱动轴没有此项功能。因为这些部件是发动机工作所必需的，如果其坏了，发动机应该即刻停车。

附件齿轮箱的润滑是发动机滑油系统的一部分，发动机滑油系统负责齿轮箱的润滑。但发动机刚起动时，滑油系统不能及时把滑油送到齿轮箱，所以，发动机停车后，齿轮箱内要存有一定量的滑油，以便发动机一转，就能给齿轮提供润滑。另外，在齿轮的齿上镀银也是提供齿轮润滑的一种方式。齿轮箱的润滑情况参见第七章。

图 6.10 给出了 CFM56 发动机附件齿轮箱的结构和形状。附件齿轮箱内部就是一系列相互啮合的齿轮［图 6.7 和 6.10（b）］。不同的附件所需的转速不同。齿轮的齿数决定了传动比。内部齿轮箱中，水平伞齿轮有 47 个齿，径向伞齿轮有 35 个齿，这样径向驱动轴的转速就是高压转子转速的 1.343 倍。转换齿轮箱中两个齿轮的齿数分别为 26（输入伞齿轮）和 27（输出伞齿轮）、传动比为 0.963，即把径向驱动轴的转速稍微减小后，再输给附件齿轮箱。由此可知转换齿轮箱的水平输出轴的转速为 $1.293N_2$。这也就是图 6.10（b）中来自转换齿轮箱的输入转速，即 $1.293N_2$，此转速直接传给专用发电机。

之后，经传动比为 0.758 两齿轮啮合，把转速减小，到达 N_2 高压转子驱动接口，此接口处转轴的转速与 N_2 的关系是 $0.98N_2$。

再经过传动比为 1.016 的增速，到达与起动机相连的转轴，则起动输出轴转速为 $0.996N_2$。

经传动比为 0.425 的减速，到达燃油泵驱动轴，则燃油泵的转速为 $0.423N_2$。

经传动比为 1.327 的增速，到达整体驱动发电机的驱动轴，相应的转速为 $0.562N_2$。

由传动比为 0.454 的减速，到达液压泵的驱动轴，则液压泵的转速为 $0.255N_2$。

由传动比为 1.659 的增速，到滑油泵的驱动轴，则滑油泵的转速为 $0.562N_2$。

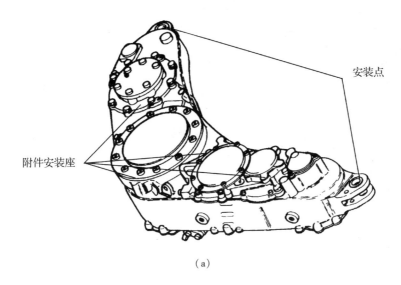

(a)

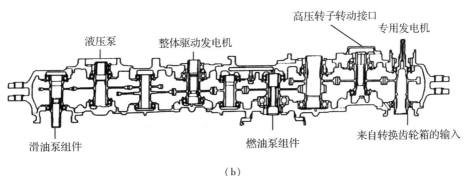

(b)

图 6.10 附件齿轮箱的结构

为了分担所驱动附件的载荷，有些发动机采用两个附件齿轮箱。这两个附件齿轮箱可分别由高压、低压转子来驱动，即高速附件齿轮箱和低速附件齿轮箱（图 6.2）。相应把附件也分成两组，根据附件对转速的需求，分别装在高速和低速附件齿轮箱上。一般发动机附件装在高速齿轮箱上，以保证发动机起动时能很快地正常工作；与飞机有关的附件装在低速齿轮箱上。

为了减轻重量，附件齿轮箱一般采用轻质合金（如镁合金、铝合金等）铸造而成，齿轮箱内表面和外表面都做防腐处理。早期的附件齿轮箱是可分解的（图 6.7 中的齿轮箱），从安装边处把机匣打开，更换齿轮箱内的部件。现在一般都是整体铸造机匣（图 6.10 中的齿轮箱）。采用这种结构，其铸造和加工工艺比较复杂。一般齿轮轴和附件安装座都采用单元体形式装配和分解。齿轮箱内的齿轮由耐腐蚀的钢制成，为了使齿轮咬合平稳，齿轮的齿都要经过精确研磨，表面做硬化处理，以提高强度。

为了防止漏滑油，附件齿轮箱的输出轴都有封严措施。常的封严有：碳封严（有

161

弹簧、磁力加载的两种），"O"形圈封严和气封严。"O"形圈和碳封严损坏了，可在翼更换。更换碳封严时，一般需要专用工具。气封严是从压气机引一定压力的空气到齿轮箱的输出转轴处，在轴的支座处有气封严槽，把压力空气引到槽内，靠压力空气来防止滑油漏出。很多现代发动机的附件齿轮箱的附件安装座处都有漏油槽，这些漏油槽把驱动轴封严漏的油或附件本身漏的油都收集在一起，再通过管路把漏油排到发动机外面。漏油管的出口一般都在发动机的最低端。这样有两个好处；一是避免漏油污染其他部件、线束和发动机，避免漏油停留在发动机吊舱内而引起意外；二是通过观察这些漏油口的渗漏情况，能及时发现漏油部位，以便及早发现问题，采取维护措施。

二、转换齿轮箱

转换齿轮箱的作用就是，连接内部齿轮箱和外部齿轮箱，把径向轴的转动传给附件齿轮箱，或把附件齿轮箱的转动传给内部齿轮箱，并根据需要对转速进行调整（增加或减小）。图6.11是CFM56-3发动机的转换齿轮箱外观图，图6.12是转换齿轮箱的剖视图。

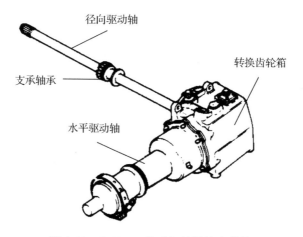

图 6.11　CFM56-3 发动机的转换齿轮箱

从图6.11可见，径向驱动轴比较长（645毫米），是空心轴。在轴的中间有一滚棒轴承，轴承的内滑道靠螺帽固定在径向轴上（基本在轴的中间位置），外滑道和径向轴的外套是一体的。径向驱动轴的两端都加工有外套齿，上端的套齿和内部齿轮箱的径向驱动伞齿轮咬合，下端套齿和转换齿轮箱的输入伞齿轮咬合。径向驱动轴从风扇支板穿过到达转换齿轮箱。

转换齿轮箱由铝合金铸造而成，靠螺栓固定在风扇机匣上，参见图6.13。转换齿轮箱内固定有两个螺旋齿伞齿轮，即输入伞齿轮和输出伞齿轮。输入伞齿轮轴和输出伞齿轮轴的两端各有一个滚珠轴承和滚棒轴承，用来支承、定位每个伞齿轮。滚珠轴承定位伞齿轮，以保证工作过程中，两伞齿轮之间的配合间隙。输入伞齿轮轴上的滚珠轴承固定在轴承支座内，支座用来把转换齿轮箱定位在风扇机匣上，支座和转换齿轮箱之间靠螺栓连接。输入伞齿轮轴另一端的滚棒轴承的内滑道固定在轴上，外滑道固定在转换齿轮箱机匣内部。输入伞齿轮轴的下端（滚棒轴承端）还固定有滑油分配器，负责向两个轴承的内滑道输送滑油。输入伞齿轮轴的顶端加工有内套齿，其与径向驱动轴下端的外套齿咬合，使径向驱动轴直接驱动输入伞齿轮。

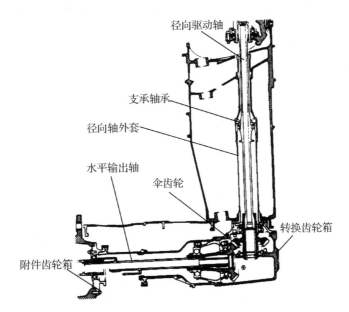

图 6.12　CFM56-3 发动机转换齿轮箱剖视结构

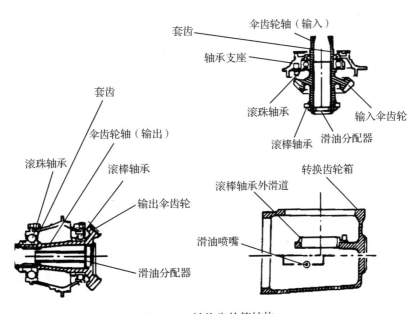

图 6.13　转换齿轮箱结构

　　输出伞齿轮的两个轴承都是固定在同一个支座内，支座靠螺栓固定在转换齿轮箱上。同样在输出轴内也有滑油分配器，负责向这两个轴承送滑油。输出伞齿轮轴的输出端加工有内套齿，与水平输出轴咬合。从前面可知，输入伞齿轮的齿数比输出伞齿轮的齿数少一个，即从径向驱动轴到附件齿轮箱是降速传动。

　　从转换齿轮箱到附件齿轮箱是经过一水平驱动轴传动的。水平驱动轴与附件齿轮箱和转换齿轮箱之间的连接关系见图6.14。水平传动轴两端带外套齿，分别与输出伞齿轮和专用发电机驱动轴上的内套齿咬合。水平传动轴上加工有凸缘，专用发电机驱动轴的尾端加工有螺纹，锁紧螺帽轴向顶压在凸缘上，且拧紧在发电机驱动轴上，从而起到防止轴向移动的作用。为了便于拆装，水平传动轴的机匣由两部分组成：轴外套和套筒。轴外套是合金钢的，靠螺栓固定在转换齿轮箱上。套筒是铝合金的，靠快卸卡环固定在附件齿轮箱上。套筒和外轴套之间为滑动连接，即插在一起，靠封严圈密封。

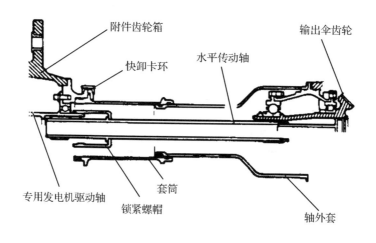

图6.14　水平传动轴

　　有的附件齿轮箱是直接由径向驱动轴驱动的，没有转换齿轮箱，如AE3007发动机的附件齿轮箱，见图6.15。该附件齿轮箱比较小巧，其前、后端面上共安装了7个附件。径向驱动轴为空心轴，两端带内套齿，分别与内部齿轮箱的径向伞齿轮轴和附件齿轮箱的输入伞齿轮轴咬合。附件齿轮箱的输入伞齿轮靠两个轴承支承在附件齿轮箱上，一个是滚棒轴承，另一个是滚珠轴承。滚珠轴承定位输入伞齿轮。内部齿轮箱、径向驱动轴和附件齿轮箱输入伞齿轮之间的连接关系见图6.16。

　　该附件齿轮箱内的一系列齿轮轴中，起动机齿轮轴上有两个齿轮，前端是直齿圆柱形齿轮，后端是伞齿轮，该伞齿轮与输入伞齿轮啮合。起动机齿轮轴上也有一个滚珠轴承，其定位该轴上的伞齿轮。这样，输入伞齿轮与起动机轴上的伞齿就都被定位了，从而保证了工作过程中两齿轮之间的间隙，参见图6.16。

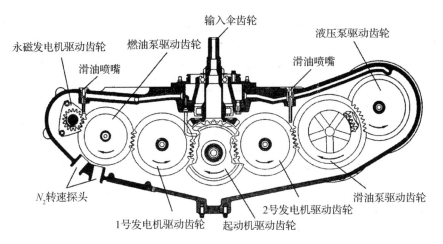

图 6.15 AE3007 发动机的附件齿轮箱（从后向前看）

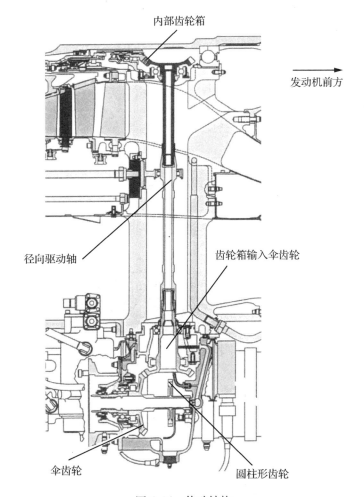

图 6.16 传动结构

起动机齿轮轴上的圆柱直齿齿轮和与其相邻的 1 号、2 号发电机驱动齿轮啮合，从而传动其他齿轮，图 6.15 给出了各驱动齿轮（齿轮轴）的旋转方向（从后向前看）。其中起动机的转速与高压转子转速之间的关系是 1:1，永磁发电机的转速为 $2.2353N_2$，其他各附件的转速都小于 N_2。永磁发电机转轴上有一个 0.25 英寸的方形驱动接口，用于维护时，人工转动高压转子。

该附件齿轮箱是整体式铝合金机匣。附件齿轮箱的输出轴采用了磁性碳封严，这些磁性碳封严是航线可更换件。齿轮箱的底部有一放油活门，活门上装有磁堵。当拆下磁堵检查时，放油活门关闭，防止滑油流出。给齿轮箱放油时，把磁堵拆下，装上放油接头即可。

在发动机的前承力机匣底部有 4 根螺桩，用来固定附件齿轮箱。只要拆装 4 个螺帽和垫片就可完成附件齿轮箱的拆装，见图 6.17。径向驱动轴装在前承力机匣的支板内，其两端的套齿都是动配合的浮动套齿，拆下齿轮箱后，就可把径向驱动轴拔出。图中的小封严圈用来封严齿轮箱的输入齿轮轴，大封严圈用于前承力机匣与输入伞齿轮座之间的封严。

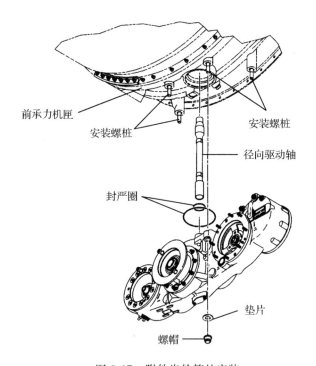

图 6.17　附件齿轮箱的安装

第七章 滑油系统

第一节 概 述

涡轮发动机工作时，各旋转部件（如支承发动机转子的轴承，传动附件的齿轮，联轴器等）的接触面间都以很高的速度做相对运动。各零部件的接触表面虽然看上去很光滑，但在显微下仍然有一定的粗糙度，这样当两个零件间做相对运动时，表面上的粗糙凸起就会相互碰撞，阻碍运动，出现干摩擦。这种摩擦的摩擦力很大，它不仅会增加发动机的内耗功，还会加速零件表面的磨损。同时，由于摩擦而生成的大量热还会使零件过热甚至损坏，而使发动机不能正常工作。

润滑就是在相互接触的金属表面上形成一层滑油油膜，让滑油填平零件表面的凹凸不平，靠油膜把相互接触的部件隔开，使相对运动的部件表面之间的干摩擦变为液体摩擦，从而使摩擦阻力大大降低。

一、滑油系统的作用

滑油系统的主要任务就是把一定压力、一定温度而又洁净的滑油送到需要润滑的地方，以保证发动机能正常工作。滑油系统的主要作用是：

（1）冷却

对于燃气涡轮发动机来说，轴承和齿轮都在高速下旋转，其产生的热量很大，同时在发动机运转过程中其他部件如压气机、涡轮、燃烧室还会向轴承等传递很多的热量，这些热量就要靠滑油来把它们散掉。

（2）减小摩擦

金属表面之间的干摩擦系数一般在 $0.14 \sim 0.30$ 之间，而液体摩擦的摩擦系数在 $0.001 \sim 0.005$ 之间。因此，润滑后摩擦阻力会大大降低，同时也减小了部件之间的磨损和功率损耗。

（3）清洁作用

滑油在发动机内部循环过程中，会带走由于零件磨损而生成的金属细末或金属颗粒以及外来杂质。当滑油流过油滤时，这些颗粒就会被留在油滤内。维护人员定期更换或清洗油滤时，就可把它们排出发动机。监控系统还会监控油滤的堵塞状况，可根据堵塞程度给出警告信息以提示维护人员对油滤做相应的处理。

（4）为其他系统提供工作介质

滑油可作为介质用在其他系统中，如一定压力的滑油可用在某些液压装置（如轴承的"挤压油膜"，液压调节器等）和操纵机构（如作动筒，恒速液压螺旋桨的变矩机构等）中。在采用滑油/燃油热交换器的发动机上，热滑油还被用来加热燃油，以防止燃油结冰，改善燃油系统的高空性能。

另外，滑油附着在零部件表面，可防止部件直接与空气、水分等的接触而发生氧化和腐蚀，起到保护作用。

二、对滑油系统的要求

为了保证发动机的正常运行，滑油系统应满足以下要求：

（1）在飞行包线之内，滑油系统能正常工作，保证发动机对润滑的需求，并使滑油的温度在一定的范围内。

（2）滑油消耗量要小。

（3）在低温条件下发动机能正常起动。一般现代燃气涡轮发动机所用的滑油能在零下40℃的情况下正常起动发动机。

（4）有必要的指示系统，以监控滑油的状态（如压力，温度和油量）和洁净状况（如油滤有无堵塞），以便及早给出故障预示。

（5）滑油系统中的部件，尤其是油滤、磁堵等的可达性要好，以便航线维护人员检查、拆装方便。

第二节　滑　油

一、滑油的性能指标

航空发动机使用的滑油有两大类，一类为矿物质滑油，这种油是从石油中提取出来的；另一类是人工合成滑油，即由从石油、植物油以及动物油中提炼出来的某些二元酸酯混合而成。矿物质滑油一般常用于活塞式发动机中，而涡轮发动机则使用合成滑油。不同厂家对其所生产的发动机都要规定使用哪些牌号的滑油，在对发动机进行加油时，一定要按维护手册中的规定选择滑油。

用来表示滑油特性的指标常用的有黏度、黏度指数、凝点、闪点以及残碳量等。

1. 黏度

黏度是滑油的最重要指标之一，它表示滑油层与层之间相对运动时，滑油分子间摩擦力的大小。它反映了滑油的流动性，黏度大则流动性就差，而黏度越小，滑油就越容易流动。绝对黏度系数的单位是泊（$1P = 1dyn \cdot s/cm^2$）。1 泊就是：用 1 达因的力，在 1 厘米厚的液体表面上以 1 厘米/秒的速度移动一块 1 平方厘米的平板。燃气涡轮发动机上用的滑油的黏度一般小于 1 泊，所以，常用厘泊来表示，1 厘泊等于 0.01 泊。

黏度通常用运动黏度来表示。运动黏度可用一定量的滑油在规定的温度下流过一毛细管黏度计所用的时间（秒）来测定。需要的时间越长，黏度就越大。运动黏度常用厘池值（centistokes 或缩写成 cSt）来表示。

滑油的黏度直接影响油膜的生成能力和油膜的承载能力，黏度大的滑油，其油膜的承载能力就大。选择滑油时不但要考虑承载能力，还要考虑其流动性。由于燃气涡轮发动机的工作温度高，而矿物质滑油在如此高的温度下可能会被氧化分解，所以在燃气涡轮发动机上一般用合成滑油。这是因为合成滑油在承受高温的同时，还能保持较好的润滑性能。

2. 黏度指数

滑油的黏度是随温度而变化的。当温度降低时，其黏度就会增加。一般用黏度指数来表示滑油黏度随温度变化的情况。在给定的温度变化下，滑油的黏度变化越大，其黏度指数就越小。

我国用运动黏度比来表示滑油的黏度随温度变化的情况。一般用 50℃时的滑油运动黏度与 100℃时的运动黏度的比值来表示。此比值小，则表示滑油黏度随温度变化小。

3. 凝点

在给定条件下滑油开始完全失去流动性时的温度称为凝点。凝点是在低温下保证滑油流动性和过滤性的指标。

4. 闪点

滑油被加热时，在其表面会生成油气，当加热到某一温度时，散布在滑油液面上的油气遇到外界明火时即开始产生瞬间火花，但不能维持燃烧的温度，就是滑油的闪点。闪点低的滑油容易挥发，其工作范围相应也低。

5. 残碳量

滑油在规定的条件下加热蒸发后形成的焦炭状残留物质即为残碳。残碳量用重量百分数来表示，即残碳重量占取样滑油重量的百分数。滑油的残碳量越少越好。

二、燃气涡轮发动机对滑油的要求

涡轮发动机转速高，工作温度也高，因此，用于燃气涡轮发动机上的滑油应满足：

（1）适当的黏度。既要有足够高的黏度以便有高的承载能力，又要有很好的低温流动性。

（2）低挥发性。这样可防止滑油在高空挥发而影响系统的正常工作。

（3）好的抗泡沫生成能力。油中的泡沫会影响油泵的工作，使泵的效率下降，结果使泵的供油量和油泵出口处的压力降低，严重了还会造成气穴。另外，气泡还会造成油膜破裂，影响油膜的完整性。

（4）低凝点和高闪点。

（5）油膜强度高。由于燃气涡轮发动机转速高，负荷大，容易造成油膜破裂而影响润滑效果。油膜的品质可以用滑油的凝聚力和附着力来表示。凝聚力强，即滑油分子聚在一起的力就大，这样油膜就能承受大的压力，而不破裂。附着力强，即滑油附着在被润滑表面的力就大，这样油膜就能承受大的离心力。

（6）滑油的工作范围大。即在很低的温度下，滑油不经预热，发动机就能起动，一般要求滑油在零下40℃时不需预热；而当温度高时，其黏度又不至于变得太小，也就是说滑油要有高黏度指数。

（7）滑油应能允许发动机在广泛的温度、压力和转速范围内工作，在发动机的在翼寿命内，滑油能保持其特性，不需更换滑油。

另外，滑油还应有很强的抗氧化能力，在长期工作中能保持其固有的特性，性能不容易衰退，不会生成各种沉淀物质。

第三节　滑油系统的组成和类型

一、滑油系统的组成

涡轮发动机的滑油系统主要包括三个子系统，供油系统、回油系统和通风系统。

供油系统负责把一定压力、一定量的滑油送到需要润滑的区域，如轴承腔、附件齿轮箱等，这一任务主要靠油泵来完成。另外在供油系统中还有保持滑油清洁的油滤和控制向不同区域供油量的限流装置和喷油嘴等。

回油系统的作用是把润滑后的滑油尽可能快地送回滑油箱。这样既可充分利用油箱中的滑油，又可减少滑油在轴承腔等部位的停留时间过长，从而减少滑油接触高温的时间，有利于保持滑油的性能。一般来说每个轴承腔或油槽都有专门的回油泵负责把滑油抽回。一般在回油系统中装有回油油滤和磁堵，用来收集回油中的杂质和铁性物质，以保证滑油的清洁和及时发现内部磨损情况。由于润滑后的滑油温度高而且还混有空气，所以，为了使滑油能在系统内正常循环，回油系统的回油能力要大于供油系统的供油能力，回油能力至少是供油能力的 2 倍。

在供油和回油系统的共同工作下，滑油在发动机内不断循环流动，完成对轴承、齿轮等部件的冷却和润滑。

涡轮发动机上，轴承腔的封严一般都要借助于一定压力的空气，这些空气会跨过封严（封严篦齿或碳封严环）而进入轴承腔，使轴承腔内压力升高。有些气体也会随回油一起进入滑油箱而增压滑油箱。为了防止轴承腔、滑油箱和附件齿轮箱内部的压力过大而造成漏油，滑油系统还设有通风系统。通风系统把轴承腔、滑油箱和附件齿轮箱连在一起，然后经过油气分离装置与外界大气连通。这样既可把过多的空气从发动机内部排出来，使轴承腔、齿轮箱和滑油箱内部的压力维持在一定范围之内，又可把气中的滑油分离出来而留在发动机内部，从而减少滑油消耗量。通风能力的设计要考虑到轴承腔（或油槽）的封严空气的流量和压力。应该在保证对发动机性能影响最小的前提下，确保有足够的封严空气进入轴承腔，以达到封严效果。

通风系统靠管路把不同油槽连接在一起。在发动机工作过程中，通风管中可能会出现积炭问题，这是由于这些气体在管路中流动时会受到加热，混在气体里的滑油会分解而变成固体颗粒，这种现象叫做焦化。发动机使用久了，这些固体颗粒就会增多，从而有可能导致某些较细的管路部分或完全堵塞，这样就会造成通风系统压力偏高，从而影响供油，造成送到轴承腔或附件齿轮箱的滑油量减少，而引起滑油温度升高。这一故障必须排除，否则严重了就会造成对轴承或齿轮冷却不够而损坏，出现空中停车等严重后果。

为了监控滑油系统的工作情况，滑油系统另外还有指示和警告系统。监控的参数主要包括滑油压力，滑油量和滑油温度。当压力或温度达到一定值后，警告系统还会给出警告信息，以及时告知驾驶员，以便驾驶员可根据具体情况采取相应的措施。油滤堵塞也是个严重问题，所以，当发现油滤堵塞时，警告系统就会给出堵塞信息来。

二、滑油系统的主要部件

1. 滑油箱

燃气涡轮发动机上一般都有一个独立的滑油箱，固定在发动机机匣上的某个容易接近的部位，以方便航线维护人员进行勤务。油箱用来储存滑油，其容量根据发动机对滑油量的需求来定。它主要受三个因素影响：润滑所需的充足油量、润滑后油的热胀和混有空气、一定的安全储存量。滑油箱应该能保证在各种飞行状态下都能向发动机供油。有些发动机的滑油箱设在发动机内部，在发动机内部隔离出一个空间，用来存储滑油，如普惠公司的 PT6 涡轮螺旋桨发动机，其滑油箱是齿轮箱内部一独立空间。

为了维护和勤务方便，一般要求在油箱加油口或油箱盖上打有"滑油"字样以及油箱容量。在油箱上还有下列部件：用来显示油量的液面镜；重力加油口或压力加油口及压力加油溢流口（有的油箱两种加油口都有）；油箱通气设备，以保证在发动机工作过程中油箱内压力一定，这样既有利于供油，又抑制油箱中泡沫的生成；油气分离装置，用来把送回油箱的滑油中的空气分离出来，从而减少泡沫的生成；供油出口和回油进口以及放油塞等。

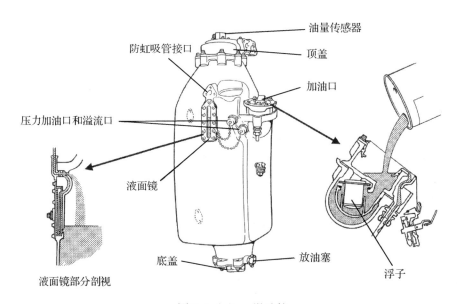

图 7.1（a） 滑油箱

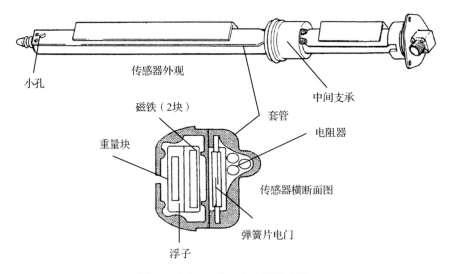

图 7.1（b） 浮子式油量传感器

油箱内都留有一定的膨胀空间，以满足润滑后滑油膨胀和混有气体的影响。图 7.1 (a) 为 RB211-535 发动机上的滑油箱，其固定在风扇机匣上。油箱的总容量为 36.6 英品托，可用容量为 28.27 英品托。油箱的重力加油口内有一浮子活门。加油时，滑油将浮子托起，滑油能进入油箱。加油后，发动机工作时，油箱内的气体压力可使浮子活门关闭。这样万一油箱没有盖上或没盖好，此活门可阻止油箱内的滑油漏掉。油箱上的液面镜上有刻度，借此勤务人员可观察油箱需要加油量的多少，并为维护人员提供加油指示。在液面镜上方有防虹吸管的接口，在发动机工作过程中，总有一部分压力滑油从此返回油箱，流动情况见图中液面镜部分剖视图。此防虹吸回油有两个作用：一是清洁液面镜，因为返回的滑油一部分要流经液面镜，对液面镜起冲刷作用，保持镜面干净；另一个作用是当发动机停车后，其防止滑油靠虹吸作用从较高位置的部件（如油箱、燃滑油热交换器）流到较低位置的齿轮箱里去。

另外，油箱内还装有一个浮子式油量传感器 [见图 7.1 (b)]。传感器从油箱顶部一直插到底部，中间有支承。油量传感器给驾驶舱内提供油箱内油量的指示信号。传感器包括外套管和浮子。套管内装有一系列并联在一起的弹簧片电门，其布局就像梯子一样。与这些电门联在一起的是电阻器。套管下端和上端各有一个小孔。下端小孔允许滑油进入套管，使浮子随液面上下移动；上端小孔放出套管内的气体。浮子包含有两块永磁磁铁和重量块。当浮子随液面上、下浮动时，磁铁就会闭合不同的弹簧片电门，形成不同回路，从而使电路的电阻发生变化。若给电路加一电压，这样当浮子随液面浮动时就有一与液面高度对应的电信号产生。浮子式油量传感器也被广泛地应用在其他发动机上，如 AE3007 等。

当滑油经回油口进入油箱时，油箱内装还有一个漩流式油气分离器，其为锥形，当滑油进入油箱后首先经过它。滑油沿切向进入，进入锥体后沿锥面旋转而下，这样就会使油中的气泡破裂，即把气分离出来，分离出来的气体经油箱通风管与通风系统连在一起。

2. 油泵

油泵的作用就是使滑油在发动机内部循环起来。把滑油从油箱中抽出送到轴承腔、齿轮箱等处的泵叫供油泵；负责把润滑后的滑油收集起来送回油箱的油泵叫回油泵。常用的泵有齿轮泵、转子泵和旋板泵。在有些发动机上把供油泵和回油泵组装在一起形成一个组件。

1) 齿轮泵

图 7.2 为齿轮泵的工作原理示意图。它主要由两个相互啮合的齿轮（主动齿轮和随动齿轮）以及泵壳体和端盖组成。齿轮与壳体间间隙很小，工作时驱动轴传动主动齿轮旋转，从动齿轮被带动反向旋转，如图 7.2 所示。其工作原理是借助于工作容积的变化来实现吸油和排油的。工作容积是两个齿轮的齿与壳体及端盖有关表面形成的两个工作容积：吸油腔和排油腔。图中形成吸油腔的齿有 1、2、3 和 1′、2′、3′；形成排油腔的齿有 1、7 和 1′、7′、6′。随着齿轮的旋转，齿谷就不断地把油从泵的进口送到出

口。齿轮泵打油过程见图7.3。

齿轮泵的供油量与齿轮的齿数、齿宽和转速有关。一般情况下，齿轮泵的外形尺寸越小越好，因此应尽量减少齿数，增大齿宽。目前航空发动机上常用的齿轮泵的齿数大多在7~12个之间，齿宽在3~12厘米之间。

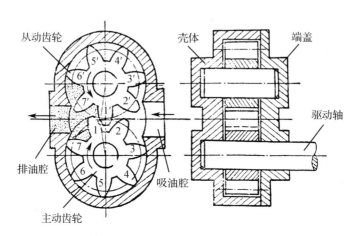

图7.2　齿轮泵原理图

齿与壳体之间的配合间隙（端面间隙和径向间隙）会影响泵的使用性能。当间隙过大时，漏油量就大，使泵的供油压力下降，供油量减少，严重时甚至使油泵不能供油。若间隙过小，则齿与壳体互相接触，会产生严重的磨损。随着泵使用时间的增长，磨损加重，也会使间隙加大，使漏回到进油腔的油量增多，油泵效率下降。上述配合间隙加大是造成油泵供油压力和供油量减少的主要原因之一。齿轮泵结构简单，机械加工方便，工作可靠，使用寿命长，能产生较高的压力，因此在航空发动机的滑油和燃油系统中得到广泛应用。

图7.3　齿轮泵打油过程

2）转子泵

图7.4为转子泵工作原理图。转子泵由内转子、外转子（一般外转子比内转子多一个齿）、泵壳体组成，内、外转子偏心啮合。图中内转子有6个外齿，外转子有7个

内齿。油泵工作时，内转子为主动轮，外转子为从动轮，内转子带动外转子旋转。由于内、外转子存在转速差，这样在运动过程中，就使内、外转子间形成的容积发生变化。图7.4中（a）所示两个圆点标记的齿间的间隙最小。从图中可看到在转动过程中，这两个齿间的间隙在增加，见图7.4中的（b）和（c）。在齿间间隙增加的过程中，所标记的两个齿正好经过泵的进油口区域。而从（c）转到（d）的过程中，所标记的两个齿间的间隙在逐渐减小，这一过程正好经过泵的出口区域。这样，两齿间的间隙在经过进油口时不断加大，经过出油口时不断减少，从而把油从进口送到出口。

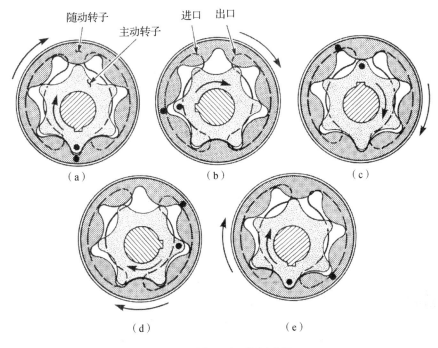

图7.4　转子泵工作原理图

图7.5为CFM56-3发动机的滑油泵组件，它包括4个同样的转子泵。它们装在同一壳体内，由一根轴驱动。其中一个泵是供油泵，另外三个是回油泵。泵与泵之间靠间隔垫分开，以保持每个泵的相互独立。间隔垫上有进油口和出油口。

每个泵都包括一个偏心环、一个有7个内齿的外转子和一个有6个外齿的内转子（见图7.6）。外转子镶在偏心环内，外转子与偏心环之间有配合尺寸要求。内转子由轴带动，并在外转子内转动，从而也带动外转子转动。由于两个转子的齿数不一样，所以内、外转子转速不同。固定销把偏心环和间隔垫固定在泵壳体上。旋转过程中，偏心环和间隔垫相对于壳体是不动的。罗·罗公司的AE3007发动机的滑油泵也采用了这种转子泵。

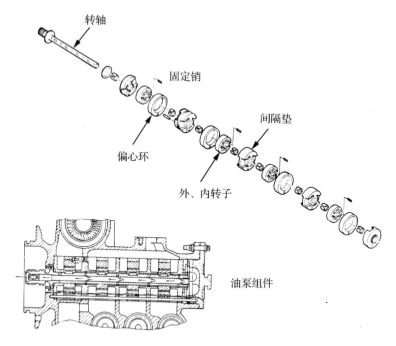

图 7.5　CFM56-3 发动机滑油泵组件

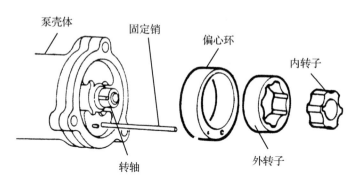

图 7.6　泵的组成部件

　　转子泵的优点是结构紧凑，转子齿数少，无从动轴，运转平稳。轴向进油，供油均匀，噪音小，吸油真空度高。影响泵供油量的因素是：齿宽、转速、偏心距和间隙等。

　　3）旋板泵

　　图 7.7 为旋板泵工作原理图。它主要包括转轴、偏心转子、旋板和壳体。旋板装在转子槽内。为了增大旋板和转子槽之间的支承长度并减少旋板在吸油腔外伸滑动时的阻力、避免卡死，旋板的安装并不是径向的，而是与转子径向有一定的夹角。

　　转子旋转时，旋板在离心力和槽底油压的作用下，始终靠紧静子内表面。由于转子偏心，使得旋板相对于转子做往复滑动。两旋板之间的空腔容积，在经过进油口区域时不断增加，把滑油吸入两旋板之间的空腔。而经过泵出口区域时，这个空间在逐渐减小，把滑油挤出两旋板之间的空腔，这样就把滑油从进口送到出口。目前，航空上常用的旋板泵大多数为4块旋板。这种泵也可做成几个泵共轴、共壳的泵组件。

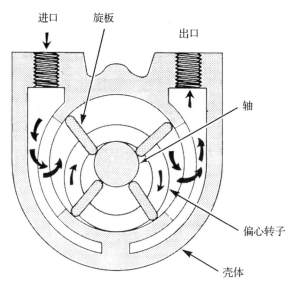

图7.7　旋板泵原理图

泵的供油量与旋板的宽度和数目以及转子转速有关。与前两种泵比较，这种泵耐磨损，工作平稳，流量波动小，效率高，进口真空度较高，其重量也比齿轮泵和转子泵轻。

4）油滤

油滤用来清洁滑油，去除滑油中的金属屑和其他杂质，防止它们进入零部件的摩擦表面而加剧零部件的磨损，并防止油路堵塞。维护人员通过定期检查油滤中杂质及金属屑颗粒的大小和多少，可及时发现发动机内部的不正常磨损或故障。供油系统和回油系统一般都装有油滤，但它们的过滤能力不同。

油滤的过滤能力常用微米来表示。1微米是多大呢？人头发的直径大约是50微米。一个30微米的油滤是指油流经油滤时，直径大于30微米的杂质颗粒不能经过油滤进入滑油系统，而被留在油滤内。当油滤中聚集的杂质多了就会造成油滤堵塞，从而影响滑油正常流动。为此可在油滤的进、出口之间装旁通活门。当油滤进、出口压差达到预定值时，旁通活门打开（靠油压顶开），允许未经过滤的滑油通过，以防止系统缺油，见图7.8。不仅如此，为了能及时了解油滤的工作状态，在油滤的进、出口间还可装压差电门和油滤堵塞弹出式指示器，以监控油滤堵塞状态。当压差达到一定值后，压差电门闭合，在驾驶舱内给出油滤堵塞的文字信息或油滤堵塞灯亮。弹出式指示器（一般为红色）会自动跳出，以便地面维护人员检查时，能及时发现。油滤出口的单向活门（或叫防漏活门）的作用是：当拆卸油滤时，其可防止管路中的油漏掉。

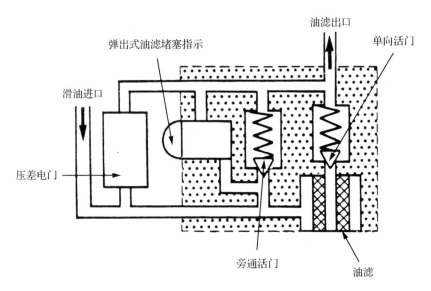

图 7.8　油滤流动示意图

用在燃气涡轮发动机上的滑油滤可分为一次性油滤和可清洗油滤。一次性油滤为纸滤，即利用经化学处理过的微孔滤纸做滤芯，滑油流过微孔滤纸，将混入油中的各种杂质阻隔在滤纸外面。滤纸一般可滤掉 0.01 ~ 0.04 毫米的杂质。微孔滤纸通常都折叠成菊花形、波纹状等形状，这样既可增加过滤面积，又可提高纸滤的刚性。

可清洗油滤常用的是金属滤网式，一般要粗些。如果脏了可借助于超声波在煤油中清洗。一般来说粗油滤（125 微米左右）装在供油路上，也叫压力油滤，它通常不带旁通活门。安装在回油路上的油滤叫做回油油滤，它在油箱上游，通常是细油滤（几十微米），且带油滤堵塞指示和旁通活门，大多数都是一次性油滤。

5）磁堵

磁堵或叫磁性屑探测器，装在回油路中，用来收集滑油中的铁性颗粒。它的主要部件包括一根永磁磁铁和自封严壳体，见图 7.9。壳体内有防漏活门，当拆下磁堵后，此活门关闭，阻止滑油泄漏。

图 7.9 是 CFM56 发动机上所用的磁堵。为插入式磁堵。磁堵壳体内包括滤网、衬套、封严座和加载弹簧。当把磁堵拔出后（剖视图的右半部分），封严座靠弹簧压在衬套上，堵死进油口，防止磁堵拔出后漏油。当把磁堵插入后，封严座被推回正常位（剖视图左半部分），使滑油能从进口进入磁堵壳体，流经磁棒后，从出口流出。

按安装方式分，磁堵有两种：一种是插入式，另一种为螺纹式。图 7.10 给出了在罗·罗公司的发动机上常见的这两种磁堵。插入式磁堵上带有卡销，当把磁堵装入壳体后，卡销就与壳体上的卡座咬合，将磁堵锁住。磁堵上带有两道"O"形封严圈，起到密封作用。壳体内有安全卡销，若未装"O"形圈就把磁堵插入，则安全卡销会卡在磁堵的"O"形圈的安装槽内，阻止磁堵进入，从而提醒维护人员漏装了"O"形封严圈。但由于振动原因，磁堵用久了，卡销可能会磨损。为了解决这一问题，便有了螺纹式磁堵。这种磁堵安装时有力矩要求，安装后需要打保险。

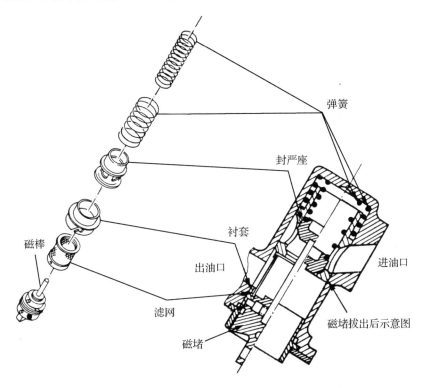

图 7.9　磁堵结构

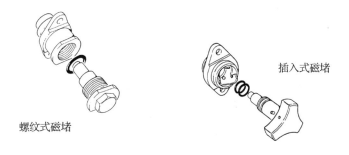

图 7.10　磁堵

　　磁堵一般都安装在维护人员容易接近的地方，维护人员通过定期检查磁堵上杂质的多少、杂质颗粒的大小来判断发动机内部磨损情况。在检查磁堵时，最好把从磁堵上发现的杂质保存起来，作为发动机内部磨损情况的历史记录，以助于判断发动机的健康状况和维护情况。通常每条回油路上都有磁堵的安装位置，但不一定都安装。在各回油管路汇合后的总回油路上，滑油进入回油滤之前，都要有一个磁堵，一般把它叫做主磁堵。当发现主磁堵上有金属颗粒后，再检查其他位置的磁堵（或在其他回油路上再安装磁堵），以确定金属颗粒的来源。为了能及时发现问题，减轻维护工作负担，在日常维护中，应定期检查主磁堵，即每隔多少工作小时做一次检查。

有的磁堵带有电指示装置，即电磁堵。其电路与驾驶舱内的警告系统连接在一起，当有大块颗粒或铁性金属颗粒量多到一定程度时，电路形成回路，在驾舱内给出指示。

6）散热器

润滑后的滑油吸收了大量的热量，这些热量需要散掉。散热器的作用就是冷却滑油，保证滑油温度在允许的工作范围之内。散热器可装在供油系统中，也可装在回油系统中。散热器装在供油路上的滑油系统叫做热油箱系统。散热器装在回油路上的滑油系统叫做冷油箱系统。对于热油箱系统来说，由于散热器装在供油路上，所以滑油所含的气体就少，或没有气体，这样对热交换的工作有利，相应的散热器就可以小些。根据冷却介质不同，常用的滑油散热器可分为两类：以燃油为冷却介质的燃油/滑油热交换器和以空气为冷却介质的空气/滑油散热器。

图 7.11 为燃油/滑油热交换器示意图。燃油在管子内流动，滑油在管子外流动，这样燃油和滑油之间通过管壁进行热交换。为了防止散热器堵塞（主要是当滑油温度很低时，其流动性差，可能会出现堵塞），在散热器的滑油进、出口之间有旁通活门。当堵塞时，旁通活门打开，使滑油只流过部分散热器。

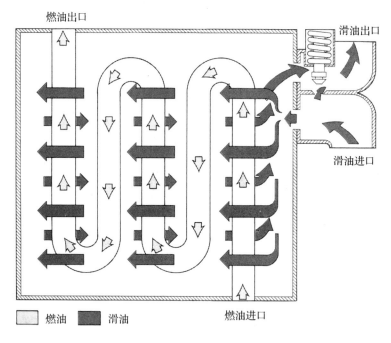

图 7.11　燃油/滑油热交换器

对于燃油/滑油热交换器来说，一个值得注意的问题就是，当热交换器渗漏后，燃油可能会进入滑油，从而造成滑油的燃油污染。为解决这一问题，一般把燃油/滑油热交换器安装在滑油的供油路上，且在低压燃油路上，使滑油的压力高于燃油的压力，从而防止燃油漏入滑油,并且把散热器布置在燃油滤的上游,这样可防止燃油结冰而造成堵塞。

图 7.12 是 V2500 发动机上所用的燃油/滑油热交换器。散热器与低压燃油滤一体。散热器的芯子由数百根导热系数大的金属制成的细管组成。管子截面为圆形,这些细管通过钎焊连接在一起。燃油从顶部进入这些小管子,从底部流出,进入燃油滤。滑油在管子外面流动。为了增强散热效果,用导流板把芯子分成不同的区域。正常情况下,滑油从进口进入散热器后,先到达散热器的最底部,然后按导流板规定的方向向上流动,逐渐回到出口。这样可增加滑油的流动距离,使滑油和燃油之间进行充分的热交换。在散热器的滑油进、出口之间有一旁通活门。旁通活门在预定的压差值下打开,让滑油只流过部分散热器,就回到出口。例如滑油温度低时,其流动性就差,此时也不需要那么多的散热量,这时旁通活门就打开。此散热器就装在滑油的供油路上,流过散热器的燃油则是低压燃油。

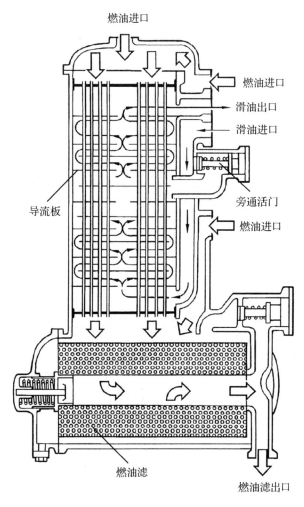

图 7.12　V2500 发动机的燃油/滑油热交换器

　　燃油/滑油热交换器在冷却滑油的同时还加热燃油，防止燃油结冰，所以这种散热器在现代大型涡轮风扇发动机上被广泛采用。

　　空气/滑油散热器在结构上与燃油/滑油热交换器类似，但滑油是在管子内部流动、空气在管子外面流动。为了增加散热面积，管子上带有很多散热肋。在有的发动机上是利用压缩空气作冷却介质的，并且冷却之后的空气被排到发动机外面，所以，当散热器工作时，对发动机的性能有一定影响。在实际工作中，一般对流过散热器的空气量进行控制，在能满足冷却需求的情况下，保持最小的空气流量，从而使其对发动机性能的影响降到最低。

　　在一些小型的涡轮风扇发动机上，由于散热器比较小，所以，可把空气/滑油散热器直接固定在风扇发动机的外涵道里，让外涵气流直接吹过散热器，实现对滑油的冷却。采用这种布局时，一般在散热器上设有滑油旁通管路，当滑油不需要冷却时，旁通油路打开，让滑油旁通散热器。

　　7）油气分离器

　　通风管路中的气体为空气、滑油蒸气和油滴的混合物。若直接把它们排出发动机，就会增加滑油消耗量。因此，要把通风管路都连通到油气分离装置上，靠油气分离装置把其中的滑油分离出来。分离出来的滑油留在发动机内部，只把空气排出发动机。常用的油气分离器是离心式油气分离器，即靠离心力来分离油和气。

　　图7.13是罗·罗公司发动机上常用的一种离心式油气分离器。它装在附件齿轮箱上，做高速旋转。其转轴为空心的，且轴上开有多条通气口。装在轴上的转子是由多孔的硬质疏松材料（有时叫金属海绵）制成的，转子上开有多条轴向通道。油气混合物在这些通道中流动时，由于离心力的作用，油被甩出，通过壳体上的孔回到附件齿轮箱，而空气则通过空心轴排到发动机体外。

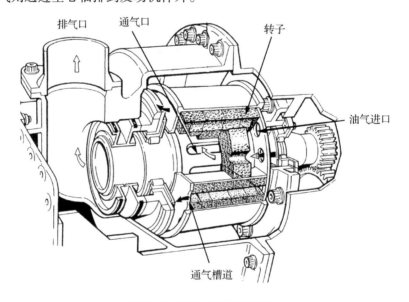

图7.13　离心式油气分离器

有的发动机把油气分离装置装在发动机转轴上，把分离出来的气体经空心涡轮转轴和尾锥排出发动机。CFM56 发动机就采用了这种结构。前、后轴承腔通过油气分离装置与低压涡轮轴内的中央通风管连接，通风管把分离出来的空气通过尾锥排出，并与主燃气汇合。详细情况见本章第四节 CFM56-3 发动机的滑油系统。

三、滑油系统的类型

早期的涡轮发动机没有专门的滑油箱，而是把滑油放在附件齿轮箱内，这样齿轮箱内部的部件一般就靠飞溅润滑，通常把这种滑油系统叫做湿槽系统，这种设计现在已很少采用。现代涡轮发动机一般都带有滑油箱，相应的把这种滑油系统叫做干槽系统。不同的涡轮发动机，其设计制造不同，相应其滑油系统也不同，以满足各自对滑油的需求。尽管都是干槽系统，但不同的系统对滑油流动的控制不同。

1. 调压系统

调压式滑油系统，对送到轴承腔、附件齿轮箱等这些需要润滑的区域的滑油量的控制是通过把供油压力限制在某一恒定的压力值来实现的。为此，在供油路要装一个调压活门，来控制供油压力。当油压大于设计值时，此活门打开，把多余的滑油送回到油箱或油泵的进口。图 7.14 为调压系统示意图。压力调节后的滑油经过滤和冷却后被送往需要润滑的各区域。

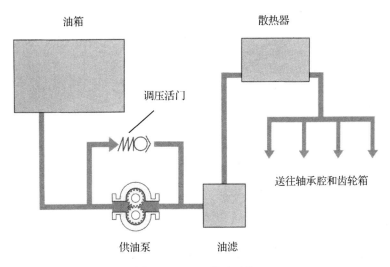

图 7.14 调压供油系统

通常调压活门打开的压力对应于发动机慢车转速时的供油压力，这样在发动机的整个工作转速范围内，可保持供油压力恒定。但是随着发动机转速的增加，轴承腔内的压力也增加，这样就会造成供油压力与轴承腔内的压力的差值减小，从而使向轴承腔的供油量减少，影响润滑和冷却。为了解决这一问题，在某些发动机上把轴承腔的压力引到调压活门加载腔（弹簧腔）一侧，以增加释压（调压）活门打开的压力，使调压活门打开的压力随轴承腔内部压力的增加而增加，以保持供油压力与轴承腔内压力的差值不变来满足发动机对滑油量的需求。

2. 全流系统

调压式滑油系统能很好地满足那些轴承腔压力较低的发动机的工作需求，但对于轴承腔压力高的发动机来说，调压系统就不能很好地满足轴承润滑的需要了。例如，若轴承腔的最大压力是 $6.5 \times 10^5 \text{Pa}$（$6.5 \text{kg/cm}^2$），若保持供油压力与轴承腔压力的压差为 $3.5 \times 10^5 \text{Pa}$（$3.5 \text{kg/cm}^2$），则调压活门的设定压力应为 $10 \times 10^5 \text{Pa}$，这就要求使用大油泵，且在低转速时，还可能出现泵的供油量与所要求的油量不匹配的现象。

全流式滑油系统，在供油路上不安装调压活门，供油泵打出的滑油全部被送到润滑区域。这样供油压力和供油量是随发动机转速而变化的，转速大，供油压力、供油量就大。供油泵的尺寸是由发动机在最大转速时所需的滑油量决定的，从而避免了像调压系统那样，供油泵后有大量滑油又被送回油箱或油泵进口，这样就可在全流式滑油系统中使用小尺寸的油泵。图 7.15 为全流式滑油系统示意图。

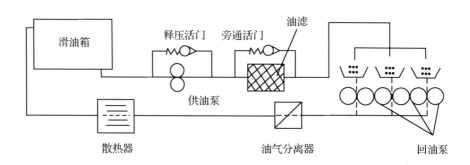

图 7.15　全流式滑油系统

为了防止滑油压力过高而损坏供油路上的油滤或其他部件，这种滑油系统一般在供油路上设有释压活门。释压活门打开的压力要远大于系统正常工作时的最大滑油压力，所以，正常情况下，此活门不打开。一般是在天气很冷时，发动机起动或油路发生堵塞时才可能打开，起到保护作用。

和调压系统比较，采用全流系统允许供油系统采用更小的油泵，指示系统显示出的滑油压力（压差值）是随发动机转速而变化的，而调压系统的滑油压力显示通常是恒定的。供油系统不同，会影响到回油系统中回油泵的选择。

现代大型涡轮发动机一般都采用全流式滑油系统，而调压系统则更适用于推力较小、轴承腔压力较低的发动机。

第四节　典型滑油系统介绍

一、V2500 发动机滑油系统

V2500 发动机的滑油系统为全流式，干槽系统。

1. 滑油系统的主要技术指标

滑油箱：总容积为 29.0 美夸脱，可用滑油量为 24.0 美夸脱。

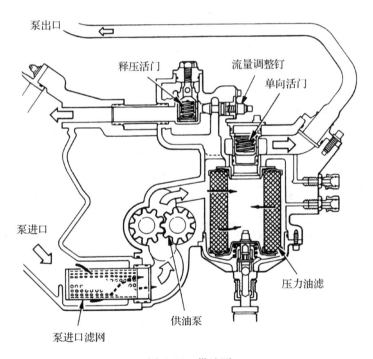

图 7.16　供油泵

油泵：供油泵和回油都是正齿轮泵。其中供油泵与压力油滤连成一体。其转速大约是 $21.8\% N_2$。在油泵的出口有一释压活门，其打开的压力是 450psi。此活门也叫冷天起动释压活门。因为只有在天很冷的情况下，发动机刚起动时，由于滑油黏度大，流动性差，可能会使供油管路油压过高。为了保护部件不受损伤，此活门打开，允许部分滑油回流到泵的进口。另外，油泵的出口还有一流量调节活门，用来调节泵的供油量。当油泵性能衰退后，调整此活门，可修正泵的供油量。图 7.16 为供油泵及其流动示意图。

油泵进口有一粗滤网，其可阻止大块的颗粒进入泵内而造成油泵损坏。

回油泵共有6个，它们是一个组件，转速也是21.8% N_2。它们负责各轴承腔和附件齿轮箱的回油。

油滤：供油系统中的压力油滤是粗油滤，为125微米，可清洗。为了防止油滤拆卸时漏油，油滤的出口有一单向活门，当发动机停车后，其关闭（见图7.16）。回油油滤是细油滤，过滤能力为30微米，是一次性油滤。由于回油滤细，所以其设有监控油滤堵塞状况的压差电门和旁通活门。压差电门感受油滤进、出口的压差，当压差达到某一值时，其在驾驶舱内给出油滤堵塞信息。若进一步堵塞的话，旁通活门会打开，允许滑油继续流动。回油油滤及其流动示意图见图7.17。压力油滤的主要作用是，当回油油滤旁通活门打开后，其可防止杂质颗粒堵塞散热器、滑油喷嘴等。这样万一压力油滤堵塞了，就会造成供油压力下降。

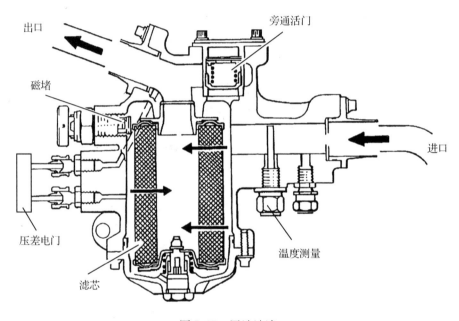

图 7.17　回油油滤

滑油压力：发动机工作时，驾驶舱显示的滑油压力是供油压力和4号轴承腔的回油压力的差值，此压力随发动机转速而变化，允许的最低压力是60psi，低于此值发动机就得停车。

滑油温度：允许发动机起动的最低温度是零下40℃。发动机工作过程中，允许的最高滑油温度是165℃。温度的测量位置在回油滤的进口。

2. 滑油系统工作情况

图7.18是V2500发动机系统滑油流动简图。

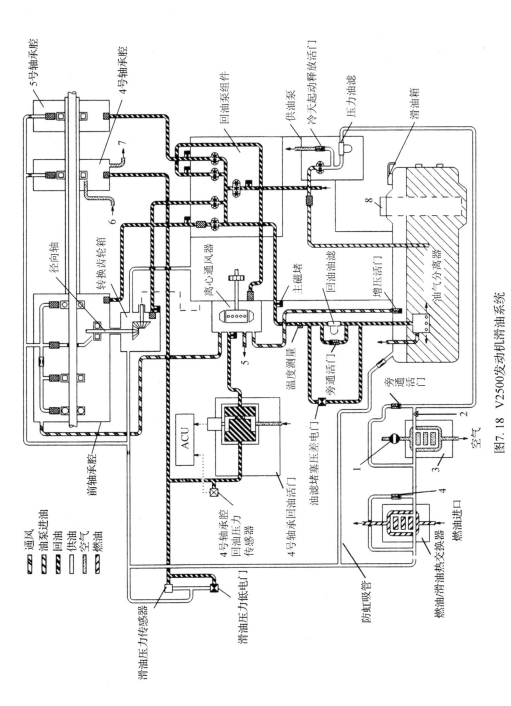

图7.18 V2500发动机滑油系统

1. 空气/滑油热交换器的风扇空气控制活门；2. 空气/滑油热交换器进口滑油温度传感器（用于加油热管理系统）；3. 空气/滑油热交换器；
4. 燃油/滑油热交换器的滑油旁通活门；5. 离心通风器的排气口；6. 4号轴承腔的冷却空气；7. 4号轴承腔漏油管；8. 滑油量传感器；ACU：辅助控制组件

1）供油系统

发动机工作时，滑油箱内的滑油经供油泵抽出并增压。在油泵出口有一释压活门，其打开压力为450psi。一旦油泵出口压力达到此值，释压活门打开，允许滑油回到泵的进口，以保护油泵下游部件不被损坏。增压后滑油经压力油滤过滤后，先流过空气/滑油热交换器，在这里用来自外涵道的风扇空气冷却滑油；之后滑油再进入燃油/滑油热交换器，与燃油进行热交换，冷却滑油，加热燃油。燃油/滑油热交换器是滑油的主散热器，只有当其散热能力不够时，才会用到空气/滑油热交换器。这样可节省对外涵空气的消耗，减少对发动机性能的影响，节省燃油。冷却后的滑油经供油管路送往前轴承腔、4号轴承的轴承腔和5号轴承的轴承腔以及附件齿轮箱和角齿轮箱，对那里的轴承、齿轮、套齿等进行冷却和润滑。通往不同轴承腔和附件齿轮箱的供油管路的尺寸不同。另外，在供油路上还设置了限流器，以控制送往不同区域的滑油量。在供油路上还有一根细油管把少量压力油送回滑油箱，起防虹吸和清洗油箱液面镜的作用。

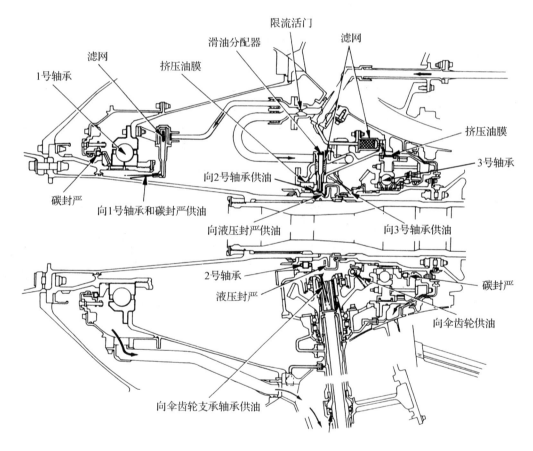

图7.19　前轴承腔润滑

图7.19是前轴承腔的供油流动情况。供油管路穿过空心风扇支板而进入前轴承腔，在轴承腔内部再分成三路。第一路去1号轴承；第二路去2号轴承、3号轴承和内部齿

轮箱伞齿轮传动机构；第三路供往 3 号轴承的支承座，形成挤压油膜支承。在送往 2 号轴承的管路上，还有一分支去 2 号轴承的支承座，给油膜减振支承结构供油。滑油靠喷嘴喷到需要润滑的部位，但并不直接喷到轴承上，见图 7.20。滑油被喷给滑油收集装置，滑油收集装置再把滑油送给轴承和碳封严。轴承采用了环下供油方式。图中球轴承的内滑道是两半的，且加工有进油孔。在喷嘴前都有一个滤网，以防堵塞喷嘴，此滤网在发动机内部，只有发动机大修时才能接近到。轴承腔前、后都采用了空气辅助的碳封严，压力空气来自低压压气机出口。高、低压轴间采用了浮动环和液压封严，并引压气机八级的空气来辅助液压封严。

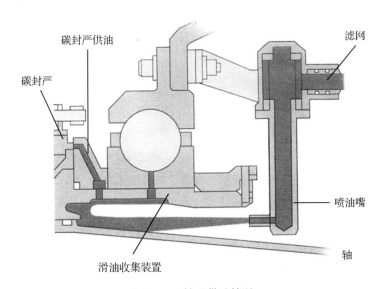

图 7.20　轴承供油情况

2）回油系统

润滑后的滑油，靠回油泵抽回。其中附件齿轮箱左、右端各有一个回油泵，角齿轮箱、前轴承腔和 5 号轴承的轴承腔各有一个回油泵。而 4 号轴承腔由于其位置特殊，在燃烧室内侧。为了防止来自燃烧室的热辐射，在 4 号轴承腔外有隔热夹层，夹层内有冷却空气流过。此冷却空气来自压气机十二级，但其是经过冷却后的十二级空气。冷却空气除了冷却 4 号轴承腔外，还对碳封严起到辅助作用。部分冷却空气经过碳封严而进入轴承腔内，给 4 号轴承腔增压。图 7.21 给出了 4 号轴承腔冷却、润滑情况。

为了控制轴承腔内的压力，4 号轴承腔不是直接回油的，而是经回油活门来回油的。轴承腔内的油和气一起经回油活门被送到附件齿轮上的离心式油气分离器，在那经分离后把空气排出发动机，而滑油经回油泵抽回。回油活门由来自压气机十级的空气作动。当发动机在低功率下运转时，来自十级的空气压力低，相应回油活门靠弹簧保持在开位，对应的回油量大。随着发动机功率的增加，来自十级的空气压力加大。当达到一定功率后，来自十级的压力空气克服弹簧力，使回油活门关闭，处于低流量位

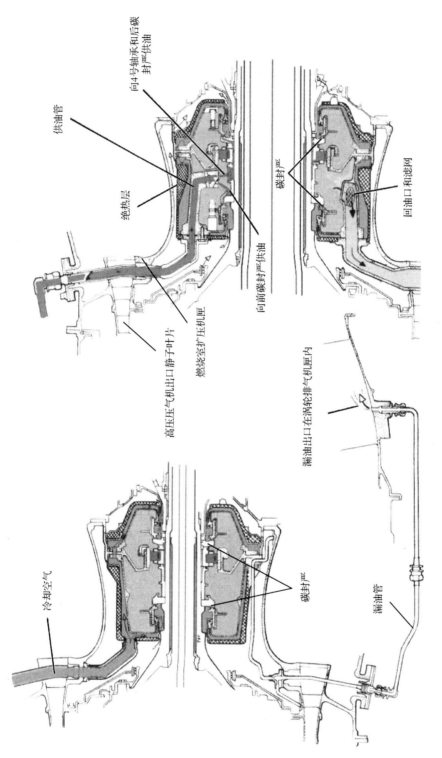

图7.21 4号轴承腔的冷却和润滑

置。回油活门的位置直接影响 4 号轴承腔的回油，所以，回油活门上有一位置电门，其监控活门的位置。另外，在 4 号轴承腔的回油路上、回油活门的上游，还有一个压力传感器，其监控回油压力。这两个信号都被送给辅助控制组件（ACU），回油压力和回油活门的位置应保持一致，否则辅助控制组件会给出故障信息。因为若回油活门处于不正确的位置，就会影响回油量，进而影响滑油温度。

所有各路回油汇合在一起，经过回油油滤过滤后，回到滑油箱。在每个回油路上都有一个磁堵，汇合后的管路上还有一个主磁堵，用来收集回油中的铁性颗粒。通过对磁堵的定期检查可及时发现发动机各部分的磨损情况。回油油滤是细油滤，在其进、出口之间装有压差电门和旁通活门，用来监控油滤堵塞情况。压差电门在驾驶舱内给出堵塞信息。当堵塞严重时，旁通活门打开，以保证滑油正常流动。

4 号轴承腔若漏油，则漏出的滑油被收集在最低的部位，然后通过一根漏油管送到涡轮排气机匣内一个漏油孔。此孔在机匣内侧、底部。当发动机工作时，漏油进入燃气；当发动机停车后，漏油会从孔内流出，以便维护人员能及时发现。

3）通风系统

前轴承腔和附件齿轮箱靠通风管与油气分离器连接起来，以实现前轴承腔和附件齿轮箱的通风。4 号轴承腔是油、气一起经回油活门回到油气分离器的，只有 5 号轴承没有通风管路，回油泵把油和气一起抽回。油中的气体和滑油一起进入滑油箱。油箱内装有漩流式油气分离器。其与回油的进口相连，回油在其内旋转而达到分离油内气体的作用。油箱内的气体再经通风管路送到油气分离器。油箱的通风由释压活门控制，释压活门和通风管路装在滑油箱顶部。在发动机工作过程中，释压活门保持油箱内的压力为 6psi。当油箱内压力大于 6psi 时，此活门打开，允许油箱内的气体经通风管送出。此压力有利于抑制油箱内气泡的生成和向油泵供油。

附件齿轮箱驱动的离心式油气分离装置高速旋转，靠离心力把油气混合物分离，分离后滑油回到附件齿轮箱，而气体被排到发动机外面。

4）指示系统

正常情况下，滑油系统的指示包括滑油压力、温度和滑油箱中的油量三个参数。滑油压力是指某润滑区（轴承腔或齿轮箱）的供油压力和回油压力的差值。压差值决定了向润滑区域供油量的多少。该发动机的滑油压力是 4 号轴承腔的供油压力和回油压力的差值，因为相对于其他轴承而言，4 号轴承转速高，工作环境温度高，所以，监控其供油情况更为重要。

滑油压力下降，表明进入轴承腔的滑油量少了。当压力下降到一定值时（低于80psi），监控系统会给出滑油压力低的告诫信息（为黄色）。维持飞行的最低压力为60psi，当压力达到此值时，会有红色警告信息和警铃声；低于此值，就该停车。

温度传感器装在回油路上，位于回油油滤的进口，从而给出润滑后滑油的温度指示。当温度达到 155℃时，会有黄色告诫信息出现；而当温度达到 165℃时，红色警告信息出现，高于此值不允许。

滑油量是指油箱中的油量，其只是给出一个油量多少的参考。

3. 滑油系统的特点

对于热油箱系统来说，由于散热器装在供油路上，所以滑油所含的气体就少，或没有。从前面的分析可看出，V2500 发动机的滑油系统具有以下特点：

（1）干槽系统，且是滑油散热器在供油路上的热油箱系统。

（2）全流式。

（3）回油油滤是细油滤，这样，回到油箱的滑油是洁净的，从而保持油箱干净。当回油油滤的旁通活门打开后，压力油滤可防止大块的颗粒进入系统，从而造成喷油嘴的堵塞或损坏油泵。

（4）采用了两个散热器，其中燃油/滑油热交换器是主散热器，而空气/滑油散热器只起辅助作用。滑油一直流过空气/滑油散热器，但流过散热器的空气流量要受到控制，这是由加热管理系统来自动控制的。

（5）完备的监控系统，是典型的现代涡轮风扇发动机的滑油系统。

二、JT8D 涡轮风扇发动机滑油系统

主要介绍滑油系统工作情况。滑油系统图见图 7.22。

1. 供油系统

滑油从油箱通过一根输油管和附件齿轮箱机匣内的通道，靠重力流到供油泵进口。经油泵增压后，滑油进入主油滤（压力油滤），其过滤能力是 46 微米。油滤带有压差电门和旁通活门，当油滤堵塞到进、出口压差达到约 35psi 时，压差电门闭合，使驾驶舱内的"滑油滤堵塞"灯亮。当压差达到 55psi 时，旁通活门打开，使部分或全部滑油不经过滤而直接流出油滤，保证滑油供应不断，防止因缺油而造成轴承、齿轮等损坏。

从油滤出来的油进入燃油/滑油热交换器（FCOC），在这里滑油的部分热量传给燃油。若散热器出现堵塞，则散热器的旁通活门打开，用来调节系统的压力。从散热器出来后，滑油由供油管路送往各轴承腔。送到不同区域的滑油量的多少是靠计量小孔来控制的。6 号轴承采用了挤压油膜支承结构，所以，送往 6 号轴承的滑油分两路，一路去轴承座，形成挤压油膜；另一路去 6 号轴承。送往 6 号轴承的一路又分成两路，一路去 6 号轴承，一路去 4.5 号轴承。在供油路上有滑油压力传感器、滑油压力低电门和滑油温度传感器。正常情况下，滑油压力在 40~55psi 范围之内，允许的最低滑油压力为 35psi，滑油压力低电门也在此压力时闭合，在驾驶舱内给出压力低警告信息。

供油路上装有压力调压活门，其控制供油压力和流量。当发动机稳定在慢车时，滑油温度稳定后，调压活门把滑油压力保持在 42~45psi 范围之内。当滑油压力过高时，调压活门打开，把部分滑油放回油泵的进口。与一般调压活门不同的是，调压活门的加载弹簧一端还感受通风系统的压力和来自散热器出口的滑油压力，即图 7.22 中的滑油压力感应油路，以补偿滑油流过散热器而引起的压力下降。在发动机工作过程中，随

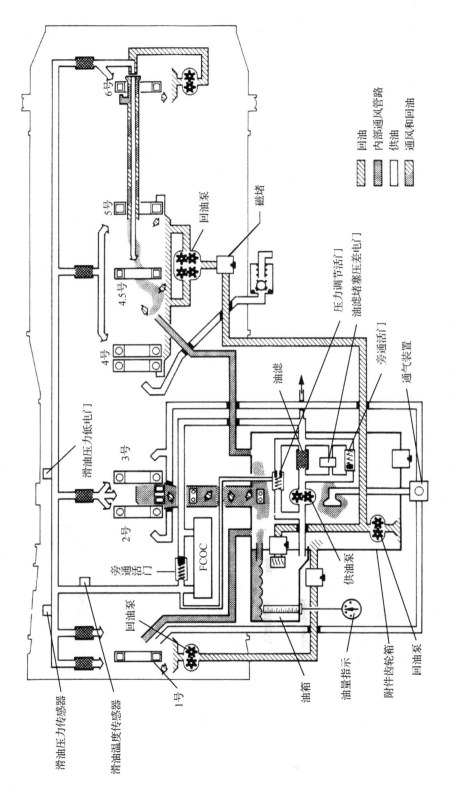

图7.22 JT8D发动机滑油系统

着转速和飞行高度的变化，滑油压力保持相对不变。

若滑油压力不合适，地面维护时，可人工调节活门的弹簧力。方法是：先让发动机在慢车转速稳定 2 ~ 5 分钟，等滑油温度稳定后（最低 38℃），再调解弹簧力大小，让滑油压力稳定在 42 ~ 45psi 即可。

2. 回油系统

润滑后的滑油被收集在相应的轴承腔内，这些油都先回到附件齿轮箱，然后经附件齿轮箱的回油泵送回滑油箱。共有 4 个回油泵，其中 4 号和 5 号轴承区域的回油泵为双齿轮泵。1 号和 6 号轴承都有自己的轴承腔，且 1 号轴承腔内的滑油由回油泵直接送到附件齿轮箱内；6 号轴承腔的回油泵把油抽出后，经低压涡轮轴内的输油管，送到 4.5 号轴承处与此处的滑油汇合，再在离心力作用下，通过高压涡轮轴上的回油孔，流到 4 号和 5 号轴承的轴承腔，由该处的 2 个回油泵一并抽到附件齿轮箱。

2 号和 3 号轴承的轴承腔内的滑油靠重力或以油雾的形式，通过径向驱动轴的外套流回附件齿轮箱。附件齿轮箱装有离心式油气分离器，其把空气排出附件齿轮箱，附件齿轮箱的回油泵再把滑油送回滑油箱。

在回油系统中共装了 4 个磁堵，分别在 1 号轴承的轴承腔的回油路上、4 号和 5 号轴承的轴承腔的回油路上、齿轮箱回油路上和主磁堵。

3. 通风系统

为了平衡内部各轴承腔的压力，保证合适的滑油供应流量和良好的回油泵性能，用通风系统来控制轴承腔内的压力。通气路线如下：

1 号轴承的轴承腔靠外部通风管与附件齿轮箱连通，2 号和 3 号轴承的轴承腔靠径向驱动轴外套与附件齿轮箱连通；4.5 号和 6 号轴承通过回油系统与 4 号和 5 号轴承的轴承腔相连通；4 号和 5 号轴承的轴承腔再通过内部和外部通风管与附件齿轮箱连在一起；滑油箱也是通过外部通风管与附件齿轮箱连在一起的。这样所有的油气都被送到附件齿轮箱，在附件齿轮箱内有离心式油气分离装置。其把混在气中的滑油分离出来，把空气排到发动机外面。

从前面的分析可见，JT8D 发动机的滑油系统是典型的传统滑油系统，其特点如下：

（1）调压式干槽系统，且为热油箱；

（2）只在供油路上设置了较细的供油油滤，回油系统没有油滤。

三、CFM56 发动机滑油系统

滑油系统的工作情况：CFM56 发动机的滑油系统为全流式、干槽系统；散热器在回油路上，是冷油箱。

1. 供油系统

见图 7.23。供油泵打出的油经压力油滤过滤后被送给附件齿轮箱、转换齿轮箱、前轴承腔和后轴承腔进行润滑。压力油滤是可清洗/一次性金属网滤，其过滤能力是 44 微米。油滤出口有一单向活门，其打开压力为 0.5psi，用来防止拆油滤时漏油。由于油滤较细，所以，其带有堵塞指示（弹出式）和旁通活门。图 7.24 给出了供油泵、油滤、释压活门和油滤堵塞指示器的对应关系。油泵打出的油直接进入油滤，油滤的出口是单向活门。释压活门也在油泵的出口，油压直接作用在释压活门的柱塞上。油滤堵塞指示器的液压柱塞的两端分别是油滤进口和出口的油压。

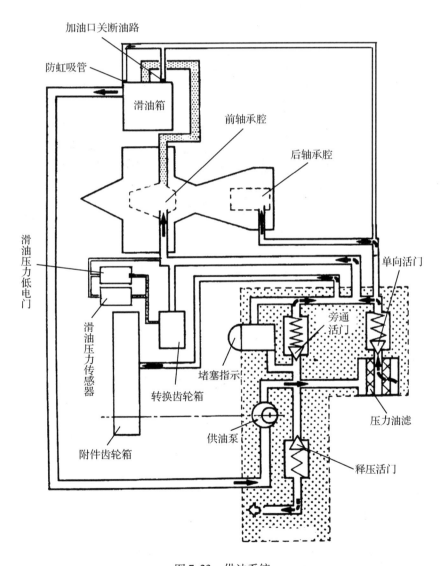

图 7.23　供油系统

　　油滤堵塞指示器（或叫弹出式油滤堵塞指示器）主要包括液压柱塞、磁铁和弹簧加载的指示器（红色）。从图7.25可见，液压柱塞一端是油滤进口的压力，另一端是油滤出口的压力和弹簧力。当油滤堵塞后，其进、出口压差就会加大。当压差达到14.5psi时，油滤进口压力就会克服液压柱塞另一端的弹簧力和油滤出口的压力而推动液压柱塞，使液压柱塞移动（右移），使磁铁逐渐离开指示器，磁力减弱。当磁力减小到一定程度后，指示器就会在弹簧力作用下弹出。弹出后，维护人员检查时能看见此指示器（红色指示器装在透明的罩内）。液压柱塞移动的同时，也把旁通油路打开，让滑油旁通油滤。当压差减小后，液压柱塞复位，旁通油路关闭。弹出式指示器需人工复位。

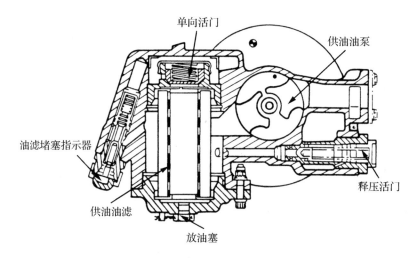

图 7.24　供油泵和供油油滤

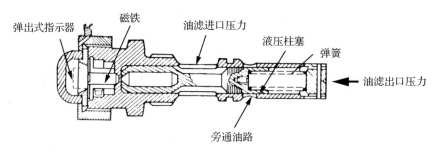

图 7.25　堵塞指示器

　　图7.26是释压活门示意图，也叫限压活门。活门主要包含一个弹簧加载的柱塞。柱塞的一端感受油泵出口的压力，另一端是弹簧力。一旦油压超过弹簧力（限定压力是304psi），则柱塞被推到开位，把泵打出的油放回到附件齿轮箱和转换齿轮箱回油泵的进口。图中上半部分是活门在开位，下半部分是活门在关闭位置。

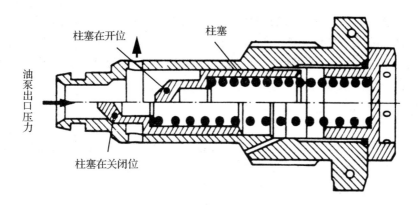

图 7.26 释压活门

在供往后轴承腔的油路上有一股压力油被送回滑油箱，用于防虹吸和油箱加油口封严。图 7.27 给出了防虹吸的工作原理。在发动机工作过程中，总有一股压力滑油从油箱顶部回到油箱。油箱顶部的内部通道见图 7.27。回来的油分成二股：一股到泵供油管的拐弯处，与油泵吸出的滑油汇合；另一股经油箱顶部的另一通道流回油箱。当发动机工作时，这股防虹吸油总是这样流动的。当发动机停车后，泵转速不断下降，泵打出的油的压力也随之下降，这样从给后轴承腔供油的路上返回的防虹吸油的压力也下降。当压力下降到小于油箱内的气体压力时，油箱内的气体就会沿油箱顶部的通道进入油泵的供油管的拐弯处，从而解除虹吸现象。油泵吸油管插到油箱的底部，吸油管进口装有滤网，可用来防止杂质进入油泵而造成泵的损坏。

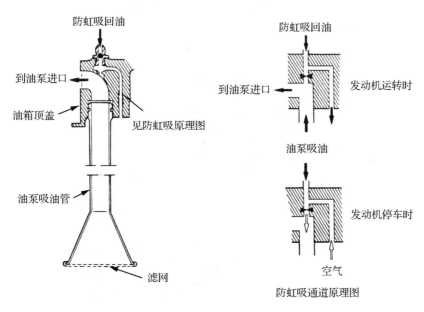

图 7.27 油箱防虹吸原理

该滑油系统中油泵组件、供油油滤、释压活门和磁堵（3 个）共同组成一个部件，叫做润滑组件。油泵组件包括 4 个泵（1 个供油泵和 3 个回油泵），它们是共轴转子泵。润滑组件装在附件齿轮箱的后端面。给油箱加油口封严的油路用来封严重力加油口，后来的油箱取消了这一设计。

2. 回油系统

回油系统见图 7.28。回油系统有 3 个回油泵，分别是转换齿轮箱和附件齿轮箱回油泵、前轴承腔回油泵和后轴承腔回油泵。回油泵和供油泵是一个组件，都在润滑组件内。滑油进入回油泵之前，都先经过磁堵和滤网。滤网的过滤能力为 800 微米。3 个回油泵打出的油汇合在一起，流过回油油滤。回油油滤在润滑组件的下游，装在附件齿轮箱的后端面，位于润滑组件的旁边。回油滤的过滤能力是 32 微米，是一次性油滤。其带有堵塞指示、压差电门和旁通活门。当更换油滤时，单向活门关闭，防止漏油。当油滤进、出口压差达到一定值时，堵塞指示器弹出，给出堵塞指示，同时压差电门在驾驶舱内给出油滤堵塞信息。堵塞严重后，旁通活门打开。

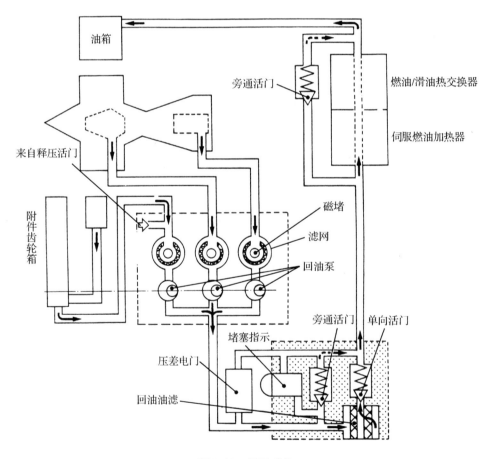

图 7.28　回油系统

　　从油滤出来的滑油先经过伺服燃油加热器，再流过燃油/滑油热交换器，之后回到油箱。伺服燃油加热器用来加热伺服燃油，防止其结冰。伺服燃油用于发动机主控制器，作为控制用燃油。燃油/滑油热交换器是主散热器。它与前面提到的用于 V2500 发动机的燃油/滑油热交换器类似，交换器内的芯子也是由很多根金属管子组成。燃油在管子内流动，滑油在管子外流动。燃油和滑油的通道上都有旁通活门。当天气很冷的情况下，发动机起动时，滑油流动性很差。当热交换器的滑油进、出口压差达到 130psi 时，滑油通路的旁通活门打开，直接把进来的滑油通到散热器的出口。一旦燃油的进、出口压差达到了 26psi，则燃油通路的旁通活门打开，把燃油从进口直接通到出口。

　　滑油回到油箱时，要经过一螺旋式油气分离装置。在这里滑油沿切向进入回油空腔，然后经螺旋式旋流器，边旋转边流动。这样回油中的气体就会分离出来，滑油沿回油管和反流装置流到油箱底部。旋流器中间为空心管，空气和油气经空心管和油箱顶部的通风管路进入前轴承腔，见图 7.29 和 7.30 中的油箱通风管路。另外，油箱内的气体也经油箱盖上的另一细管路连通到油箱通风管路，从而实现油箱的通风。图 7.29 给出了油箱回油和通风的示意图。回油管底部有一反流装置，其作用是防止回到底部的滑油在供油泵进口形成涡流而干扰吸油管进油。

　　回油系统有三个磁堵，分别在每条回油路上。它们都装在润滑组件上，为插入式磁堵。磁堵本身带有滤网。

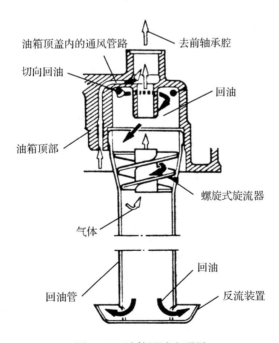

图 7.29　油箱回油和通风

3. 通风系统

图 7.30 为通风系统简图。为了控制轴承腔和附件齿轮箱的润滑，减小不同腔内压力对滑油喷嘴供油的影响，各腔室之间靠通风系统相互连接在一起。如图 7.30 所示，附件齿轮箱与转换齿轮箱之间靠水平驱动轴的外套管连通，然后再通过径向驱动轴的外套管与前轴承腔连通。滑油箱通过管路也直接与前轴承腔连通。前、后轴承腔通过中央通风管连通，中央通风管装在低压涡轮轴内部。前轴承腔和后轴承腔内都各有一个旋转的离心式油气分离器，其把前、后轴承腔内的空气分离出来，分离出来的气体经过中央通风管和阻焰器排入尾锥，然后与燃气汇合一起排出发动机。也就是说滑油箱和附件齿轮箱都是经前轴承腔来通风的。

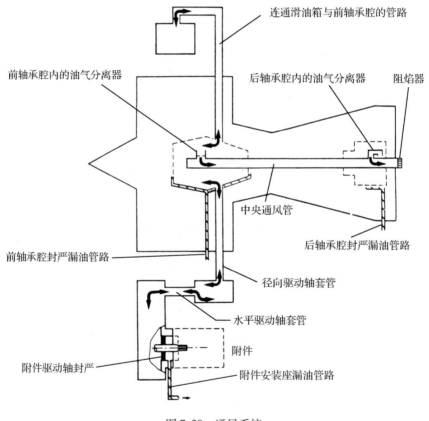

图 7.30　通风系统

前、后轴承腔都有漏油收集管路，若前、后轴承腔封严漏油，则通过这些漏油管排到发动机外。附件齿轮箱上的某些附件安装座也有漏油收集管路，其负责把封严漏油排出。

从前面分析可见，该发动机的滑油系统也是全流式系统，但由于散热器在回油路上，所以，在发动机工作过程中，油箱相对来说是冷的。供油和回油油滤都比较细，所以，它们都有旁通活门和油滤堵塞指示。由于采用了单元式结构设计概念，即外部管路和各部件分成几个大部分，如润滑组件就包括了所有的泵、油滤和磁堵，因而使维护更加方便。

第五节 滑油系统维护

滑油系统的日常维护主要包括滑油量检查、加油、磁堵检查、更换油滤等。在对滑油系统进行维护时，很重要的一条就是：安全。由于合成滑油有一定的毒性，所以不要让皮肤接触滑油的时间过长，应及时用水冲掉。另外，若发动机的滑油系统是热油箱系统，当发动机刚停车后，一定要小心，油箱中的滑油是很热的，并且在发动机工作过程中，滑油箱通常是增压的，刚停车时，油箱内还有一定的压力，所以，应按手册的规定，等一段时间后才能开油箱盖，否则开盖时油箱内的气体会跑出而造成意外。

在飞机维修手册中都规定有加油方法和所允许使用的滑油牌号。对加油时间也有规定，一般都是在发动机停车后多长时间内完成油量检查和加油。若超出时间范围，为了得到准确的读数和加油量，应采取发动机冷转或起动发动机等措施，以使液面恢复正常。加油时，应该对每次加油量作记录，这样累计起来可形成发动机滑油消耗量的变化趋势。对滑油消耗量进行监控，可及时发现发动机滑油系统是否出现了问题。一般最好沿用某一牌号的滑油，日常加油时不要混合不同牌号的滑油。若需要更换另一牌号的滑油（允许使用的）时，也应逐步过渡。

工作温度对滑油有一定的影响，若温度太高容易引起滑油氧化和性能衰退，使滑油的黏度、酸度等发生变化，从而影响其润滑性能。滑油温度偏高后，滑油的颜色会变深，或说滑油变黑。滑油的黏度和酸值，可反映滑油性能的衰退程度。另外，通过对滑油中金属含量的分析还可判断发动机内部磨损情况。发动机在工作过程中，部件磨损会产生一些细小的金属颗粒，它们悬浮于滑油中。通过滑油取样，在实验室中进行分析，可分析出滑油中含有哪些金属和相应的含量，而含量的多少反映了内部磨损程度。分析滑油中金属含量的常用方法有两种，即原子吸收法和滑油光谱分析。

原子吸收法，是通过在高温火焰下燃烧滑油样品，利用专门设备来测量某一种化学元素（金属）吸收了多少能量来分析该元素的含量。在测试时，需先把设备校验到要测试的元素（金属）的基准上，然后再进行分析。之后，若再分析另外一种元素（金属）的含量，则需重新校验该设备到这种金属的基准上。即每测一种金属都需重新校对，所以比较耗时，但分析的准确度高。

滑油光谱分析也是通过燃烧滑油样品来进行的，但其测试设备是通过测量发光程度来分析某种金属含量的。这种设备能同时分析出18种金属燃烧所发出的光谱。与原子吸收法相比，此方法精度低些，但耗时很少，几分钟就能完成。

在对滑油进行上述分析时，取样是很关键的。一定要按维护手册的要求进行取样，否则样品就不能反映滑油的真实情况。装样品的容器应该干净，并且在容器上贴上标签。标签上一般含有下列数据：滑油的牌号、发动机的系列号、取样日期、上次取样后发动机的工作时间以及发动机总的工作时间等。样品应及时送到实验室进行分析。滑油取样分析通常是针对漂浮在滑油中的细小金属颗粒（通常小于 10 微米）的，其可反映内部机械磨损情况和发展趋势。大颗粒的金属可通过对磁堵和油滤的检查来发现。

磁堵能吸附滑油中的铁性金属颗粒，定期对磁堵进行检查能及时发现发动机内部的磨损情况，对及早发现问题很有帮助。这也是最直接发现内部损伤的方法。一般滑油系统都有主磁堵。先检查主磁堵，若发现问题，再检查其他磁堵。但由于主磁堵通常位于各回油油路上的磁堵的下游，有些颗粒可能已先被吸附在各回油油路的磁堵上了，所以，检查主磁堵的同时，最好也要检查其他磁堵（若有安装）。要看清磁堵上的金属颗粒，最好用放大镜进行观察。检查的结果也应按发动机系列号作记录，记录的内容应包括：发动机系列号、磁堵的位置、颗粒的量及发动机的工作时间等。当从磁堵上发现问题后，为了进一步查找金属颗粒，还应对回油油滤（一般回油油滤细些）进行检查。从金属颗粒的大小和形状可判断其来源和内部损伤的严重程度。一般发动机厂家会根据实际使用经验推荐磁堵检查的时间间隔，即每隔几百或几十工作小时做一次检查。规定间隔时间时既要考虑能及时发现内部损伤情况，又要减轻维护负担。

滑油污染也是滑油系统维护中可能遇到的一个重要问题，在飞机维护手册中都规定有污染后的处理方法。可能出现的污染包括燃油污染、液压油污染和洗涤液等污染。根据污染程度不同，处理的方法也不同，一般需要对滑油系统进行冲洗。

第八章　燃油系统

第一节　概　述

　　燃油贮存在飞机机翼主油箱和中央油箱内。通常每个机翼油箱向同侧的发动机供油，即左机翼油箱向左发供油，右机翼油箱向右发供油。若采用了中央油箱，则一般先是中央油箱向所有的发动机供油，即先用光中央油箱。这样有利于提高飞机的气动性能，并降低万一起飞后紧急降落所引起的风险。每个油箱都有电动增压泵，在驾驶舱内有增压泵的控制电门。通过增压泵使送往发动机的燃油具有一定的压力，以保证发动机燃油系统的进口有足够的压力，抑制气穴现象的出现或使燃油中不会含有过多的燃油蒸气。向发动机供油的管路上，在油箱的出口处装有燃油关断活门，其负责把飞机的燃油系统和发动机燃油系统隔开。该活门的关闭通常由发动机的灭火手柄（电门）和发动机主电门控制，而发动机的主电门还控制其打开。图 8.1 为飞机燃油系统简图。

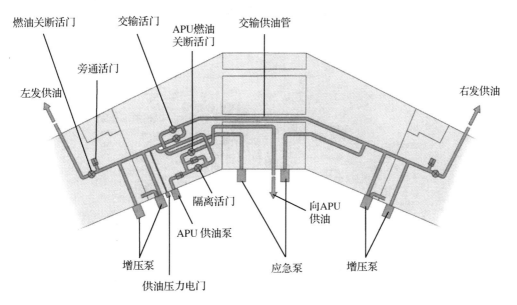

图 8.1　飞机燃油系统

　　燃油从增压泵出来后，经燃油关断活门，由供油管路送往发动机。每台发动机都有自己独立的供油系统，但通过交输管路允许任一台发动机都能从相对的另一个油箱供油。另外，交输系统还允许燃油从任一油箱输送到其他油箱。燃油离开了飞机上的关断活门之后，就进入了发动机燃油系统。

　　发动机燃油系统的主要作用就是：在各种工作状态下，把燃油以适合于燃烧的形式，连续不断地供往燃烧室，并满足发动机起动、加速、减速和稳定状态下工作时，对燃油量的不同要求。发动机的燃油系统包括下列主要部件：供油泵、燃油调节器、燃油流量传感器、喷油嘴和燃油管路。油泵为燃油的流动提供动力；燃油控制器的作用就是按发动机的工作状态调节供油量的多少，以满足发动机对燃油的需求；喷嘴则把燃油雾化，使燃油能和空气充分混合。燃油流量传感器感受送往燃烧室油量的多少，在驾驶舱内给出每台发动机的燃油流量和耗油量显示。另外，燃油还有一些其他辅助作用，如冷却滑油、用高压燃油为某些系统提供作动力等。图 8.2 是一典型发动机燃油系统。

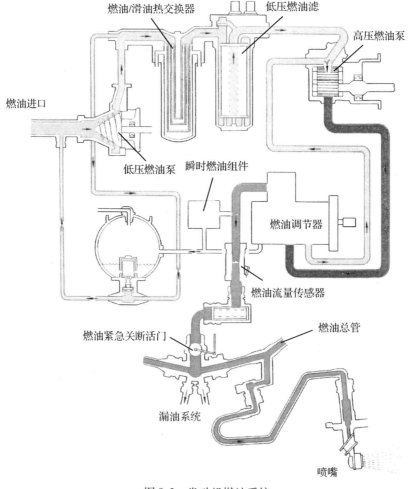

图 8.2　发动机燃油系统

由图 8.2 可见，来自飞机的燃油先经低压燃油泵增压。然后，流过燃油/滑油热交换器，在这里滑油得到冷却，燃油得到加热，从而防止燃油结冰。之后，燃油经低压燃油滤过滤后，再由高压泵进一步增压。增压后的燃油被送到燃油控制器，由燃油调节器根据油门杆的位置、发动机的工作状况和外界大气条件来调节送往喷嘴的燃油量。在发动机工作过程中，在任何转速下，油泵的供油量都要比当时发动机对燃油的需求量多，多余的燃油再被送回高压泵的进口。从燃油调节器出来的燃油，再经高压燃油滤、燃油总管和分管到达每个燃油喷嘴。从低压燃油泵到喷嘴这部分就是发动机燃油系统。

图 8.2 中的燃油总管和各分管都是双层的，若内管路漏油，则经内、外管夹层和发动机漏油系统排出，以防止燃油直接漏到发动机机身上而引起火灾，并方便维护人员能及时发现问题，采取维护措施。

送到发动机燃油系统的燃油压力取决于飞机燃油系统。一般来说，若飞机的增压泵故障了，发动机的燃油系统应能照常工作，即发动机燃油系统能从机翼油箱吸油。但是这仅靠一个泵是很难做到的，所以一般发动机燃油系统串联有两个油泵，即低压泵和高压泵。低压泵产生吸的力量，其主要作用就是保证高压泵的进口总能维持一定的压力，防止高压泵出现气蚀。高压泵的作用就是在各种工作状态和发动机转速下，保证向发动机提供充足的燃油。高压泵的供油量总是比发动机当时的需求要高，多余的燃油就会返回低压系统。因此，高压泵的设计应在满足最小和最大油量的前提下，尽量减少供油过剩。在现代发动机上，大多数情况下，高、低压泵是一个组件，安装在附件齿轮箱上，但也有分开的。低压泵一般是离心叶轮泵，而高压泵是齿轮泵。

燃油调节器是燃油系统的核心部件，它调节供油量的多少。它不但满足发动机在起动、加速、减速和稳态等工作状态下，发动机对燃油量的要求，而且还对发动机工作起到安全保护作用。例如限制发动机转速，防止发动机超转；限制排气温度，防止发动机超温等。

一、航空燃油特性

涡轮喷气发动机对燃油主要有如下要求：

（1）热值高，因为热能是发动机的基本能源。热值的大小取决燃油的氢碳含量。

（2）在各种工作情况下，都能充分燃烧。燃烧产物对发动机热端部件产生的不利影响要小，如腐蚀等。

（3）对燃油系统的部件能起到一定的润滑作用，但对部件的腐蚀要小。

（4）结冰温度（冰点）也是个重要参数，因为达到冰点后，燃油中会出现冰末，从而造成油滤堵塞和燃油系统工作不正常。

（5）蒸气压，也叫饱和蒸气压。指在给定的温度下，在液体表面形成的饱和蒸气压力。温度增加，蒸气压也增加。从燃烧的观点看，蒸气压高有利于燃烧，因为可使燃油在燃烧区迅速蒸发，改善发动机的起动性和加速性。但蒸气压高了，在高空飞行时，燃油容易蒸发，从而造成损失。

（6）挥发性。燃油的挥发性对油气混合物的生成有一定的影响。挥发性低些，有利于油气混合物的点燃和发动机的起动。但挥发性太低，在高空飞行时，又容易造成燃油系统的气阻，从而影响供油。挥发性要受到闪点、蒸气压、沸点等规定的影响。

（7）可燃极限。燃油与空气混合物，要点燃和让火焰能够传播是受到混合浓度限制的，一般用可燃贫油极限和富油极限来表示。

涡轮喷气发动机常用的燃油是航空煤油。其热值高，一般在 42800 ~ 43900kJ/kg；其蒸气压很低，平均值为 0.8619kPa（0.125psi）；其冰点一般在 -40 ~ -60℃之间。

二、燃油系统主要部件

1. 油泵

燃油系统常用的泵是齿轮泵，它是定排量泵，即在给定转速下，其供油量是不变的。此外还有离心叶轮泵和柱塞泵。图 8.3 是柱塞泵工作原理图，它主要包括一锥形转子、多个带滑靴的柱塞、斜盘、分油盘、调节活塞和转轴。转子内沿周向均匀分布有若干个柱塞孔腔，柱塞就安装在这些腔内。柱塞靠弹簧和油压始终顶紧在斜盘的工作面上，转轴带动转子旋转，而转子的小端面始终与分油盘贴合在一起。斜盘的角度由调节活塞控制。当转子旋转时，柱塞随之转动，由于斜盘有一定的倾斜角，所以，柱塞在旋转中将受到斜盘工作面的约束，从而相对于转子在柱塞腔内的作直线往复运动。当柱塞从柱塞腔向转子外移动时，柱塞腔的容积不断增大，即是吸的过程，此时柱塞腔的孔刚好和分油盘的进油口相通，这样就把油吸进柱塞腔。当柱塞反向移动（内移）时，柱塞腔的容积不断减小，即是排出过程，此时柱塞腔孔正好和分油盘的出油口相连通，吸入的油就被挤出柱塞。

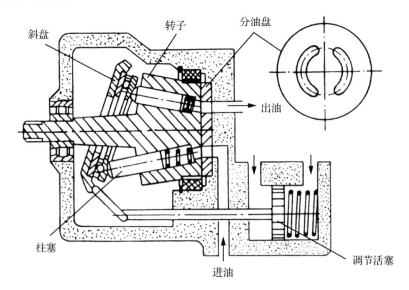

图 8.3　柱塞泵工作原理图

从柱塞泵的工作原理可知，柱塞就像注射器一样，其之所以能连续不断地吸油和排油，是由于转子旋转时柱塞相对于转子作往复运动，造成柱塞腔的工作容积周期性变化。这种靠元件间工作容积的周期性变化来压送液体的泵，也叫容积式泵。齿轮泵、旋板泵等都属于这类泵。

柱塞泵的主要缺点是：结构复杂，尺寸和重量相对较大，对制造和使用条件要求都较高，且容易出现故障。在发动机上，柱塞泵可被用作高压泵。图 8.4 为一柱塞泵示意图。

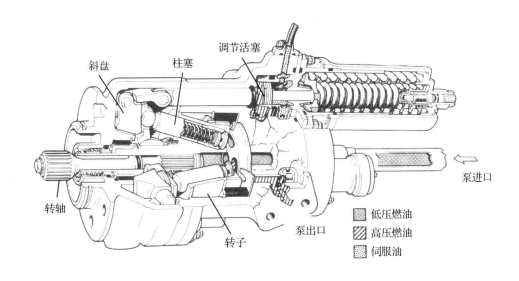

图 8.4　柱塞泵

柱塞泵的供油量取决于每个柱塞作一次往复运动时，其柱塞腔工作容积的变化量。从图 8.3 原理图可知，斜盘的角度可影响柱塞的行程，所以，适当地增大斜盘角度，可在不增加泵的重量的情况下，增加泵的供油量。若在工作过程中，通过调节活塞改变斜盘角度，这样就可把柱塞泵变为一个变排量泵。

离心叶轮泵在发动机燃油系统中常被用作低压油泵，它主要包括进油装置、工作叶轮和出口装置，其工作原理图见图 8.5。

进油装置的作用就是把燃油以一定的速度和方向导入工作叶轮，能使离心叶轮在飞机增压泵失效后，仍能正常工作。工作叶轮是离心泵的核心部件，它是带有叶片的圆盘。工作时，叶轮旋转，使进来的燃油随叶轮一起旋转。在转动过程中，叶轮内的燃油受到离心力作用，被甩向叶轮的外缘，使燃油获得一定的动能和压力势能，甩出的燃油沿出口装置流向排油管路。出口装置的截面是逐渐扩大的，燃油在其中流动时，速度逐渐下降，又把一部分动能转换成压力，使燃油的压力得到进一步提高。

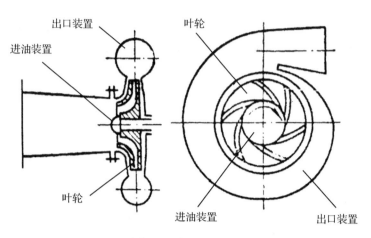

图 8.5　离心叶轮泵

从工作原理可知，离心泵和前面提到的容积泵（齿轮泵、旋板泵和柱塞泵）不同，它本身就有增压能力，不用依靠泵出口系统的流阻来建立压力。离心泵的主要优点是尺寸小，重量轻，结构简单；缺点是效率低，低转速时压力低，对气蚀性能要求高。在发动机上一般把它用作低压泵，用来保证高压泵进口的压力。

在实际中，有时把离心叶轮泵和齿轮泵做成一体，形成低压和高压泵组件。图 8.6 是用于 V2500 发动机的燃油泵组件，其低压泵是离心叶轮泵，高压泵是齿轮泵。

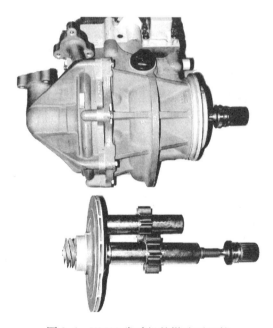

图 8.6　V2500 发动机的燃油泵组件

2. 油滤

油滤的作用就是防止燃油中的杂质进入发动机燃油系统而造成油路堵塞和部件磨损。一般装两个油滤，一个细油滤、一个粗油滤。细油滤一般在发动机燃油系统的起始位置，如图 8.2 所示，以阻止杂质进入燃油系统，所以也叫低压燃油滤。粗油滤一般在燃油进入喷嘴之前，以防止细油滤下游某些部件损坏后而造成喷嘴堵塞，起保护作用，它也叫高压油滤。细油滤一般是一次性油滤，定期或堵塞后进行更换，它带有旁通活门和堵塞指示装置。粗油滤一般是金属滤网式结构，可进行超声波清洗，重复使用。

3. 燃油加热装置

现代发动机上广泛采用的燃油加热装置是燃油/滑油热交换器，它一般装在低压燃油路上。在给燃油加热的同时，还起到冷却滑油的作用，具体工作情况见第七章。但也有发动机的燃油加热器是靠从压气机引热空气来加热燃油的。

4. 燃油调节器

燃油调节器是燃油系统的核心部件，驾驶员通过驾驶舱内的油门杆来控制燃油调节器，调节发动机的供油量，控制发动机在加、减速和稳态时功率的大小。在现代发动机的燃油控制系统中，燃油调节器就是一燃油计量组件，其受控于发动机电子控制器（EEC）。在发动机起动时，燃油计量组件内的燃油计量活门和关断活门打开，允许燃油经喷嘴进入燃烧室。经点火电嘴点燃，发动机起动起来，稳定在慢车转速。发动机慢车后，燃油计量组件则按闭环控制原理控制发动机的供油量。对应于发动机的不同工作状态，燃油计量系统根据 EEC 的要求，控制供油。起飞功率时，供油量和供油压力都最大。随着飞机的不断爬升而到了巡航高度后，发动机进入巡航功率状态，燃油计量组件的供油量和供油压力都要下降。飞机从巡航进入降低高度和着陆时，燃油计量组件再把供油量和油压力降低，使发动机的功率下降，以满足飞机着陆的需求。另外，燃油计量组件还可为其他发动机控制系统提供伺服燃油，如可调静子叶片、主动间隙控制系统等。有关燃油计量系统的工作情况见本章第二节。

第二节　燃油控制系统

发动机在工作过程中，向燃烧室供油量的多少要满足当时进入发动机的空气量和气流速度，否则发动机就不能正常工作。供油太多，燃烧后的温度就会太高而烧坏涡轮，或者出现富油熄火；而供油太少又会出现贫油熄火。供油量的多少受到很多参数的影响，主要参数包括：飞机对推力的需求（油门杆的位置）、大气压力、发动机进气温度、进气压力、转子转速、压气机出口压力、发动机的排气温度等。燃油控制系统通过感受这些参数，根据这些参数的大小来控制供油量。发动机的燃油控制系统有三种基本类型，它们是传统的机械液压式燃油控制系统、电子监控型机械液压式燃油控制系统和全功能数字式电子控制系统。

图8.7为传统的发动机操纵系统，从驾驶舱的油门杆，经中央操纵台上的油门操纵机构和飞机地板下的钢索、滑轮，一直到发动机吊架处的操纵鼓轮，最后到达发动机上的燃油调节器。飞机上油门操纵系统与发动机上的操纵钢索（推拉钢索）之间靠齿轮、齿条连接在一起。推拉钢索与燃油调节器相连，这样，当驾驶员改变油门杆的位置时，通过这套机构就把油门杆的位置传给燃油调节器（燃油计量组件），使燃油调节器能根据油门杆的变化来调节发动机的供油量。

在电传操纵的飞机上，取消了滑轮和钢索机构。驾驶舱内油门杆的位置是通过电信号传给发动机上燃油调节器的，这一任务靠油门杆角度解算器来完成。驾驶舱内油门杆运动后，通过连接机构把油门杆的运动传给油门杆角度解算器，解算器把油门杆的机械运动转换为电信号，此电信号再传给 EEC，EEC 控制发动机上的燃油计量组件。这样一来，从驾驶舱到发动机之间就没有了机械连接，只有电路连接。但不管哪种系统，都是驾驶舱内的油门杆给出对发动机功率的要求，发动机上的燃油计量组件来实现这一要求。下面来介绍燃油计量组件是如何完成这一任务的。

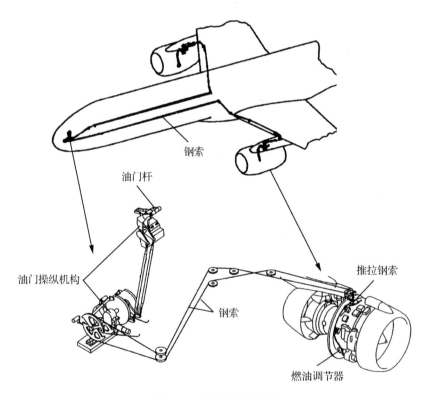

图 8.7　发动机操纵系统

一、燃油调节器的基本原理

燃油调节器主要包括两大部分：燃油计量部分和计算部分。燃油计量部分的主要部件就是计量活门，燃油调节器通过控制计量活门开度的大小来改变供油量。图8.8是计量活门的工作原理图。

图中，计量活门上游的压力为 p_1，下游的压力是 p_2，则燃油流过计量活门，所产生的压差为：

$$\Delta p = p_1 - p_2 \tag{8-1}$$

根据流体力学知道，流过计量孔的油量：

$$w_f = \mu A \sqrt{2g\gamma\Delta p} \tag{8-2}$$

式中，w_f——燃油重量流量；

　　μ——计量孔的流量系数；

　　A——计量孔的流通面积（计量孔的开度）；

　　γ——燃油比重。

式（8-2）中，参数 μ 和 γ 可看作常数。这样，燃油流量就只与计量孔开度和计量孔前后的压差 Δp 有关，即有两个变量。这样就会出现在不同计量活门开度下，有相同的燃油流量。通常我们控制燃油流量时，采取一个计量活门开度，只对应一个燃油流量的方式。这样，就必须保持计量活门开度变化时，压差 Δp 恒定，而此压差的恒定是靠压降调节和溢流活门来控制的。

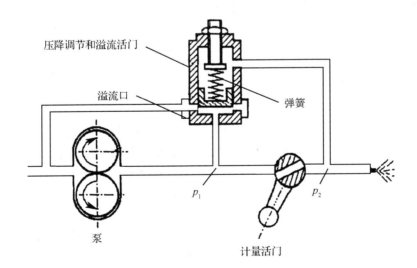

图8.8　计量活门工作原理图

假设压降调节活门设置的压差 Δp 为 60psi，这样，当发动机保持在某一转速下稳定工作时，计量活门上、下游的压差就是 60psi，压降调节和溢流活门保持在中立位置。由于在任何转速下，油泵的供油量总是比发动机当时的需要量要多，所以，会有部分燃油经溢流活门返回。当计量活门开度加大时，流过计量孔的油量加大，相应压差会下降，即 p_2 相对 p_1 来说要增加。这样，压降调节和溢流活门的平衡被打破。p_2 的增加使溢流活门向下移动，关小溢流开口，使返回的燃油量减少，从而使流过计量活门的油量增加。供油量增加，发动机的转速就增加，相应油泵的转速也增加。泵转速增加后，使 p_1 增加，流过计量孔的油量增加，直到压差 Δp 回到 60psi，使溢流活门又回到中立位为止。但此时，发动机转速增加到了一个新转速水平，计量活门开度也保持在比原来更大的开度位，反之亦然。因此，计量活门是按恒定压差来工作的。有一开度，就有唯一的流量。计量活门的开度是由计算部分和油门杆来控制的。

燃油调节器的计算部分接受来自发动机的工作参数（如前面提的发动机进气温度、转子转速等）、飞行情况（飞行高度、速度等）和油门杆的位置，计算发动机的燃油需要量，调节计量活门的开度，以防止发动机过热、失速、喘振和熄火等出现。当前推油门杆时，计算部分就会增加计量活门的开度，使供油量增加。但供油量的增加是逐渐增加上去的，使发动机的转速按照一定的加速度来增加，以防止供油量一下增加太多，而造成发动机过热或转速增加太快而超转。同样，收回油门杆时，计算部分也会操纵计量部分使计量活门的开度减小，使发动机按一定减速度减速，以避免出现熄火现象。对于双转子或三转子发动机来说，一般是按高压转子转速的变化率来控制加、减速。

二、机械式燃油控制系统

典型的机械式燃油控制器有机械液压式和气动机械式。图 8.9 为 JT8D 发动机的燃油调节器（JFC60-6）原理示意图，它是一种典型的机械液压式燃油控装置，主要包括两大部分：计算部分和计量部分。在发动机加速、减速和稳态工作过程中，计算部分感受各工作参数的变化，控制计量活门的开度，改变供油量。计量部分把计量后的燃油送往燃烧室，并把多余的燃油送回油泵进口。

计算部分主要包括压气机出口压力限制器，两个三维（3D）凸轮（一个是加、减速 3D 凸轮，另一个是转速给定凸轮），定常偏差凸轮和大气压力传感器。计算部分是以油气比 w_f/p_{s4}（供油量 w_f 与压气机出口压力 p_{s4} 之比）作为控制参数的。

压气机出口压力（p_{s4}）限制器感受压气机出口压力（燃烧室进口压力），若压力达到了最大值，其超控定常偏差凸轮，限制计量活门的开度，防止压力过高。

加、减速 3D 凸轮感受高压转子转速（N_2）和压气机进气温度（T_{t2}），控制发动机的加速和减速。T_{t2} 的变化使 3D 凸轮转动，而 N_2 的变化使 3D 凸轮轴向移动，从而改变凸轮的控制形面。3D 凸轮的形面是按照油气比与发动机的转速（N_2）和压气机进气温度之间的对应关系制定的，从而实现对发动机加速、减速方案的控制。

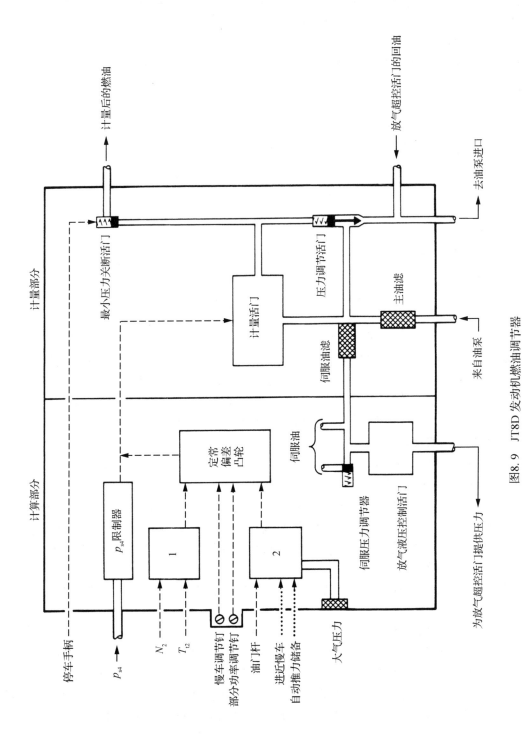

图8.9 JT8D 发动机燃油调节器
1. 加、减速3D凸轮；2. 转速给定3D凸轮

213

转速给定 3D 凸轮感受下列参数：来自油门杆/反推手柄的油门位置信号、大气压力、进近慢车电磁活门的信号和自动储备推力电磁活门的信号，实现对发动机转速的控制。油门杆的位置信号使该 3D 凸轮转动，给出发动机的转速变化曲线。大气压力反映飞行高度，其变化使 3D 凸轮轴向移动，调节由于高度变化而引起的推力变化，对转速进行修整。飞机进近时，进近慢车信号使 3D 凸轮移动，自动提高发动机转速，其使 N_2 提高大约 10%。自动储备推力电磁活门通电时，也使 3D 凸轮移动，给出更高的 N_2 转速要求，从而使得发动机从正常起飞转速加速到最大起飞转速。此电磁活门的工作是受一定条件约束的，只有当条件满足后其才能通电。例如起飞时，若一台发动机失效，则自动储备推力系统工作，使另一台正常工作的发动机产生最大起飞推力。

定常偏差凸轮综合来自两个 3D 凸轮的信号，并输出到计量部分，控制计量活门的开度。通过慢车调节钉和部分功率调节钉可修改此凸轮的位置，实现对慢车和部分功率的调节。

计量部分主要包括计量活门（油门活门）、压力调节活门和燃油最小压力关断活门。计量活门是一个窗口式活门，其在计算部分的控制下，控制送往燃烧室的燃油流量。计量活门两端（进口和出口之间）的压差，靠压力调节活门来保持。压力调节活门还把多余的燃油送回油泵的进口。

燃油调节器与驾驶舱之间有两根机械连杆，一根是油门杆，另一根是停车手柄（也叫燃油关断手柄）。油门杆控制发动机推力的大小，停车手柄用于发动机的起动和停车。停车手柄有两个位置："接通"和"关断"。在发动机起动过程中，当 N_2 达到一定转速后，把停车手柄推倒"接通"位，这样就允许计量后的燃油把最小压力关断活门打开，使燃油进入喷嘴。也就是说最小压力关断活门是靠计量后的燃油压力顶开的，关闭是靠弹簧和供油泵的高压油。

燃油调节器内有一伺服压力调节器，其调节所有的伺服压力，为燃油调节器内部的计算和计量部分提供作动力。另外，燃油调节器内还有一个压气机放气活门的液压控制活门，它为压气机放气超控活门提供伺服燃油。当发动机在稳态工作时，此液压控制活门允许伺服燃油通到放气超控活门，使压气机放气活门处于关闭位置。当发动机快速减速时，此液压活门转换位置，减少送到放气超控活门的伺服燃油，使放气活门打开，防止压气机出现失速或喘振。

这种机械液压式燃油调节器，一般用膜盒感受压力，用离心飞重感受转速。压力和转速的变化再通过伺服机构（活门，挡板活门等）转换成液压压力（伺服燃油压力），作动杆系。杆系一般有加法杆、乘法杆和比例杆等。

图 8.10 为 JFC68 燃油调节器的结构图，它用在 JT9D 发动机上，比用于 JT8D 发动机上的 JFC60-6 更复杂。其工作原理与 JFC60-6 类似。图中（8）是燃油计量活门，计量活门有最大流量止动和最小流量止动（9）。该计量活门包括移动的活门和衬套，衬套上有开孔，活门移动改变开口的大小，计量后的燃油从此开口流出。（16）是感受计量活门进、出口两端压力的压力调节活门。从计量活门出来的油，进入最小压力关断活

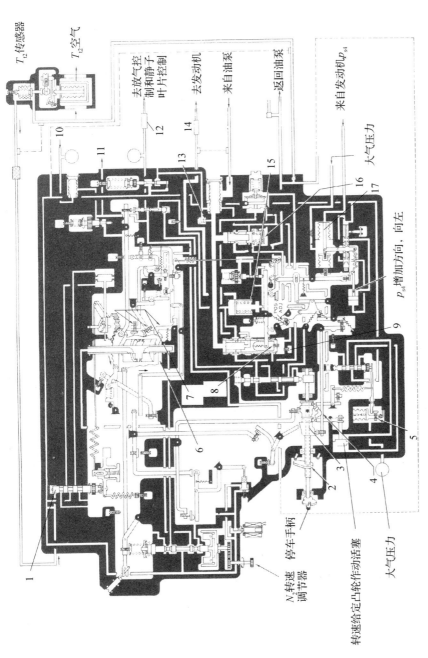

图8.10 JFC68燃油调节器结构图

注：图中的箭头代表流动方向或压力。

1. T_{t2}控制活门；2. 功率（推力）杆；3. 转速给定凸轮；4. 转速给定凸轮随动件；5. 大气压力传感器；6. N_2转速同服机构；7. 从上到下依次为：减速随动件、加速随动件、定常偏差复位随动件；8. 计量活门和最大流量止动；9. 计量活门关断活门；10. 来自燃油泵；11. 去发动机静子叶片控制系统（EVC）；12. 限流孔；13. 释压活门；14. 燃油关断活门；15. 最小压力关断活门；16. 压力调节活门；17. p_{s4}压力传感器。

215

门（15）之后送往燃烧室。计算部分根据发动机转速 N_2、燃烧室进口压力 p_{s4}、压气机进气温度 T_{t2}、大气压力和油门杆的角度来控制发动机的供油量。

T_{t2} 温度传感器把压气机进气温度变化转变为液压力，此液压油（伺服燃油）被送到 T_{t2} 温度控制活门，控制活门控制伺服油去往伺服活塞或从伺服活塞返回，从而引起伺服活塞移动。伺服活塞再通过杆子带动齿轮转动，也就是使 N_2 转速伺服机构（6）的 3D 凸轮转动。图中箭头所指是 T_{t2} 升高引起的凸轮旋转方向。从 N_2 转速调节器来的伺服油到达 N_2 转速伺服机构后，使 3D 凸轮上、下移动。转速增加时，凸轮如图中箭头所示向下移动。3D 凸轮的外形是按照油气比与压气机进气温度和转速之间的关系建立的，发动机的加、减速就是由此三维凸轮控制的。与凸轮配合的有两个随动滚子（7），一个是加速随动滚子，另一个是减速随动滚子。当三维凸轮转动或移动时，随动滚子随着凸轮形面的变化而变化，随动滚子的变化通过杆系传给比例控制组件，再通过弹簧到达计量活门，改变计量活门开度，这样就控制了发动机的加速和减速。

转速给定凸轮（3）与功率杆（2）相连。功率杆转动时，转速给定凸轮也跟着转动，从而给出 N_2 转速。大气压力传感器（5）的膜盒是真空的，膜盒的外侧是大气压力。当大气压力变化时，真空膜盒收缩或膨胀，膜盒的移动通过杆子带动相应的伺服控制活门移动，控制活门控制送往转速给定凸轮作动活塞的伺服燃油，从而使作动活塞带着转速给定凸轮移动（图 8.10 中的左下角部分），给出由于高度变化而对发动机功率的修正。

图中右下角是 p_{s4} 压力传感器（17），它代表了燃烧室的进气量。油气比的控制是通过控制 w_f/p_{s4} 来实现的（w_f 代表燃油流量）。它包括两个膜盒，一个是真空膜盒，真空膜盒外侧是大气压力；另一个膜盒外面是 p_{s4} 压力，内侧是大气压力。膜盒膨胀收缩带动一挡板活门移动，挡板活门控制了送往伺服机构的伺服燃油，伺服机构通过杆系（包括比例杆和乘法杆）使计量活门移动，改变计量活门开度，调节供油量。

第三节　发动机电子控制系统

随着飞机、发动机的不断发展，对发动机的控制要求也越来越高。另外，控制系统需要感受的参数也越来越多，所控制的系统也在不断增加，对控制精度的要求也越来越高。这样原有的机械液压式控制系统就不再能满足要求了。因为不管是三维凸轮、杆系等计算元件，还是膜盒等计算元件，它们所能综合计算的参数个数是有限的，所以计算机技术就被应用到了发动机控制系统。

发动机的电子控制系统一般包括输入部分、计算部分和输出部分。图 8.11 是发动机电子控制简图。发动机电子控制器（EEC）接受来自飞机和发动机的参数，在 EEC 内部有处理器和控制逻辑，对输入的参数进行各种计算和处理，然后根据控制方案输出。由于 EEC 是电子部件，它所输出的是电信号，而要实现对各个系统的控制，就必须把这些电信号转换成液压、机械信号，才能驱动相应的系统动作，达到控制目的。这种转换一般是通过力矩马达或电磁活门等来实现的。EEC 的电源供应一般有两个：飞机 28 伏直流电源和发动机上的专用发电机，专用发电机是主电源。

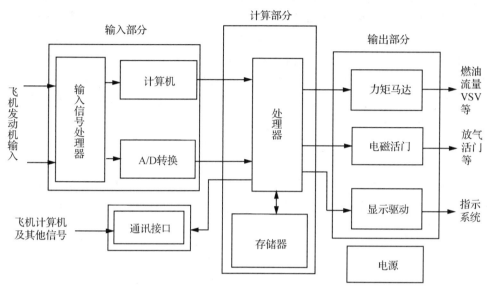

图 8.11　电子控制系统组成

输入部分接收来自各传感器的信号，对输入的信号进行处理、验证和逻辑判断，以消除错误的输入信号。计算部分一般包括控制方案、控制程序和处理器。对输入的信号针对不同的系统进行相应的计算和选择相应的控制方案，给出针对当时条件及要求下的燃油控制和发动机其他系统的控制信号。输出部分则是一些作动机构，它们接收来自计算部分发出的信号，驱动相应的系统到达所要求的位置。

发动机电子控制系统可分为两大类，一类是电子监控型，另一类是全功能数字式电子控制（FADEC）。监控型是指发动机的燃油控制主要靠机械液压式燃油调节器完成的，而电子部分只是起修正和限制作用，以实现对发动机功率的更准确控制，并起安全保护作用，防止出现超转、超温等现象。全功能数字式电子控制系统则控制了发动机的所有系统，它不但控制发动机的燃油系统，而且还控制诸如起动、压气机防喘、涡轮的间隙控制、反推等其他系统。FADEC 系统从参数的感受到控制参数的输出都是电信号，但完成控制功能的还是机械液压部件或气动部件，如燃油计量组件内的计量活门等仍是机械液压部件。

一、监控型电子控制系统

监控型电子控制系统是发动机控制系统从完全机械液压式到 FADEC 之间的过渡，

在许多发动机上得到应用。参与控制的电子部件有的厂家称之为 EEC（发动机电子控制器），有的厂家称之为 PMC（功率管理控制器）。如罗·罗公司的 RB211-535E4 发动机和普惠公司的 JT9D-7R4 发动机都采用的是 EEC 和机械液压式控制器；而 CFM 公司的 CFM56-3 则采用的是 PMC 和机械液压式控制器。

下面以 RB211-535E4 发动机的燃油控制系统来说明监控型电子控制系统的工作情况。EEC 装在电子设备舱内，燃油调节器（FFG）是伍德沃德（WOODWARD）公司的机械液压式燃调。发动机的推力是按发动机压比（EPR）来控制的。EPR 是风扇排气压力 p_F 与发动机进气压力 p_1 之比。驾驶舱内油门杆的运动直接由钢索、滑轮等传到发动机上的 FFG。另外，还通过油门杆角度传感器，把油门杆的机械运动转变为电信号传给 EEC。EEC 有两个通道，一个是监控通道，另一个是限制通道。监控通道主要修正 EPR 的大小，提高发动机功率的控制精度。限制通道感受 N_1 转速，防止 N_1 转子超转，如图 8.12 所示。

EEC 接收来自飞机的信号有：油门杆角度、大气数据计算机提供的总温、总压、飞行速度、飞行高度和发动机的引气状态。接收来自发动机的参数有：实际 EPR、N_1 转速、油门杆角度，发动机进气压力 p_1 和中压压气机进气温度 T_2。另外还有来自驾驶舱内的 EEC 控制电门的信号。那么 FFG 和 EEC 是如何相互配合工作的？FFG 是燃油的主控制器，而 EEC 只起修正和限制作用。EEC 和 FFG 之间的联系是靠力矩马达实现的。

首先看 FFG 的控制过程，其控制原理见图 8.13。计量活门的开度靠 p_4/p_1 调节器来控制，其通过控制送往计量活门作动活塞腔的高压伺服燃油量的多少来实现（见图 8.14）。p_4 是压气机出口的压力，它代表了燃烧室的进气量。p_1 是发动机进气压力，它反映了飞行高度。由图 8.14 可见，p_4/p_1 调节器的左端是 p_1 压力，右端是 p_4 压力。p_1 压力传感器是一真空膜盒，膜盒外面是大气压力（p_1）。膜盒膨胀、收缩通过杆系带动凸轮上下移动，凸轮的随动装置再通过杆系把 p_1 的变化传到 p_4/p_1 调节器的左端。另外油门杆的移动也通过钢索和杆系传到 p_4/p_1 调节器的左端。这样当油门移动或 p_1、p_4 变化时，都会改变 p_4/p_1 调节器的位置。p_4/p_1 调节器位置的改变会使送往计量活门作动活塞腔的高压伺服燃油量变化，从而引起计量活门活塞移动，活塞推着计量活门转动，从而改变计量活门的开度。计量活门有最大和最小流量止动钉。最大流量止动是为了防止在低高度、高飞行速度时发动机超转；最小流量止动用来保证在高高度、慢车状态下，压气机能提供足够的引气。最小慢车止动有两个位置，由最小流量复位电磁活门控制。

计量活门的进出口之间有一压差调节活门，其感受计量活门进、出口压差的变化。当计量活门开度改变时，其通过调节溢流活门的开度，来保持压差恒定。溢流活门把过多的燃油送回到高压油泵的进口。

送到 p_4/p_1 调节器的高压伺服燃油受控于限制活门。限制活门受 p_4、T_f（风扇出口温度）和 N_3 这三个参数控制。限制活门控制送往 p_4/p_1 调节器的高压伺服燃油流量变化的快慢，这样也就控制了计量活门作动活塞移动的快慢，即控制发动机的加、减速。

其目的是为了防止加速时，加油过多而超转；减速时，减油过快而熄火。p_4、T_f 和 N_3 都是通过 3D 凸轮和杆系来影响限制活门的。N_3 的变化通过 N_3 伺服机构使 3D 凸轮转动。T_f 的变化使 3D 凸轮轴向移动，凸轮形面的变化通过杆系传给限制活门。p_4 直接通过杆系到达限制活门。

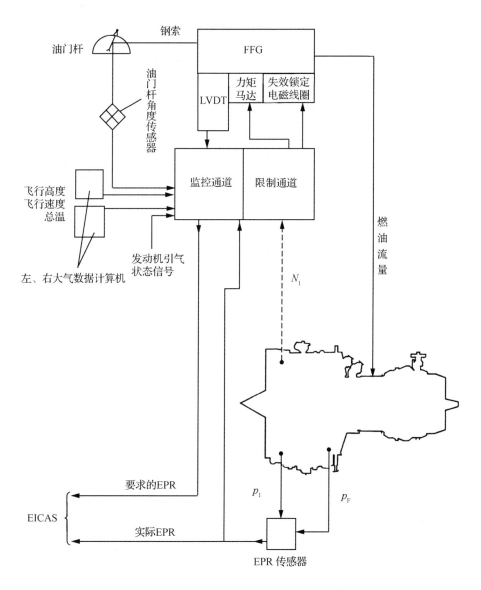

图 8.12　*RB*211-535*E*4 发动机的控制系统

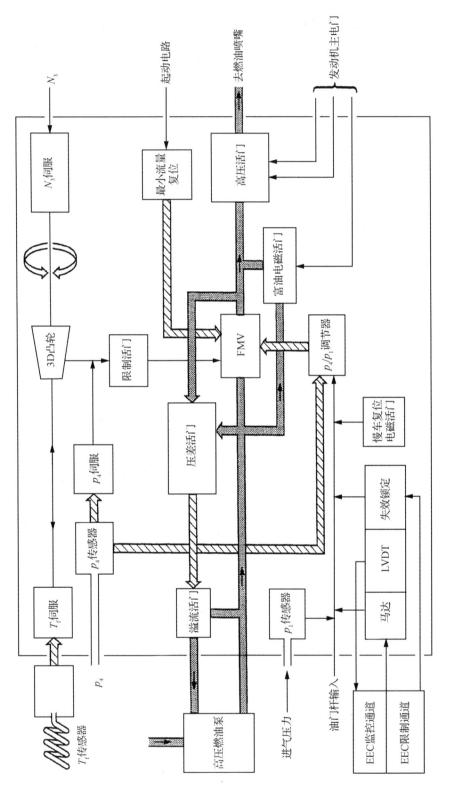

图8.13 FFG简图

富油活门旁通计量活门，其打开时，允许更多的燃油（大约 13 加仑/小时的燃油）不经计量活门而送到燃油喷嘴。一般在冷天起动发动机时使用。发动机的主电门有一个富油位，冷天（低于 0℃）起动时，把起动电门扳到富油位即可。它只在起动过程中发挥作用，发动机起动后，N_3 转速电门会自动使其关闭。其作用就是使发动机容易点火起动。

发动机有高、低两个慢车。低慢车用于飞行和地面工作，高慢车用于进近和发动机防冰。高、低慢车的转换靠慢车复位电磁活门控制，其通过高、低慢车控制杆作动杆系，改变 p_4/p_1 调节器左端的弹簧力大小，修正 p_4/p_1 调节器的基准位置。

前面 FFG 已经根据油门杆给出了发动机的功率，即 EPR。EEC 也会根据油门杆角度信号给出一个发动机推力的要求值，即 EPR 的要求值，并根据飞行高度、大气总温和飞行速度以及发动机的引气状态对该要求的 EPR 进行修正。EPR 传感器把实际的 EPR 值传给 EEC（监控通道），这样若实际值和要求值不一致，则 EEC 的监控通道就发修正电流到 FFG 上的力矩马达，微调燃油流量，使实际 EPR 值与要求 EPR 值相同，从而提高控制精度。EPR 的要求值和实际 EPR 值也会在 EICAS（发动机指示和机组警告系统）上给出显示。

EEC 的限制通道感受 N_1 转速，防止 N_1 转速超过预定的 N_1 值。该转速值在最大起飞转速和最大超转转速之间。若 N_1 达到此值，则限制通道发送电流到力矩马达，调节供油量，下调转速，即限制通道起到保护作用。

FFG 上有一线性可变差分传感器（LVDT），它负责把修正的结果反馈回 EEC，从而实现闭环控制。EEC 的两个通道驱动同一个马达，并且监控通道的信号是经限制通道输出的。力矩马达把电信号转变成液压信号，然后再通过杆系，调节 p_4/p_1 调节器的基准位置（改变 p_1 端的弹簧力），从而改变送往计量活门作动活塞的伺服油，活塞移动调节计量活门的位置，实现对燃油流量的修正。见图 8.13 和图 8.14。

由图 8.14 可看到，力矩马达是通过控制功率修正活塞左、右腔的伺服油压来控制修正活塞移动。修正活塞的移动通过杆系传到 p_4/p_1 调节器的左端，改变弹簧力大小，修正 p_4/p_1 调节器的基准位置，实现对燃油流量的修正。修正杆移动时，带动反馈杆移动，反馈杆通过 LVDT 给出反馈信号。当失效锁定电磁活门工作后，把高压伺服燃油引到修正冻结机构。修正冻结机构工作，把反馈杆卡死，不允许其移动。而反馈杆与修正杆是相互连接的，这样修正杆也就不能移动了，从而把 EEC 的修正锁死。

EEC 的电源供应主要靠发动机上的专用发电机提供。由于 EEC 只起修正 EPR 和限制 N_1 的作用，所以，在 EEC 不工作的情况下，FFG 可照常工作，完成对发动机燃油流量的控制。EEC 的两个通道是相互独立的，每个都可单独工作。若监控通道出现故障，则修正冻结，即把修正电流冻结在故障时的值。当限制通道发出的修正电流大于冻结电流时，则冻结解除，允许限制通道发挥作用。但若限制通道出现故障，则失效锁定电磁活门工作，把修正机构锁死，不允许 EEC（监控和限制通道）工作。

在驾驶舱内头顶面板上有监控通道和限制通道的控制电门，电门有接通和断开两个位置。可人为接通 EEC 的两个通道，使其投入工作，或断开 EEC 的两个通道。也可单独接通监控通道和限制通道。当限制通道故障后，只有断开限制通道，才能使监控通道继续工作。

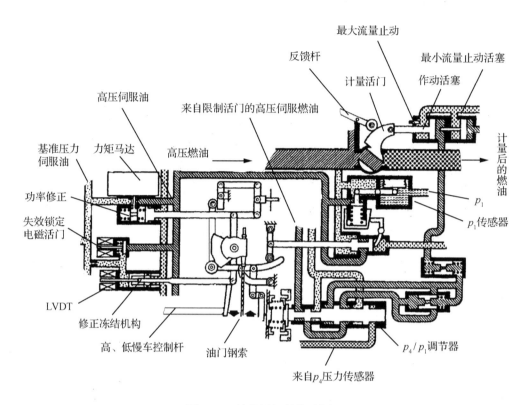

图 8.14　计量活门的作动原理

EEC 有自检设备（BITE），其可对 EEC 的输入和输出进行检查并自检，若发现故障，则以故障代码的形式存储在 EEC 内存里。另外，还在 EICAS 上给出维护信息："L/R EEC BITE"（"左/右 EEC 自检"）。维护人员看到此信息后，可在地面上给 EEC 通电，使 EEC 自检，在 EEC 上有一显示窗口，从窗口上可把存储的信息读取出来，以帮助维护人员排除故障。

由图 8.13 和图 8.14 可见，油门杆、EEC 的修正和慢车转速复位信号都经过杆系到达 p_4/p_1 调节器的左端，改变 p_4/p_1 调节器的基准位置。当前推油门杆加速时，则作用在 p_1 端的力加大，使 p_4/p_1 调节器的活门向右移动，这样来自限制活门的高压伺服燃油就会经 p_4/p_1 调节器进入计量活门作动活塞的右腔，推着活塞向左移动，从而引起计量活门开度加大。发动机供油量增加，转速增加，p_4 就增加，使 p_4/p_1 调节器的活门向左移动，回到中立位置。油门杆回收减速时，通过油门钢索和杆系使作用在 p_4/p_1 调节器左端的力减小，p_4/p_1 调节器的控制活门左移，使计量活门作动活塞右腔的伺服油减少，活塞右移，计量活门开度减少。这样进入燃烧室的燃油减少，发动机转速下降，p_4 下降，使 p_4/p_1 调节器的控制活门右移，回到中立位置。当然控制活门回中立位并不是一次完成的，它有个平衡过程。

从监控型机械液压式燃油控制系统的工作过程可看到，其提高了控制精度，增加了对发动机的保护。其自检功能还使它具有了一定能力的故障监控和报告能力。

二、FADEC 控制系统

全功能数字式电子控制系统（FADEC）被广泛地应用在现代发动机控制中。所谓全功能（或全权限）数字式控制就是指充分利用电子式控制系统的能力来完成控制系统所要求的任务。FADEC 不只控制发动机的燃油系统，而且还控制发动机的其他系统，如发动机起动系统、反推系统、压气机气流控制系统、主动间隙控制系统，以及燃油和滑油工作温度等。图 8.15 是一典型的 FADEC 系统。从图中可以看到，FADEC 系统包括 EEC、为 EEC 提供输入信号的传感器和线束、EEC 的输出线束和 EEC 所驱动的马达、电磁活门等。FADEC 系统的 EEC 与前面监控型 EEC 比较，其功能更强大。EEC 接收来自飞机和发动机的信号，除了向其所控制的系统发布控制命令外，还能向飞机其他系统提供数据，如 FADEC 的故障诊断功能给飞机提供发动机故障信息等。图 8.15 中的滑油散热器向 EEC 提供滑油温度和燃油温度信号，以便 EEC 能在保证滑油和燃油温度的情况下，充分利用燃油来冷却滑油。图中有的系统是双向的，即 EEC 向该系统输出控制信号，该系统也向 EEC 提供信号。数据输入插头为 EEC 提供发动机的特征信息，这包括额定推力、发动机系列号等，以便 EEC 能根据该发动机的特征来进行控制。图中 FMU 是指燃油计量组件。

与前面的机械液压和监控型控制系统比较，FADEC 系统有如下特点：

（1）控制范围广、控制速度快、控制精度高，可实现在整个飞行范围内保证发动机性能最佳，从而提高了发动机的性能，降低燃油消耗。

（2）由于去掉了机械液压部分中的计算元件等机构，燃油控制组件的重量大大减轻。

（3）减轻飞行人员的工作负荷。FADEC 系统除了可完成发动机的自动起动外，还有一定的保护功能，如超转保护和推力限制等，其自动油门系统更可减轻飞行人员的工作量。

（4）控制的可靠性高。这可从两方面得到体现，一是 FADEC 系统一般都采用余度设计概念，确保安全可靠，这不但体现在 EEC 的双通道设计，而且 FADEC 系统中的传感器、线束、力矩马达、电磁线圈等也是双的；另一方面是 FADEC 有很强的自检和故障诊断能力，能及时发现问题，以便维护人员及时处理，从而也提高了发动机的维护性能。

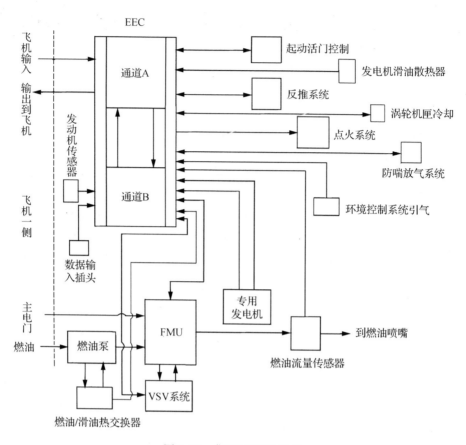

图 8.15　典型 FADEC 系统

　　现代民用发动机如 V2500、罗·罗公司的遄达（TRENT）系列、通用电器公司的 GE90、普惠公司的 PW4000 等发动机都采用了 FADEC 控制系统。FADEC 系统的核心是 EEC。为了保证发动机控制系统安全、可靠和及时，一般来说 EEC 是一个双通道（一般叫做通道 A 和通道 B）数字式电子控制器，两个通道被封装在一个防火的壳体内。但有的 EEC 则是两个通道单独封装在自己的壳体内，它们之间用线束连接起来，若一个通道故障了，另一个通道仍能继续工作。在大型涡轮风扇发动机上，EEC 一般通过减振安装座固定在发动机上，并且多数装在风扇机匣上（图 8.16），也有把 EEC 安装在飞机内部的。由于 EEC 是个电子部件，所以要求安装环境通风冷却要好，应能避免雷击以及电磁辐射对其造成的影响。

　　EEC 的两个通道是相互独立的，每个通道都有自己的电源输入、微处理器、控制程序、输入和输出，见图 8.17。每个通道都能单独工作。在工作过程中，两个通道之间既相互独立又互相联系，它们之间还进行数据交换。通常一个通道处于控制状态，另一个通道则处于备用状态。但处于备用状态的通道也在接收、处理信号，并根据控制逻辑进行计算，只是没有输出。一旦探测到控制通道不能实施控制功能了，则自动转换到备用通道。正常情况下，两个通道交替工作，即发动机起动、停车一次，EEC 自动转换一次控制通道。若双通道故障，则 EEC 会使相应的系统进入失效安全模式。在工作过程中，EEC 对整个 FADEC 系统不断地进行监控，并自检，以便能及时发现问题。EEC 有很强的故障诊断能力和容错能力，它可根据故障的严重程度，决定是否在驾驶舱内给出警告信息，以通知驾驶员注意或采取措施。对于不至于引起驾驶员注意的故障，EEC 则储存起来，以便地面维护人员检查时使用，帮助维护人员排除故障。

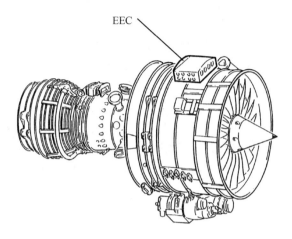

图 8.16　EEC 的安装

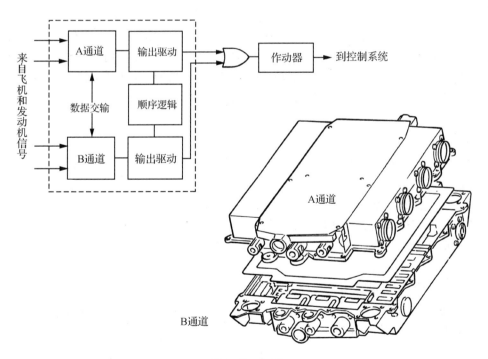

图 8.17　EEC

225

在容错方面 EEC 通常采用下列逻辑系统：

（1）若输入参数出现问题，则 EEC 会采取下列措施：使用备用参数、从另一个通道借数据、利用其他数据合成参数、使用缺省值等。

（2）输出故障，则转换通道。

（3）若两个通道都有问题，则比较哪个通道最有利于控制，让那个较好的通道实施控制。若都不能完成控制工作，则进入失效安全模式。

EEC 的控制软件是决定其控制系统性能的一个关键因素。在实际使用过程中，厂家会根据发动机实际工作过程中出现的问题，不断改进控制逻辑，使系统性能不断提高，因此，EEC 的控制软件一般都可在应用中进行升级。

EEC 接收来自飞机和发动机的信号，根据储存在程序存储器内的各系统控制程序，计算出所要驱动的机构的位置，通过输出驱动电路，作动相应的作动器。另外，EEC 也把发动机系统的状况传回飞机，以便在驾驶舱内给出指示和信息。在所控制的系统中，有的是开环控制，但大多数系统是闭环控制。常用 LVDT、RVDT（旋转式可变差分传感器）、微电门等提供反馈信号。执行机构的作动器有的是靠伺服燃油作动力，有的是靠压力空气作动力。

在 FADEC 控制的燃油系统中，燃油计量组件（FMU）内有许多机械液压部件。EEC 的电信号通过力矩马达转换成液压信号，作动 FMU 内的这些部件。另外，通常 FMU 还为其他系统提供高压伺服燃油，为 FADEC 所控制的其他系统提供液压动力。下面以 V2500-A5 发动机的 FADEC 系统为例，介绍一下其控制工作情况。

V2500-A5 发动机应用在空客 320 系列飞机上，其 FADEC 主要包括 EEC、专用发电机、燃油计量组件（FMU）、高压压气机可调静子叶片、放气活门的作动系统、低压压气机的放气活门作动系统、主动间隙控制作动系统、发动机和整体驱动发电机（IDG）加热管理作动系统、为 EEC 提供信号的传感器、线束以及发动机起动系统的部件等，见图 8.18。

FADEC 主要有如下功能：

（1）在稳态和顺态下控制发动机工作，使其不超出安全极限，包括：

①燃油流量控制。

②加速、减速控制。

③高压压气机可调静子叶片和低压压气机可调放气活门控制。

④主动间隙控制。

⑤慢车转速控制。

（2）发动机工作限制和保护，包括：

①超转保护，即限制 N_1 和 N_2 转速，防止超过红线值。若达到超限值，则 EEC 发信号使 FMU 内的超转活门工作。

②监控排气温度。

（3）功率管理。

①发动机额定功率自动控制。

②计算推力参数的限制值。

③油门杆在最大前推位时，控制起飞/复飞推力。

④在人工控制发动机功率时，通过油门杆角度与额定功率的对应关系，管理发动机功率。

⑤灵活起飞推力控制。

⑥其他额定功率，如爬升、巡航、最大连续、慢车和最大反推功率控制。

⑦激活自动油门系统，通过自动油门系统完成发动机功率管理。

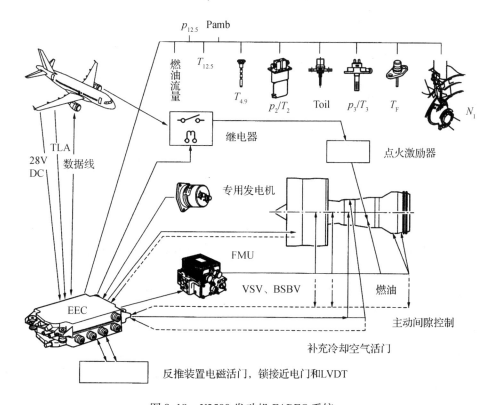

图 8.18 V2500 发动机 FADEC 系统

VSV：可调静子叶片；BSBV：增压级放气活门；FMU：燃油计量组件；Pamb：大气压力；Toil：滑油温度；T_F：燃油温度；p_3：燃烧室进口压力；TLA：油门杆角度；LVDT：线性可变差分传感器

（4）发动机自动起动程序控制。

①控制起动机活门的开关。

②控制 FMU 里的燃油关断活门的开关。（地面自动起动过程中，N_2 低于 50% 时，其可控制燃油关断活门的关闭；空中自动起动，只能控制燃油关断活门的打开。）

③控制供油方案。

④控制点火。

⑤起动过程中监控 EPR、N_1、N_2、EGT 和燃油流量。

⑥地面自动起动时，自动终止起动和重新起动。

（5）控制反推系统。

①控制反推装置的放出和收起。

②反推状态下，控制发动机推力大小。

③控制反推慢车功率。

④油门杆在最大反推位时，控制最大反推力。

⑤反推装置自动再收上和自动再放出控制。

（6）向指示系统提供信息。

①发动机参数。

②发动机起动过程中有关的状态信息。

③反推装置的状态信息。

④FADEC 系统的状态信息。

（7）传输发动机状态监控参数。

（8）探测、隔离、处理和储存系统内部故障信息。

（9）发动机滑油、燃油和 IDG 滑油温度控制，即加热管理系统。

为了完成这些控制，EEC 要接收来自飞机和发动机的信号。与 EEC 接口的飞机系统有：

大气数据和惯性参考系统——提供大气总温、飞行高度和飞行速度；

起落架、扰流板和升降舵控制计算机——根据起落架和扰流板的位置控制反推系统；

飞行管理和导航计算机——自动油门工作时，给出发动机推力大小要求，EEC 按此要求控制发动机的功率；

引气监控计算机——给出发动机的引气信号，修正发动机的供油量；

飞行控制组件——给出自动油门接通信号；

油门杆角度传感器——产生油门杆位置信号，EEC 根据油门杆角度控制发动机功率大小。

另外，EEC 与飞机指示系统的接口有：

飞行警告计算机——处理故障数据，给出故障指示，并根据故障的严重程度给出应该采取的必要的措施；

显示管理计算机——接受来自 EEC 的发动机的数据，在驾驶舱内给出发动机参数和系统参数的显示；

多功能控制和显示组件——维护人员利用此部件可进入 EEC，读取 EEC 存储的发动机故障数据。

装在发动机上的、向 EEC 提供发动机参数的传感器有：

发动机进气压力和温度探头——提供进气总温和总压（p_2/T_2）；

N_1 转速探头——提供 N_1 转速信号；

专用发电机——给 EEC 供电，并提供 N_2 转速；

发动机排气压力传感器——提供排气压力 $p_{4.9}$，EEC 根据 p_2 和 $p_{4.9}$，可计算发动机的实际压比 EPR，即 $EPR = p_{4.9}/p_2$；

排气温度热电偶——提供发动机排气温度 $T_{4.9}$；

燃烧室进口温度和压力传感器——给出 p_3 和 T_3。

EEC 的工作过程：

1. 功率管理

EEC 对发动机功率的控制采用了三种控制模式：EPR、额定 N_1 和非额定 N_1。通常情况下是按照 EPR 来控制发动机功率大小的，但在反推状态下，则是按 N_1 来控制的。若由于某些故障原因，EPR 模式不能使用时，则 EEC 会自动转换到额定 N_1 控制模式。若还有其他参数不能得到，如 T_2，则会进入非额定 N_1 模式。

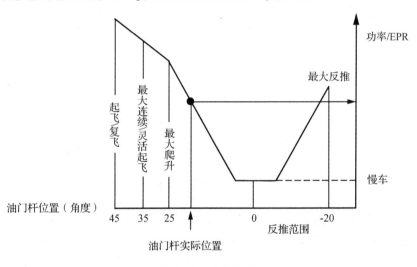

图 8.19　功率曲线

EEC 内存有发动机功率曲线，功率曲线给出发动机不同工作状态所对应的额定功率，这些额定功率包括起飞/复飞功率（TO/GA）、巡航功率、最大爬升功率（CL）、最大连续/灵活起飞功率（MCT/FLEX）、慢车（包括前推和反推）和最大反推功率，参见图 8.19。图中横坐标代表油门杆角度，纵坐标代表发动机推力，0°~45°为正常前推功率范围，0°~−20°为反推功率范围。驾驶舱内中央操纵台上的油门操纵机构有对应这些额定功率的卡槽位，当油门杆处于不同的卡槽位（角度）时，油门杆角度传感器就把油门杆的位置转变成油门杆角度解算器的角度（TRA，电信号），TRA 被送给 EEC。EEC 内的功率曲线就是按照 TRA 给出的，即不同的 TRA 对应于不同的推力（EPR）。这样，EEC 就知道了油门杆所要求的功率大小，然后再根据飞行条件（飞行速度、飞行高度）和大气温度条件（大气温度 T_{amb} 和 T_2），对要求值进行修正，修正后的值就是发动机所要达到的功率的目标值。当按 EPR 模式控制时，这个值就是 EPR 的目标值。当额定 N_1 模式控制时，此值就是 N_1 的目标值。EEC 比较目标值和实际值的大小，若有偏差，则发信号到燃油控制组件（FMU），修正燃油流量，直到实际值与目标值一致为止。但若是非额定 N_1 模式，则 EEC 没有保护功能，EEC 不能提供限制值，驾驶员操作不当可能会出现超转现象。图 8.20 给出了这个闭环控制过程。

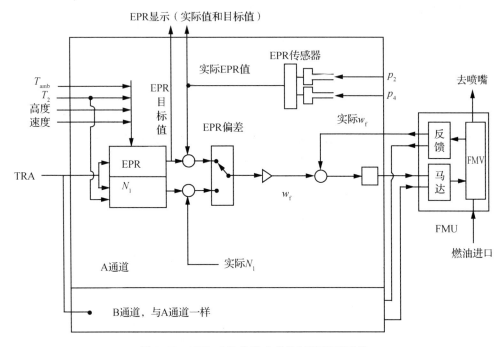

图 8.20 EEC 对发动机功率控制的闭环系统

在修正燃油流量的过程中，EPR 或 N_1 的偏差要转换成燃油流量的需求（w_f）。要求的 w_f 与实际 w_f 比较，若有偏差，则 EEC 以电流的形式向 FMU 内的燃油计量活门力矩马达发信号，改变计量活门的位置，调整燃油流量。实际燃油流量信号是由计量活门的位置解算器感受并反馈给 EEC 的。这样，当实际燃油流量和要求的燃油流量相同时，EEC 使计量活门保持这一开度。在控制发动机加、减速时，EEC 是按照 N_2 转速的变化率来完成控制的，以保证发动机能平稳地加速或减速，防止出现超温、熄火等情况。

2. 燃油流量控制

燃油计量组件（FMU）接受来自油泵的高压燃油，然后利用来自 EEC 的输入信号，计量送往燃油喷嘴的燃油。另外，FMU 还把一部分高压燃油经过滤、调压后输出，作为一些作动机构的伺服油。EEC 与 FMU 之间的联系简图见图 8.21。

从图中可见，FMU 内串联有三个活门：计量活门、超转保护活门和增压关断活门。EEC 与这些活门之间分别靠三个力矩马达连接起来。其中控制计量活门的马达是可调力矩马达，计量活门的位置靠位置解算器 RVDT（旋转式可变差分传感器）反馈给 EEC。控制超转和增压关断活门的力矩马达都是双位马达，即只有开、关两个位置，它们的反馈是靠微电门提供的。压降调节和溢流活门感受计量活门进、出口压差，其通过把多余的燃油送回低压燃油系统来保持计量活门进、出口两端的压差恒定。增压关断活门的力矩马达除了直接受控于驾驶舱内的发动机主电门之外，还受控于 EEC，控制发动机的起动和停车。

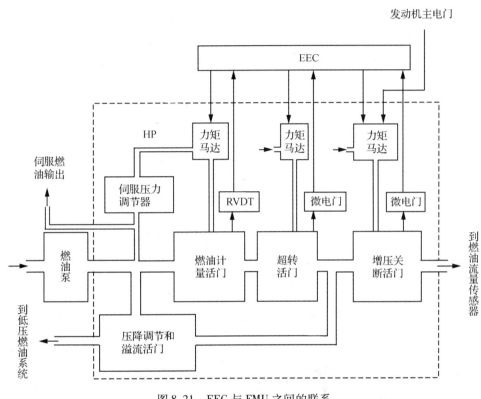

图 8.21 EEC 与 FMU 之间的联系

HP：去力矩马达的高压伺服燃油

1）计量活门的工作过程

图 8.22 给出了 FMU 的原理简图。EEC 向计量活门的可调力矩马达发送电信号，改变其挡板活门的位置，从而使送到计量活门下腔的伺服燃油压力发生变化，引起计量活门移动，改变计量口的开度。压降调节和溢流活门感受到计量活门开度变化所引起的压差变化后，重新定位溢流活门，调节溢流活门的回油量，从而使流过计量活门的燃油增加或降低。发动机加速或减速后，EPR 值也跟着变化，直到实际值与 EEC 的要求值相等为止。

图 8.23 是计量活门的工作原理图。从伺服压力调节活门出来的伺服燃油分成二股：一股直接到达计量活门的上腔，另一股则是经限流孔后，再经力矩马达控制的挡板活门到达计量活门的下腔。这样，当力矩马达改变挡板活门的偏摆后，就会使到达计量活门下腔的伺服燃油发生变化，但到达上腔的伺服燃油不受挡板活门的影响，从而引起计量

活门上、下腔压力的变化，造成计量活门移动。也就是说力矩马达是通过调节计量活门下腔的伺服压力来改变计量活门上、下腔之间的压差，从而引起计量活门开度变化的。

计量活门位置的变化由 RVDT 反馈给 EEC，这个反馈就是实际燃油流量。压降调节活门和溢流活门是一体的。活门的上端是计量活门进口的压力，下端是计量后燃油的压力。压降调节活门内除了有设定压差的弹簧之外，还有双金属片弹簧，其感受燃油温度的变化，随温度升高、下降而膨胀或收缩，改变弹簧力的大小，从而补偿温度变化对燃油密度的影响。

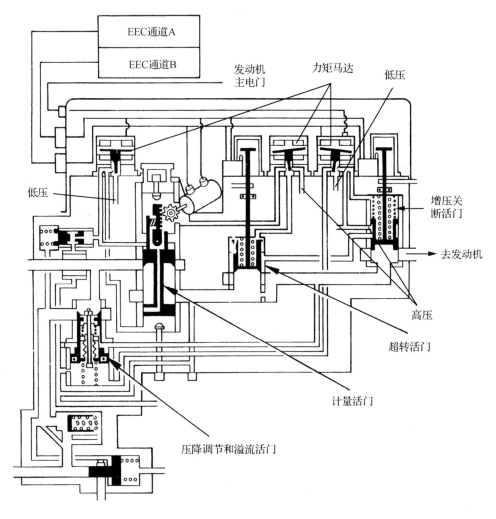

图 8.22　FMU

2）超转保护活门的工作

超转活门靠弹簧加载在关闭位，打开靠计量后的燃油压力。在发动机正常工作情况下，此活门一直处于开位。活门的位置由一双位力矩马达控制。图 8.22 中力矩马达的位置（挡板右摆）对应于活门在开位。此时，超转活门上腔通低压油，即上腔只有弹簧力。这样在发动机起动过程中，只要计量后燃油的压力高到能克服上腔的弹簧力时，超转活门就被打开。若 N_1 或 N_2 到达了规定的超转值，则 EEC 发信号到该力矩马达，力矩马达转换位置（挡板左摆），把高压伺服燃油引入超转活门的上腔，活门在弹簧和高压伺服燃油的共同作用下，下移关闭。超转活门处于关闭位置时，活门上有一个小孔，其允许少量燃油继续通过，可使发动机不熄火。一旦超转活门关闭后，若发动机不停车，则此活门靠伺服燃油就一直被锁定在关闭位置，解除液压锁定的唯一方法是停车。

3）增压关断活门的工作

增压关断活门的主要作用是起动时接通向喷嘴供油，停车时关断向喷嘴供油。在起动过程中，EEC 控制其打开，但打开活门的力是计量后的燃油压力。只有当计量后的燃油压力高到一定值后，燃油的压力克服上腔的弹簧力，把关断活门顶开，所以称它为增压关断活门。

活门的位置靠一双位力矩马达控制。图 8.22 中力矩马达的位置对应于增压关断活门在开位，活门上腔通低压。当发动机主电门或 EEC 选择关闭活门时，力矩马达换位，关闭增压关断活门上腔通低压的油路，使高压伺服燃油进入活门的上腔，关闭活门；同时使溢流活门下腔的伺服油通低压，溢流活门全开，把高压泵打出的所有油再送回低压系统，起到给泵卸荷的作用。

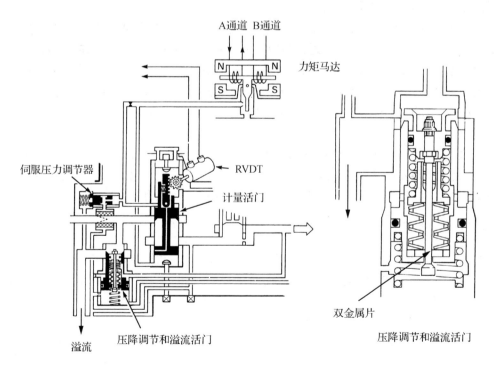

图 8.23　计量活门工作原理

3. 起动控制

EEC 有自动起动发动机的功能，地面起动发动机时，只要把起动选择电门和发动机主电门扳到相应的位置，则 EEC 会自动控制起动机活门的打开和关闭、燃油增压关断活门的打开和点火系统的工作及退出。当 N_2 达到 50% 之前，EEC 还有停车功能。参见第九章。

4. VSV 和放气活门控制

在发动机工作过程中，EEC 根据发动机的工作状态控制低压压气机放气活门和高压压气机放气活门打开和关闭以及可调静子叶片的角度，以保证发动机平稳运转。其中，低压压气机放气活门的开度可调节，详情参见第二章第四节。

5. 加热管理

V2500-A5 发动机的滑油有两个散热器，一个是燃油/滑油热交换器，另一个是空气/滑油散热器。前者靠发动机的燃油冷却滑油，同时也加热了燃油，防止燃油结冰，它是滑油的主散热器。后者靠风扇空气冷却滑油，其是否参与工作由 EEC 决定。整体驱动发电机（IDG）的滑油也是靠燃油来冷却的。为了控制滑油温度和燃油温度，EEC 专门有一套加热管理系统，这套系统的目的是，在满足燃、滑油温度的前提下，最小限度地使用空气/滑油散热器，以减少浪费风扇空气，提高发动机的性能，降低油耗。

当发动机燃油系统的燃油不足以满足冷却需要时，EEC 还通过控制燃油换向和返回机翼油箱活门，允许部分燃油返回机翼油箱，借助于油箱中的燃油来提供冷却。

对于空气/滑油散热器来说，滑油在循环过程中，一直是流过此散热器的，是否散热取决于散热器出口风扇空气活门的开度。风扇空气活门的开度是由 EEC 控制，在允许的情况下，EEC 尽可能让此活门处于关闭状态，以提高发动机的燃油经济性。但若电控失效后，则 EEC 会自动让风扇活门进入失效安全位置：活门全开。

加热管理系统是 EEC 自动控制的，不需要任何人为参与。EEC 通过感受发动机滑油、IDG 滑油的温度，发动机燃油温度，机翼油箱的油量和油温，根据发动机的工作状态自动完成加热管理过程，若出现故障，则会给出故障信息和指示。

6. 主动间隙控制

高、低压涡轮机匣都采用了主动间隙控制技术，涡轮机匣的冷却空气量分别由两个蝶形活门控制，这两个活门由同一个作动筒作动，见图 8.24。冷却管路结构和冷却效果参见第四章第三节。

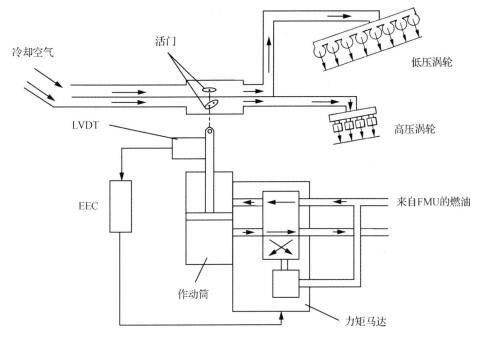

图 8.24　主动间隙控制系统

　　EEC 根据发动机的工作状态（高压转子的修正转速）和飞行高度，控制力矩马达。力矩马达控制送往作动筒的压力燃油，使作动筒伸出和缩回，从而控制每个活门的开度。在同一作动筒伸出位，两个活门的开度不同，从而使去往高、低压涡轮冷却管路的空气量不同。图 8.25 给出了作动筒伸出位置、活门开度和发动机功率状态之间的对应关系。横坐标代表作动筒伸出位置，0 代表作动筒完全缩进，100% 代表作动筒完全伸出。纵坐标表示活门开度，100% 是完全打开，0 是完全关闭，负值指活门反方向打开，可以看到只有低压涡轮活门开度有反向。A 点到 B 点代表巡航到飞机刚降低高度，这一段活门的开度不仅与发动机功率有关，而且还与飞行高度有关。A 点处高、低压涡轮的活门都是全开。B 点处高压涡轮活门的开度为 30%，低压涡轮活门全开。C 点代表起飞功率状态，此时高压涡轮活门刚要开始打开，低压涡轮活门开度是 70%。D 点代表慢车功率，两个活门都处于关闭位置。E 点代表发动机停车状态或活门的失效安全状态，此时，高压涡轮活门处于关闭位，低压涡轮活门处于反向打开位，开度大约为 44%。也就是说发动机开始起动过程中，高压涡轮活门一直处于关闭位，低压涡轮活门则从反向开位逐渐向关闭转动，到慢车时完全关闭。在发动机工作过程中，万一活门控制失效，为了保证涡轮安全工作，EEC 让活门进入失效安全位置。此时关闭高压涡轮冷却活门，不给高压涡轮机匣提供冷却空气，间隙会加大，但涡轮叶尖不会与机匣相刮。低压涡轮冷却活门有大约一半的开度，即允许部分空气去冷却低压涡轮机匣。

　　从图 8.25 中可发现，在发动机工作过程中，活门的位置在 A 到 D 点之间变化。在巡航时，两个活门的开度都比较大，即高、低压涡轮机匣的冷却空气量都大，从而使叶尖间隙较小。飞行中巡航也是发动机功率状态最长的时间，这时叶尖间隙控制得好，就能更多地节省燃油。作动筒的位置由线性可变差分传感器（LVDT）反馈给 EEC。

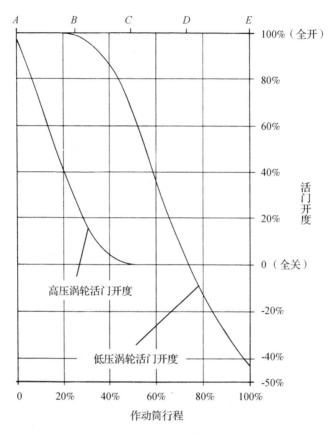

图 8.25　主动间隙控制曲线

7. 反推控制

EEC 不但控制反推装置的收放，而且还有自动再收回功能，以防反推装置意外打开。EEC 还根据油门杆角度控制反推力的大小。若反推意外放出，EEC 会自动把发动机功率减少到慢车。参见第五章。

三、机械液压式、电子监控式和 FADEC 式燃油控制系统的比较

从前面这三种燃油系统的控制过程可看到，机械液压式燃油控制器和电子监控型燃油控制系统类似，对燃油的控制都是由机械液压式燃油调节器来完成的。机械液压式燃调包括两大部分：计算和计量。计算部分包括了感受发动机参数，如压力、温度、转速和飞行高度等的元件（膜盒、活门等）以及计算这些参数的杆系、凸轮、活门等。计

算部分先把压力、温度和转速等信号变成液压信号或活门、杆系、凸轮等的移动，然后再去驱动计量部分。这样其反应速度、响应速度和控制精度都要低些。工作久了，杆系、凸轮形面等的磨损也会使控制精度下降。电子监控型在控制精度方面得到了提高，但控制范围受到限制。在 FADEC 控制的燃油系统中，参数的感受和计算都由 EEC 来完成，并且在 EEC 内把它们转换成电信号，经处理器处理、计算，按控制规律给出发动机所需燃油量，然后再以电流的形式传给燃油计量组件（FMU），即计量组件实施 EEC 的命令。换句话说，前面提到的两大部分中的计算部分是由 EEC 来完的，而 FMU 只是计量部分。不管是从反应速度，还是从感应精度、控制精度来说，EEC 都要比机械液压式计算机构好，并且 EEC 与 FMU 之间也是靠电信号联系在一起的，其反应速度也比机械液压式快。这也就是为什么 FADEC 系统控制的燃油系统比机械液压式燃油控制系统精度高、反应快的原因。FADEC 系统也比前面两种系统的控制范围扩大了。由于电子系统的余度设计，也使控制系统更安全、更可靠。

第四节 发动机功率

为了控制发动机的功率，通常把发动机的功率额定在不同的功率状态，如最大额定起飞功率，最大连续功率、最大爬升功率、最大巡航功率和慢车功率。相应在驾驶舱内的油门杆机构上，有对应于这些不同功率的卡槽位，改变发动机功率时，只要把油门杆推到相应的卡槽位，就可得到相应的推力。

最大起飞功率：飞机起飞时，核准发动机所允许产生的最大功率。最大起飞功率的使用有时间限制，一般是 5 分钟（美国联邦适航部门的时间限制）或 10 分钟（英国适航部门的时间限制）。

最大连续功率：是发动机能连续工作，即没有工作时间限制，所能产生的最大功率。但为了延长发动机的在翼寿命，正常情况下这一功率是不使用的，只有在特殊情况下才使用。如双发飞机单发飞行时，为满足推力需求，可使用最大连续功率。

最大巡航功率：正常巡航飞行时所允许使用的最大推力。

最大爬升功率：爬升时所允许使用的最大功率。

慢车功率：保持发动机稳定工作的最低功率。发动机的慢车转速是受大气温度影响的。大气温度下降，慢车转速降低，大气温度上升，慢车转速也升高。确定慢车功率的大小时，要考虑很多因素的影响，如最小转子转速限制、最低引气压力限制、最低燃油流量限制、发电机转速限制、压气机气流稳定性、飞机滑行推力、加速时间等。另外，有些发动机还规定了低慢车（或叫地面慢车）和高慢车（或叫进近慢车）。低慢车用于发动机地面和空中某些状态。当飞机着陆进近时，用高慢车，以便飞机复飞时，缩短发动机加速到最大功率所需的时间。等飞机落地一定时间后，再由高慢车转换为低慢车。

额定平功率：为了保证发动机工作时，转速、温度和压力都不要超过发动机结构所允许的限制值，发动机规定了其额定最大起飞推力（功率）。工作过程中，控制系统不会让发动机超过此额定功率。发动机所产生的推力是随外界大气温度变化而变化的。当大气温度升高后，发动机的进气量就会下降，从而引起推力下降。为了不使发动机的推力下降，就必须多给发动机供油，提高发动机转速，相应发动机的排气温度就会升高。这样一来，随着大气温度的不断提高，为了保持发动机的最大功率，就要不断增加供油，相应地发动机转速和排气温度就不断升高。但发动机排气温度是受热端部件限制的，即有最大排气温度限制。排气温度最高只能到允许的最大值，等排气温度到了最大值后，大气温度再升高，发动机控制系统只能通过控制供油量来使排气温度保持在允许的最大值，但由于进气量的下降，发动机所产生的推力也就只能下降了。一般把发动机额定最大功率（推力）开始下降的温度，叫做拐点温度。拐点之前的功率也叫做额定平功率，见图 8.26。相应地，如果我们画一个排气温度 EGT 与大气温度之间的关系曲线的话，参见图 8.26 右侧的虚线，可发现：在拐点之前，为了保持推力不变，EGT 随外界大气温度升高而升高；到拐点后，由于受到允许的最大排气温度限制，只能维持 EGT 不变，但推力就得下降。EGT 红线值与最大排气温度之间的差就是 EGT 裕度。

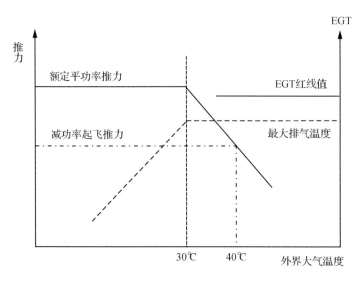

图 8.26　额定平功率曲线

图 8.26 是某发动机的额定平功率曲线。通常发动机的额定平功率曲线是指在海平面高度、静止状态下发动机的最大额定起飞推力随大气温度变化而变化的关系曲线。拐点温度通常会写成 ISA（标准大气温度）+15℃。可见当大气温度在 30℃ 之内，该发动机能产生最大起飞功率，超过此温度，则发动机的功率（推力）就要下降。

针对最大额定起飞功率，为了延长发动机在翼寿命，在允许的情况下，可以不用最大起飞功率，以降低排气温度，延长热端部件的在翼寿命。这就是灵活起飞推力（或叫减功率起飞），即让发动机产生比最大起飞功率小的功率。

减功率起飞推力的使用可带来两个好处：一是降低排气温度，延长热端部件在翼寿命；二是节约燃油。减功率的使用有两种方式。第一种就是定减功率，即发动机控制系统已经规定好了减功率的多少，只需操作人员根据需要来选择，如 D-TO1（减功率起飞1）、D-TO2（减功率起飞2）。例如麦道90飞机驾驶舱内的发动机额定功率选择面板上有两个定减功率按钮，一个是把起飞推力减少10%，另一个是减少18%。按下其中任一按钮，则发动机控制系统就按规定好的减推力控制起飞推力，即以90%的最大起飞推力或82%的最大起飞推力起飞。图8.27是波音757飞机的发动机推力状态选择面板。面板中的1和2也是定减功率按钮，但其只是针对爬升功率。若已选择了减功率1或2，当完成起飞进入爬升功率后，发动机的功率就会相应地进入减功率爬升1和减功率爬升2。减功率爬升1"CLB-1"比额定最大爬升功率低6%，减功率爬升2"CLB-2"比额定最大爬升功率低12%。也就是说只要机组人员在非爬升状态下，按下其中任何一个按钮，则起飞后，自动油门系统就会按相应的减功率要求控制发动机爬升推力。

第二种方式就是，通过输入假想温度的方式来选择减推力起飞。采用假想温度法选择减推力起飞时，就是通过给发动机控制系统输入一个假想的、比实际大气温度高，且在拐点温度之外的一个温度。如图8.26中的40℃，当控制系统按额定平功率控制曲线控制发动机最大起飞推力时，就只能得到如图所示的推力（对应于图中的点画线）。此推力比最大起飞推力小，这就是通过假想温度得到的减推力。图8.27中的选择面板上也有假想温度输入旋钮。通过此旋钮可输入假想温度，从而得到所希望的减推力。当控制系统按此推力控制发动机供油时，由于实际大气温度没有这样高，相应的排气温度就会下降。通过这种方式，可在允许的范围内，选择任意一减功率的大小，而不只局限于前面提到的两个定减功率。

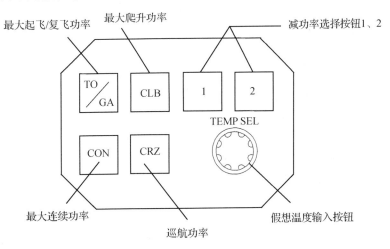

图 8.27　波音 757 飞机推力选择面板

通常对减功率的大小是有限制的，如最多减功率到额定最大平功率的75%。即使这一推力还是富裕，也不能再减了，以确保飞行安全。

第九章　起动和点火系统

第一节　概　述

发动机起动需要两个系统，一个是起动系统，另一个是点火系统。起动系统利用起动机通过附件齿轮箱来带转发动机转子，对于双转子和三转子发动机而言，起动机带转高压转子。压气机转动，把空气吸入发动机。当转速达到一定值时，燃油系统开始供油，使进入燃烧室的空气与喷嘴喷出的燃油混合，生成油/气混合物。点火系统点燃此混合物，使其燃烧起来。燃烧产生的高温、高压燃气带动涡轮转动。这样，压气机就在起动机和涡轮的共同带动下不断加速。当转速达到一定值时，起动机退出工作，涡轮自己带转发动机转子加速到慢车转速，从而完成起动过程。一般发动机在点火后30秒左右就可完成起动过程。在起动过程中，起动、点火两个系统共同工作，相互配合。

涡轮喷气发动机的起动过程是由发动机控制系统自动控制的，使起动、点火按顺序配合工作。图9.1为典型的涡轮喷气发动机起动过程，图中实线代表整个起动过程，从中可看到点火、供燃油、点燃以及起动机脱离等主要事件发生的先后顺序。在起动过程中，一般点火、供油同时进行，或先接通点火系统，之后再接通燃油。转子达到自持转速后，涡轮产生的功率就可带动压气机加速了，这样，起动机就退出工作，同时点火系统也停止点火，发动机自己加速到慢车转速。点燃之前，转子靠起动机带转；点燃之后，转子是在起动机和涡轮的共同作用下旋转。

图中虚线代表起动过程中发动机排气温度（EGT）的变化情况。由图中可见，点燃之后排气温度迅速上升，在达到慢车转速前EGT达到最大值，之后排气温度下降并随发动机转速稳定在慢车而稳定下来。所以，在点燃之后，一定要严格监控EGT的变化情况，以防止发动机起动过程超温。

通常可把起动过程分成两个阶段，第一阶段是点燃之前，第二个阶段是点燃之后。起动的第一阶段，也是发动机干冷转阶段。在这一阶段应主要观察滑油系统的参数（滑油压力、温度等）的变化情况，以及转子的转速，看转子有没有卡死（即不转动）的现象。这一阶段除了使转子加速之外，还有一个作用就是吹除上次起动不成功而残余的燃油和冷却发动机（降低排气温度）。在第二阶段主要监控排气温度EGT和转子转速的变化情况，防止EGT超温和起动悬挂。在FADEC控制的发动机上，EEC有自动起动功能。在自动起动过程中，不需要人为干预，并且若起动过程中出现问题，EEC还有保护功能。

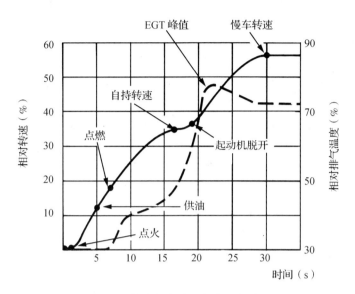

图 9.1　涡轮喷气发动机的典型起动过程

发动机起动过程中，常见的故障有压气机失速、起动悬挂、热起动或起动超温等。

起动悬挂是指在起动过程中，转速未达到慢车之前，发动机的转速不增加或增加缓慢。造成起动悬挂的原因很多，其中之一就是起动机功率不足，若是空气涡轮起动机，则有可能是气源压力低造成的。另外，还有可能是压气机本身的问题，如压气机性能的衰退、气流控制系统的故障等。燃油系统供油量少，造成涡轮产生的功率小也是可能的原因之一。

起动过程中压气机失速通常是由压气机自身问题造成的，如压气机性能下降、放气活门未能打开或关闭过早等。

热起动是指发动机起动过程中排气温度偏高。这有可能是气流控制系统的故障，如放气活门没能及时关闭。

除了正常的地面起动之外，还有空中起动，即发动机飞行中熄火后，再次起动。发动机都有自己的空中起动包线。发动机熄火后，在起动包线之内，可完成再次起动。在起动包线内有两种情况：一是需要起动机带转发动机才能完成起动；另一种情况是不需要起动机，在风车转速下直接起动。

第二节　起动系统

燃气涡轮发动机所用的起动机主要有电动起动机和空气涡轮起动机。电动起动机一般用于小型燃气涡轮发动机上，而大型涡扇发动机起动所需的扭矩很大，这样电机的重量就成了问题。所以，在大型燃气涡轮发动机上一般都采用重量轻的空气涡轮起动机。

一、电动起动机

电动起动机有电动起动机和起动发电机两种。电动起动机就是一电动马达，能产生较高的扭矩，但所需的电量很高。这种起动机由于只在起动过程中使用，所以起动机内包含有离合机构。等发动机起动后，其能自动从发动机的驱动机构上脱开。

起动发电机是电动起动机和发电机的组合，其在起动过程中作为起动机，而发动机起动好后，其作为发电机被发动机驱动而发电。所以这种起动机和发动机驱动机构之间总是结合在一起的，而不需离合分离机构。这种起动机在小型燃气涡轮发动机上应用较广。

二、空气涡轮起动机

与电动起动机比，空气涡轮起动机产生的功率很大，但重量轻，所以，其被广泛用于现代燃气涡轮发动机上。

空气涡轮起动机需要一定压力（一般在 40psi 左右）、且高流量的空气。这些压缩空气可由飞机上的辅助动力装置提供，也可由地面气源提供，或经交输引气，从已经起动好的发动机供气。空气涡轮起动机的结构示意图见图 9.2。图 9.3 是某空气涡轮起动机的结构图。

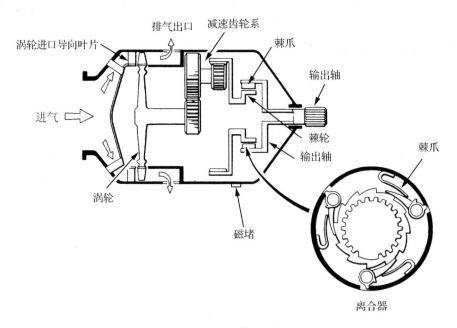

图 9.2　空气涡轮起动机

从图 9.2 中可见，空气涡轮起动机主要包括单级涡轮（涡轮轴的一端带有齿轮）、减速齿轮系、离合器和输出轴。空气进入起动机，经喷嘴环，高速喷到涡轮工作叶片上，从而使涡轮高速转动，可达到 5 万 ~8 万转/分钟。但起动发动机不需要这么高的转速，而需要高扭矩。所以，经减速齿轮系，把转速降低，减速比大约在 20 ~ 30。这样经减速齿轮系就把高转速、低扭矩转换成低转速、高扭矩，即把动能转化为扭矩，经输出轴传给发动机驱动机构。

空气涡轮起动机一般都有自己独立的滑油系统，为内部机构提供润滑和冷却。在起动机壳体上有加油口、油量观察口、放油塞和磁堵等。定期检查滑油量、检查磁堵的情况以及加滑油/更换滑油是起动机勤务的主要工作，以提高起动机的使用寿命。尤其是检查滑油的情况和更换滑油对提高起动机的可靠性是有好处的。

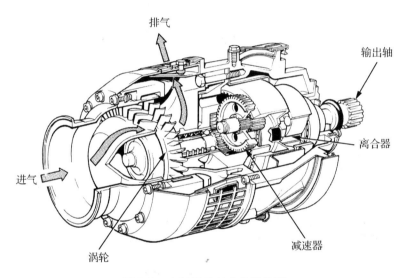

图 9.3　空气涡轮起动机结构图

空气涡轮起动机只用于发动机的起动，等发动机起动之后，起动机应该与驱动装置之间脱离，以避免发动机带转起动机。这一任务是由离合器来完成的。图 9.2 中，起动机的输出轴与齿轮系的输出轴之间就是靠离合器连接在一起的。图中的离合器是棘爪、棘轮式。齿轮系的输出轴上带有棘轮，而起动机的输出轴上带有棘爪。起动机的输出轴与附件齿轮箱内的驱动轴总是咬合在一起的。起动之前，棘爪靠弹簧压在棘轮上，使棘爪与棘轮咬合。这样当起动机旋转时，通过离合器传给输出轴，带转发动机转子。随着转速的不断提高，棘爪产生的离心力逐渐加大，直到某一转速时，离心力大于弹簧力，棘爪张开，使棘爪与棘轮脱开，此时起动机的气源供应也相应停止。这样起动机逐渐停止转动，但起动机的输出轴仍随齿轮箱旋转。因此，对于这种离合器，当冷转发动机时，如果要再次接通起动机，对发动机转速是有限制的。因为当发动机仍在高速旋转时，若接通起动机，则对离合器的冲击很大，容易造成损伤。最好是等发动机停转后再次接通起动机，或按维护手册中规定的转速接通起动机。

起动机的离合器有三个作用，第一是把涡轮的扭矩传给输出轴；第二是当达到所需的转速时，使输出轴与输入轴或涡轮间脱开；第三就是当起动机的输出轴仍然旋转时，能重新咬合而输出涡轮的扭矩，即旋转中咬合。但这种棘爪棘轮式离合器的旋转咬合能力差，对再次接通起动机时发动机转速有限制。若咬合转速偏高，容易造成起动机损坏。为了克服这一问题，便有了同步咬合离合器。这种离合器允许再次咬合的转速很高，甚至高于起动机的脱开转速。

空气涡轮起动机的气源可来自地面气源车、辅助动力装置（APU）和已经起动好的另一台发动机，见图9.4。所有这些都属于飞机气源系统。

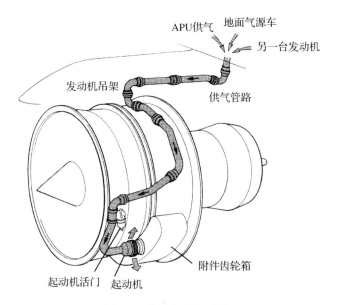

图9.4　起动机供气系统

压力空气是否能送到起动机，由起动机活门控制。它是一个电控、气动作动的活门，装在起动机的供气管路上，位于起动机的上游，见图9.4。在驾驶舱内由起动电门控制起动机活门的开关。图9.5为某型号的起动机活门工作原理示意图。它主要包括：起控制作用的电磁活门、气动活塞、气滤、蝶形活门和引气压力调节装置。当电磁活门断电时，电磁活门的球形阀关闭，来自上游的气体经气滤后只能到达小活塞的左腔，起动机活门在小活塞和弹簧力的作用下，保持在关闭位置。通电后，电磁活门球形阀打开，允许气体进入大活塞的右腔，使作动活塞向左移动，把蝶形活门打开，来自飞机气源系统的压力空气便可进入起动机。蝶形活门打开后，活门下游的压力由压力调节活门控制，其通过打开、关闭调节活门的球阀，控制大活塞右腔的压力，从而控制起动机活门的开度，实现对引气压力的控制。

当电磁活门断电后，相应的球阀左移关闭，使作动空气不能进入大活塞的右腔。同时还使右腔经电磁活门通大气，作动活塞在小活塞和弹簧的共同作用下关闭蝶形活门。

电磁活门的通电靠驾驶舱内的起动电门控制，而断电一般靠转速电门来控制。当发动机转子加速到脱开转速时，转速电门给控制电路发信号，使起动电门自动回到关闭位，给起动机活门断电。通常起动机活门带有位置电门，其提供起动机活门的位置反馈信号，并随活门的开、关在驾驶舱内给出起动机活门的位置指示。

起动机活门一般都有人工超控装置，即当电控失效后，通过人工超控装置可人工打开、关闭起动机活门，以允许起动发动机，及时放行飞机。气滤起到清洁伺服空气的作用，以避免压力空气中的杂质颗粒堵塞控制机构。一般来说，它可以拆下清洗。

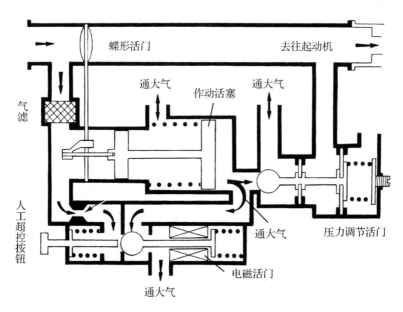

图9.5　起动机活门工作原理示意图

第三节　点火系统

点火系统包括三个主要部件：点火激励器、点火导线和点火电嘴。点火激励器把输入的低压电转换成高压电，通过点火导线送到点火电嘴。点火电嘴安装在燃烧室内，电嘴放电产生电火花，点燃燃烧室内的油气混合物。点火系统有两个主要作用，其一就是在发动机起动过程中点火，包括地面起动和空中起动；其二就是在起飞、着陆和遇到恶劣天气等情况下，提供连续点火，以防止发动机熄火。

燃气涡轮发动机点火系统的一个主要特点就是点火电嘴的放电量大，放电电压高。电嘴产生的火花就像一束白色火焰，从电嘴中喷出。之所以需要如此高的能量，主要是因为燃烧室中的油气混合物很难点燃，尤其是当飞机高空熄火后，再点燃就更加困难。

常用的点火激励器是电容储能放电式。当发动机刚停车后，若对点火系统做维护工作，应特别小心，一定要等激励器中的电容放电后再开展工作，否则触电的结果是致命的。

点火装置一般按能量核定，常见的点火系统有低能量和高能量两种。高能量一般为10 ~ 20 焦耳，而低能量的大约在 3 ~ 6 焦耳。

通常发动机上装有两套点火系统，每套点火系统都包含有自己的点火激励器、点火电嘴和点火导线。两套点火系统可单独工作，也可共同工作。两个点火电嘴分别装在燃烧室的不同位置。从点火激励器到点火电嘴之间的高压导线有金属屏蔽编织网，起防干扰作用。空中起动时，为了保证成功，通常两套点火系统都工作。

一、点火激励器

根据点火激励器的输入电源不同，可把点火激励器分为两种：即直流输入系统和交流输入系统。

1. 直流输入系统

图 9.6 为一典型直流输入点火系统。其组成主要包括振荡器、变压器和储能电容。振荡器把直流电变成直流脉冲，直流脉冲再经变压器转换给储能电容充电。当电容被充到一定的电压之后，空气间隙放电管被击穿，使储能电容向点火电嘴放电。当系统退出工作后，储能电容中的电量经放电电阻放掉。另外一种直流输入系统是晶体管式直流输入系统，其用晶体管振荡变流器替代了衔铁式振荡器，从而去掉了触点，提高了使用寿命。

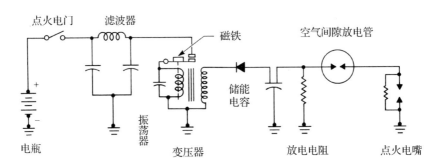

图 9.6　直流输入点火系统

2. 交流输入系统

图 9.7 是典型的交流输入点火系统。此系统利用飞机的 115 伏、400 赫兹的交流电或其他交流电源（如永磁发电机）作电源。主要部件包括变压器、滤波器、整流晶体管、储能电容、触发变压器和放电电阻。输入的交流电首先经过滤波器，以阻止高频信号返回飞机电源系统。然后交流电到达变压器的初级线圈，经变压器升压，并经晶体管

整流后给储能电容充电。双向储能电容与整流管一起，保证输入交流电极性变化时，都能为储能电容充电。当储能电容中的电量充到足够高后，空气间隙放电管被击穿，储能电容的部分电就会进入触发变压器的初级线圈和触发电容，从而在触发变压器的次级线圈上感生出高压电。此高压电足以击穿点火电嘴的电极间隙，即点火电嘴产生触发火花，使电嘴的电极间隙导通。这样储能电容和触发电容中剩余的电能就以高电流、低电压的形式在点火电嘴上产生火花。与直流输入系统一样，电路中也有放电电阻。

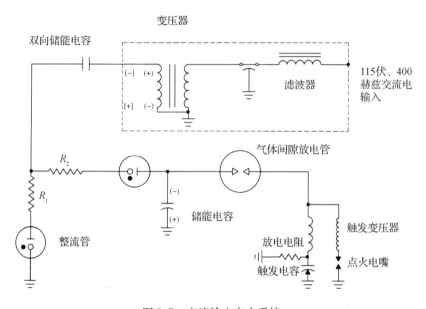

图9.7　交流输入点火系统

气体间隙放电管是一种密封的气体管，它工作稳定，不受外界大气条件变化的影响，保证击穿电压准确。另外，还有一种点火激励器具有双电源输入和双能量输出，即复合式点火激励器，它既能输出高能量，又能输出低能量。通常地面起动、空中起动时用高能量；为防止熄火而连续点火时，用低能量。通常输入电源有两个，即28伏（或24伏）直流和115伏、400赫兹交流，相应的输出对应为高能量和低能量，也就是说一个点火激励器内有两套系统。如本章第四节中的麦道82飞机的JT8D发动机的点火激励器的输入为：直流是28伏，交流为115伏、400赫兹；相应的输出是：高能量20焦耳，低能量4焦耳。波音757飞机上的RB211-535E4发动机的点火激励器也是复合式，但它的输入电源都是115伏、400赫兹的交流电，两个输出分别是10焦耳（高能量）和4焦耳（低能量）。之所以有两种能量输出，是因为两套系统中放电管的放电能量的限制值不同。

二、点火电嘴

燃气涡轮发动机上用的点火电嘴有两种，即表面间隙电离式和气隙式。图9.8为气隙式点火电嘴的示意图。在中央极和地极之间是绝缘材料。这样气隙式电嘴要产生电火花，必须击穿中央极与接地极（电嘴壳体）之间的间隙。也就是说，此种电嘴是借强电场使此间隙表面的空气电离而导通的。要击穿这个间隙，需要的电压很高，一般要在25000 伏左右。因此有时也把这种电嘴叫做高压点火电嘴，这就要求整个高压系统的绝缘性要好。

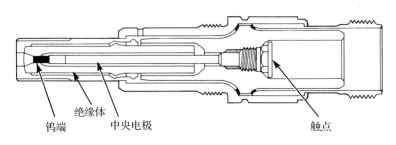

钨端　　绝缘体　　中央电极　　　　　　　　　　　　　触点

图 9.8　气隙式点火电嘴

　　中央极和地极之间的绝缘材料是电嘴的主要零件，要求它有如下特点：绝缘强度高，高温条件下电阻率高，热传导率高，高温和耐冲击性好，机械强度高，化学性能稳定和耐腐蚀性强。现代电嘴一般采用氧化铝陶瓷作绝缘体。这种陶瓷体电阻率高，在200℃时为无穷大，在500℃时约为87.25 兆欧厘米，其硬度高，导热快。

　　图 9.9 是表面间隙电离式电嘴，其特点是在电嘴端部中央极和壳体（地极）之间是一种半导体材料。点火激励器产生的高压电经中央极、半导体到地极进行放电，放电是沿半导体表面进行的。当给电嘴两极加电压后，因为半导体表面载流子多，电阻小，所以会在半导体表面产生较大的电流，此电流使电嘴表面发热，发热又使半导体表面电阻率下降，这样电流就再增加，于是表面温度不断升高，直到半导体表面电流达到一定值后，半导体表面产生热游离现象，从而在中央极和地极之间，沿半导体表面产生电弧而放电。这种放电不是通过击穿电极间空气间隙实现的，而是通过在半导体表面材料蒸气电离中形成电弧放电来实现的。因此，这种电嘴没有明确的所谓的额定击穿电压值，但所加电压要足够高，一般在 2000 伏左右，以保证产生的热量要大于辐射、对流、传导而失去的能量。这种电嘴也叫低压点火电嘴。

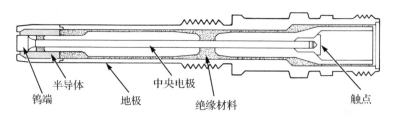

钨端　　半导体　　　地极　　　中央电极　　绝缘材料　　　　　　触点

图 9.9　表面间隙电离式电嘴

　　典型的点火系统的火花产生的频率大约为每分钟60～100个火花。由于火花的强度很高，对电极的烧蚀就很大，所以要定期检查或更换点火电嘴。因为电极烧蚀后，电极间隙加大，从而影响单位时间内所产生的火花的个数和火花强度。

　　点火电嘴的中央极一般由高温合金、钨、铱或镍基合金制成，壳体由高温合金或优质钢制成以承受燃烧室内的高温燃烧。电嘴工作久了，电极就会烧蚀，图9.10给出了新电嘴和烧蚀后的电嘴的对比示意图。当烧蚀到一定程度，就要更换点火电嘴。

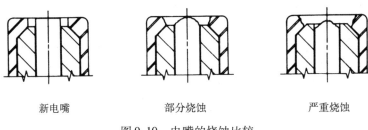

| 新电嘴 | 部分烧蚀 | 严重烧蚀 |

图9.10　电嘴的烧蚀比较

　　点火电嘴在燃烧室内的安装深度是有一定要求的。若插入太深，则在燃烧室工作过程中容易造成电嘴的烧蚀。若深度不够，则会造成点火困难。所以，在更换点火电嘴时，一定要遵守维护手册中的规定。有的发动机在更换点火电嘴时，需要测量安装深度，通过选择不同厚度的垫片来调整安装深度。

第四节　典型发动机起动点火系统

一、麦道82飞机发动机的起动系统

　　图9.11是麦道82飞机的发动机起动系统简图。它主要包括与气源系统连接的供气管道、空气涡轮起动机、起动机活门，以及驾驶舱内的起动电门和点火电门。另外，在驾驶舱内还有"起动机活门开"琥珀色指示灯。

　　发动机工作时，气源系统的气体引自压气机八级和十三级。起动发动机时，可通过APU和地面气源向起动机供气；当一台发动机起动好后，经过交输活门，可从工作着的发动机向另一台发动机供气。

　　起动电门有三个位置：飞行、关闭和地面。地面起动发动机时，起动电门扳到"地面"位，此时给起动机活门和燃油手柄电门（燃油手柄控制的点火电门）和点火系统供电。当N_2转速达到35%～42%时，起动电门自动回到关闭位。若把起动电门扳到"飞行"位，则只给点火系统和燃油手柄电门供电，一般用于空中熄火后点火或再起动。

点火激励器只有一个，为复合式，有两套电源输入，它们分别为 28 伏直流和 115 伏交流。直流输入对应高能量输出，为 20 焦耳；交流输入对应低能量输出，为 4 焦耳。

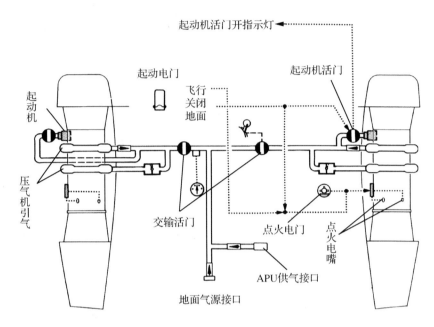

图 9.11　麦道 82 飞机发动机起动系统

点火电门有三个位置：关闭、点火超控和连续位。点火电门在"点火超控"位置时，点火电路旁通燃油手柄电门直接向点火激励器提供 28 伏直流电，点火激励器的输出能量是 20 焦耳，即高能量点火。当点火电门在"连续"位置时，向点火激励器提供 115 伏交流电，点火系统向点火电嘴提供 4 焦耳的低能量点火。点火电路的形成还取决于燃油电门的位置，只有当燃油电门在接通位时，点火电路才形成。

发动机地面起动程序：

（1）点火选择电门扳到"连续"位。

（2）把起动电门扳到"地面"位，28 伏直流电被送到燃油手柄电门和起动机活门。起动机活门打开，"起动机活门开"指示灯亮。起动机开始带转发动机，在驾驶舱内的仪表板上先看到 N_2 转子转动。

（3）当 N_2 达到 20% 时，且有 N_1 转速时，提起燃油手柄（即扳到接通位）。这时燃油手柄控制的点火电门闭合。在起动电门线路的控制下，28 伏直流电被送到点火系统，点火激励器产生 20 焦耳的电量，并输送给两个点火电嘴。燃油系统也开始供油，点燃燃烧室内的油气混合物。这时会看到排气温度开始快速升高，转子转速快速增加。

（4）当 N_2 达到 35% ~ 40% 时，起动电门自动回到关闭位。起动机活门关闭，同时切断点火系统的 28 伏直流电路，但点火电门接通点火系统的 115 伏交流电路。此时点火激励器只向右点火电嘴供电，即提供 4 焦耳的点火能量，起防止熄火的作用。

（5）当发动机达到慢车转速后，把点火电门扳回关闭位，断开送往点火系统的 115 伏交流电。

该飞机发动机的起动系统全靠人工控制，起动过程中，点火之前，操作人员应监控好 N_2 转速和 N_1 转速，以及滑油系统的参数等。把燃油手柄提起后，发动机开始点火、供油，这时要严密注意排气温度和转速变化情况。一旦出现意外，如悬挂、热起动等，应及时终止起动。

二、空客 320 飞机的发动机起动点火系统

空客 320 飞机上装的 V2500 发动机采用了 FADEC 系统。发动机的自动起动是 FADEC 系统控制功能之一。所以，V2500 发动机不但可人工控制起动过程，而且还能靠 EEC 自动完成起动。当 EEC 控制发动机起动时，EEC 内的起动控制逻辑模块自动控制起动过程，并且还有保护功能。即在起动过程中，若出现一些不正常现象，如悬挂、热起动、压气机喘振等故障时，EEC 能自动保护，使发动机渡过这些难关，完成起动过程。若不能完成起动，则 EEC 会自动终止起动过程，并重新起动。

人工起动时，EEC 的保护功能就不能发挥了，若起动过程出现问题，则只能靠操作人员自己及时采取措施。所以，建议使用自动起动程序，以保护发动机。不管是人工起动还是自动起动，来自驾驶舱的信号都是通过 EIU（发动机界面组件，是电子部件，在飞机上）传给 EEC，EEC 再输出到被控制部件。所不同的是，在自动起动过程中，一开始就可把起动选择电门和发动机主电门接通。这时 EEC 就会自动控制起动机活门的打开，当 N_2 转子达到一定转速之后，或发动机被带转一定时间之后，EEC 自动接通点火和燃油，等达到 43% N_2 时，EEC 发信号使起动机活门关闭，之后发动机自己加速到慢车转速。即在自动起动过程中，起动机活门的开关、燃油的供应、点火系统的工作和退出都由 EEC 自动控制。

人工起动时，先选择起动选择电门，再选择人工起动电门。EEC 接收到人工起动电门信号之后，便发信号给起动机活门，起动机活门打开。发动机开始转动，等达到一定转速之后，起动操作人员再接通发动机主电门，开始点火和供油。等发动机加速到 43% N_2 时，EEC 发信号，关闭起动机活门，发动机自己加速到慢车转速。操纵人员通过监控 ECAM 上的显示情况来实施具体的起动步骤，EEC 没有保护功能。

图 9.12 是起动、点火系统的组成，它主要包括 EEC、点火继电器、点火激励器（2 个）、点火电嘴（2 个）、空气涡轮起动机、起动机活门和显示系统（ECAM）。在地面自动起动过程中，EEC 控制起动机活门的打开以及点火系统的工作和燃油计量系统的供油。EEC 通过点火继电器自动选择其中的一套点火系统工作，下次起动时再转换到另一套点火系统。若起动不成功，EEC 会终止起动。再次起动时，EEC 会自动选择两套点火系统都工作，以确保点火成功。人工起动时，则两套点火系统都工作。起动过程中，起动机活门的位置、引气压力和点火系统的工作情况都会显示在 ECAM 上。

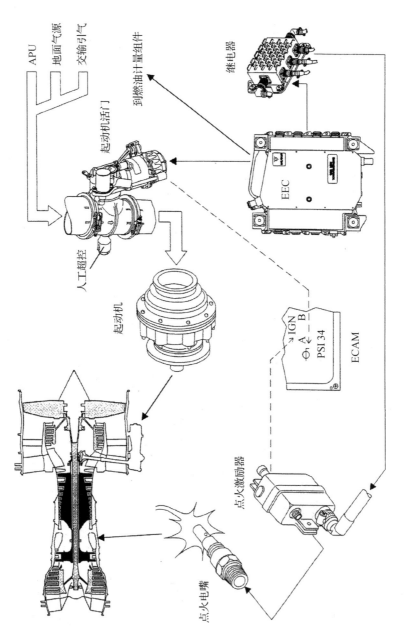

图9.12 空客320飞机的起动点火系统

点火激励器的输入电源为来自飞机的 115 伏、400 赫兹的交流电，输出能量为 3.5 ~4.6 焦耳，输出电压为 22000 ~ 26000 伏，电嘴产生火花的个数为每秒 1.5 ~ 2.5 个，点火电嘴为表面气隙电离式。另外，在发动机工作过程中，点火激励器和高压导线一直被引自外涵的风扇空气冷却。

地面自动起动过程，见图 9.13。起动控制面板在驾驶舱内的中央操纵台上，人工起动电门在头顶面板上。起动控制面板上有发动机主电门和起动选择电门。

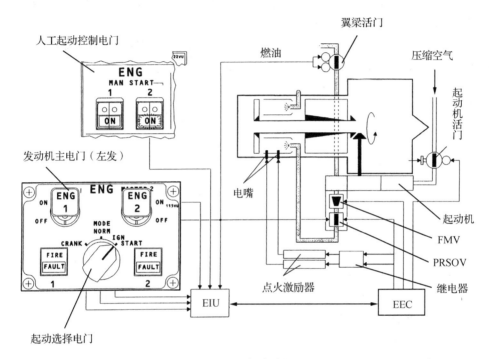

图 9.13　起动过程

起动选择电门只有一个，控制两台发动机。它有三个位置，分别是冷转（CRANK）、正常模式（NORM）和起动/点火（IGN/START）。起动选择电门通常放在"正常"位；起动（人工、自动起动）时，扳到"起动/点火"位；起动好后，再扳回"正常"位。只有在正常（NORM）位时，飞行过程中，当满足特定条件，如发动机防冰、起飞、着陆、发动机熄火等时，点火系统会自动工作，提供连续点火。冷转发动机时，扳到"冷转"位。

发动机主电门控制发动机的起动和停车。即任何时候，当把主电门扳到"OFF"位时，FMU 内的增压关断活门（PRSOV）都会关闭，且此电信号是直接从主电门到 FMU 的，见图 9.13。主电门的接通信号是经 EIU 先到 EEC，然后从 EEC 再到 FMU。

EEC 内有起动控制逻辑，地面自动起动程序为：

（1）起动选择电门："点火/起动"位。

（2）发动机主电门：接通。这两个信号经 EIU 传给 EEC，EEC 起动自动起动逻辑，打开起动机活门，起动机开始带转 N_2 转子。当 N_2 达到 10% 时，专用发电机开始给 EEC 供电。等转速达到一定值或带转一定时间后，EEC 再经过继电器选择其中的一套点火系统工作，并发信号使燃油计量组件（FMU）中的增压关断活门（PRSOV）打开，供油点火，发动机开始工作。

（3） N_2 达到 43% 时，EEC 发信号，使起动机活门关闭，点火系统退出工作，之后，发动机自己加速到慢车转速。 N_2 达到 50% 之前，EEC 有停车保护功能，即可终止起动。图 9.13 中从 EEC 到 PRSOV 的连线就代表此停车信号。一旦 N_2 超过 50%，则 EEC 就没有停车功能了，只能通过发动机的主电门停车。

人工起动时，需要选择人工起动电门，这样 EEC 就知道要进行人工起动，其只是先打开起动机活门，起动机带转发动机，直到操作人员闭合发动机的主电门时，EEC 才接通点火和允许打开增压关断活门。但在人工起动过程中，EEC 没有停车保护能力。

无论是自动起动还是人工起动，只要把发动机的主电门扳到关断位，都可终止起动（停车）。

第五节　发动机地面运转

发动机地面运转一般包括起动、试车和冷转等，但不管做哪种运转，都应在运转之前做好开车准备，以确保飞机、发动机和人员的安全。

一、开车前检查和准备

发动机开车之前一定要做好机外和机内检查。

1. 机外检查

首先确保飞机停放的方向合适。起动发动机时，最好迎风进气，避免顶风排气而造成排气温度高或热起动问题。若是侧向风时，在飞机维护手册中都有风速大小和风向的规定。侧向风，容易引起压气机喘振。另外，还应注意飞机的停放环境，避免吸入外来物而造成损伤；注意排气周围的环境，排气不但速度高而且温度也高，所以注意不要对周围环境和物体造成损伤。一般机场会指定试车机坪位置。

2. 机内检查

做好开车前的各项准备工作、飞机其他系统的准备以及必要的安全措施。一般来说，起动发动机时，飞机厂家或航空公司都制定有检查单，规定了具体的检查内容和准备工作。如飞机电源、点火电门的位置、油门杆的位置、燃油控制电门的位置、发动机驱动的液压泵控制电门的位置、发动机引气控制等，都是发动机起动之前的检查内容。

3. 准备的工作

起动发动机之前，对相关系统做好准备。这主要包括如下内容：

（1）做好飞机起落架机轮阻挡。

（2）熟悉驾驶舱内的各相关控制面板和显示系统，如发动机起动控制面板、燃油系统控制面板、液压控制面板、飞行控制面板等等。

（3）供电、供液压。

（4）调整驾驶舱内的灯光亮度。

（5）操作飞机燃油系统和气源系统。

（6）建立与地面人员的通讯。

（7）做防火系统测试检查等。

二、地面运转种类

1. 起动

起动发动机是地面运转最常见的一项工作。

2. 冷转

冷转就是用起动机带转发动机，由于要做的维护工作内容不同，所以冷转可分为干冷转和湿冷转。干冷转只是带转发动机，点火和燃油系统都不工作，一般用来检查发动机有无漏油现象或是吹除燃烧室内未燃烧的燃油。如更换了滑油系统的某些部件后，可能需要干冷转。

湿冷转是指用起动带转发动机时，当转到一定转速后接通燃油系统，但不点火。湿冷转时会看到燃油从尾喷管喷出，用来检查燃油系统的情况。湿冷转后，要进行干冷转，以便吹干发动机内的残余燃油。

3. 发动机地面试车

这可能包括让发动机在不同功率状态下工作，包括高功率。这时一定要注意防止飞机移动和飞机两侧发动机推力平衡。

三、发动机地面起动过程中的常见故障

在发动机起动过程中，常见的故障有热起动或起动超温和起动悬挂。发动机的起动过程可分三个阶段，见图9.14。发动机起动过程是转子的加速过程，只有当起动机的功率和涡轮的功率比压气机和附件所需的功率高时，转子才能加速。图中的阴影部分就是使转子加速所需的功率。

第一阶段是从起动机转动开始到燃油系统供油，点火系统点火，涡轮开始发出功率为止。在这一阶段中，发动机完全靠起动机带动，转子转速从静止到 n_1。转子加速所需的功率完全由起动机提供。

第二阶段是从涡轮产生功率起，到起动机脱开为止。在这一阶段中，转子转速由 n_1 加速到 n_2。转子加速的功率由起动机和涡轮共同提供。

第三阶段是自起动机脱开到慢车转速。这一阶段发动机靠涡轮功率加速，转子转速由 n_2 加速到 n_{idle}（慢车转速）。到慢车时，剩余功率为零，转子稳定在慢车转速。

在第一阶段中，起动机的功率越大，则阴影部分就越大，即剩余功率就越大，发动机加速就越快。对于空气涡轮起动机，其功率的大小还取决于供气压力。

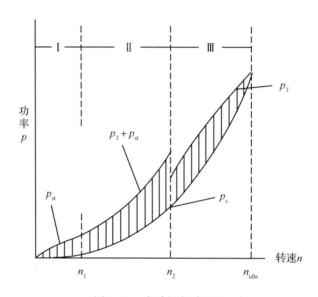

图 9.14 发动机起动过程

图中：p_{st}——起动机的功率；

$\quad\quad p_T$——涡轮的功率；

$\quad\quad p_c$——驱动压气机和附件所需的功率。

在第二阶段，涡轮功率仍小于或稍大于压气机和附件所需的功率。因此，在此阶段，仍需要起动机来协助涡轮工作，以提高剩余功率。一般来说，起动故障最容易出现在这一阶段。常见的故障有：

（1）起动超温或热起动

起动超温或热起动是指发动机起动过程中，排气温度过高或超过最大允许值。出现这种情况可能有以下原因：

①压气机失速或喘振，因为这会造成进入燃烧室的空气减少，从而引起排气温度升高。

②压气机的放气活门或可调静子叶片的位置不合适。比如放气活门没有关闭，而造成过多的气体被放掉，而进入燃烧室的空气减少，或可调静子叶片没在合适的开度而造

成进入压气机的空气减少。

③燃油系统的问题，即供油出现了问题。

④起动前发动机的排气温度过高，也是原因之一。所以，点火之前，若排气温度高过规定值，则应先冷转发动机，把排气温度降下来。

（2）起动悬挂

起动悬挂是指，起动过程中，在未达到慢车转速前，发动机的转速不上升或上升缓慢。造成的原因可能有：

①剩余功率不够，这可能是起动机的问题（包括空气压力小、起动机活门关闭早）或燃油系统问题。

②压气机负荷太大，如压气机防喘放气活门处于关闭位或关闭的过早都会造成驱动压气机的负荷加大。还有可能是压气机本身性能下降。

③燃油系统供油出现了问题。

所以，在起动的第二阶段，若是人工控制起动，操作人员一定要严密注意高压转子转速和排气温度，一旦出现上述问题，应及时终止起动。

四、发动机地面运转注意事项

（1）起动机的工作时间限制。通常起动机的工作时间是有限制的。因为起动机转速高，负荷大，所以厂家都对其工作的时间长短以及连续工作的次数都有规定，一定要按手册中的规定操作，否则容易造成起动机的损坏。

（2）注意发动机的工作限制。在维护手册中对发动机的各工作参数如排气温度、振动值，滑油参数（压力、温度）、转子转速等都有具体的限制值。地面运转发动机时，一定要注意这些参数的变化。尤其冬天起动发动机时对滑油低温的限制，因为温度会影响滑油的流动性。除了起动之前注意滑油的最低温度之外，若要让发动机从慢车状态加速到高功率时，对最低的滑油温度也有限制。

（3）危险区。发动机在地面运转时，进气道进口周围和排气管周围，如图9.15中阴影部分，这些区域都属于危险区域。发动机工作时，人员和工具、设备等都不能进入这些区域。若进入进气危险区，会被吸入发动机。进入排气危险区，会被吹跑，而且排气温度较高。

这些区域的范围大小与发动机的功率状态有关，功率越大，范围就越大。不同的发动机，在其飞机维护手册中，对这些区域都有具体的规定。在发动机外面的整流罩上也有危险区标志（红色）以及发动机运转时，接近发

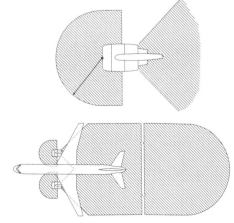

图 9.15　发动机地面运转时的危险区

动机的安全走廊标志。

（4）噪音。噪音对人听觉的影响是个逐渐发展的过程，所以保护耳朵是必不可少的。

（5）发动机地面防冰。当满足结冰条件时，发动机起动并稳定后，应及时接通防冰系统。对于涡扇发动机而言，有时还需要不断地加速到一定的转速，以去除风扇叶片上可能的结冰。

（6）地面高功率运转发动机时，会引起飞机移动。所以，对飞机的重量（加油量）、轮挡、刹车等都有具体的要求，这些在飞机维护手册中都有具体的规定。

（7）地面防火设施也要准备到位，以防万一。

（8）尽量缩短维护开车时间，遵守发动机停车程序。

第十章 防冰系统

第一节 概 述

当发动机在地面工作时，若外界温度较低，并且湿度较大时，如下雨、下雪、有雾等，或飞机穿越含水量高的云层时，发动机的某些部位，如进气道前缘、进气整流锥等，就可能结冰。这些部位结冰后，不但会影响气体流动，影响发动机进气，而且还会影响压气机的工作和性能，还可能造成压气机失速或喘振。若冰脱落，被发动机吸入还可能打坏发动机。发动机的防冰系统就是用来防止这些部位结冰。图 10.1 给出了涡扇发动机可能的结冰部位。其中，风扇叶片结冰可通过控制转速来防止。

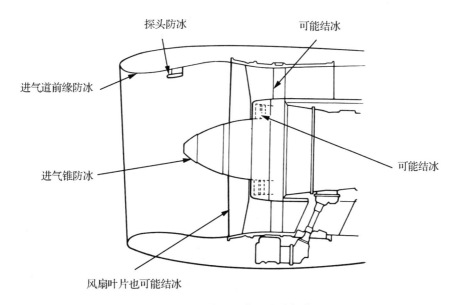

图 10.1 发动机的典型防冰部位

一般来说，常用的防冰方法有两种：一种是阻止冰的生成；另一种是除冰系统，即允许结冰，但在冰脱落之前要把它除掉。不同的厂家采用不同的防冰方法，但总的来说可分为两类，即利用压气机产生的热空气来加热这些需要防冰的部位，或用电加热的方法给这些部位加热，从而起到防冰的作用。通常在涡轮喷气和涡轮风扇发动机上采用热空气加热防冰的方式，在涡轮螺旋桨发动机上采用电加热防冰，或是两种结合。

对于涡轮螺旋桨发动机来说需要防冰的部位有：进气道、桨叶和进气锥。由于受到压气机供气的限制，一般都采用电加热的方式来防冰。在需要加热的区域粘贴加热元件，靠发电机给防冰系统供电。防冰系统工作时，有些区域是连续加热的，而有些区域则是间歇式加热。这些间歇式加热区域允许结冰，加热时，使冰溶化，靠气动力再把冰去掉。

对防冰系统的总体要求是：防冰系统应该在飞机的整个飞行过程中都能有效地、可靠地工作，并且易于维护。防冰系统应该不会过于增加发动机的重量，且工作时也不会造成发动机性能的严重损失。

第二节　涡轮风扇发动机的防冰系统

热空气加热防冰是现代燃气涡轮发动机上常用的一种方法。热空气一般引自高压压气机，经防冰控制活门和管路送到防冰部位。防冰活门起到开关和调节引气压力的作用，在驾驶舱内有防冰控制电门。当需要防冰时，接通防冰电门，使防冰活门打开，防冰空气就会被送到需防冰的部位，图 10.2 为某型发动机防冰空气流动示意图。来自压气机的热空气，经控制活门被送往下列部位：进气道前缘、进口导向叶片和进气整流锥。

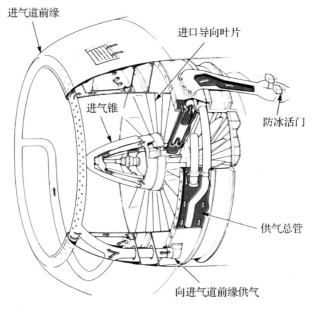

图 10.2　防冰空气流动示意图

在进气道前缘内部有一喷气环管，管的前表面有很多小孔，送入喷气环管内的热空气经这些小孔出来，喷到进气道前缘内表面，给前缘加热，防止冰的生成。在进气道的侧表面有排气出口，加热后的空气经此出口排到发动机外面。

由于进口导向叶片是不旋转的，所以，在发动机工作过程中，这些叶片的表面也可能结冰。因此，这些叶片都是空心的，有供气管路专门把热空气送到叶片的内部，并且有的叶片内还接有供气管路，这些管子再把热空气送到进气整流锥内，给进气锥加热。进气锥为双层结构，热空气从夹层中流出，之后又被压气机吸入发动机。

现代涡轮风扇发动机的进口一般都没有进口导向叶片，而是把进气锥直接装在风扇盘上，如图 10.3 所示。这样，若锥的形状、构造和旋转特点允许的话，可以允许稍微结冰，而不需要加热防冰。若进气锥需要防冰的话，一般来说其供气系统独立于进气道防冰系统，大多数情况下是把不经调节的压气机空气引入锥体内，加热后的气体排入进气道内。

由于热空气来自发动机，所以，防冰系统工作时对发动机的性能有一定的影响，发动机的燃油控制系统会自动修正燃油流量，以满足性能需求。下面介绍典型的涡扇发动机防冰系统。

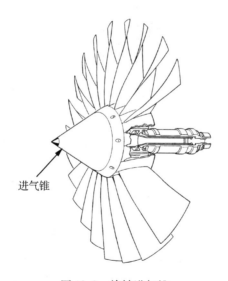

进气锥

图 10.3　旋转进气锥

一、空客 320 系列飞机的 V2500 发动机的防冰系统

V2500 发动机上有三个部位需要防冰，它们是进气道前缘、进气温度/压力探头（p_2/T_2 探头）和进气整流锥。进气道是靠来自高压压气机的空气来加热防冰的，p_2/T_2 探头是靠电加热来防冰的，而进气锥是靠锥头部的橡胶头来自动防冰的。

橡胶头粘在整流锥的顶部。在发动机工作过程中，进气锥顶部最有可能先结冰。当锥头表面结冰后，橡胶头的平衡就受到破坏，从而引起橡胶头振动。橡胶头的振动就会使冰破碎，这些细小的冰块被发动机吸入，但由于冰块很小所以不会造成风扇叶片或压气机损伤。

p_2/T_2 探头内有电加热线圈，只要发动机工作，发动机的电子控制系统就会把来自飞机的 115 伏的交流电送往加热线圈，给探头加热。在发动机工作过程中，此探头是一直被加热的，所以，刚停车时，探头会很热。

进气道前缘是靠热空气来加热防冰的。整个防冰系统包括防冰电门、防冰供气管路和防冰活门。热空气来自高压压气机（HPC7）。当需要防冰时，接通防冰电门（其位于驾驶舱内的头顶面板上），则防冰活门打开，HPC7 空气送往进气道前缘（也叫 D 形截面）内部的喷气环，见图 10.4。

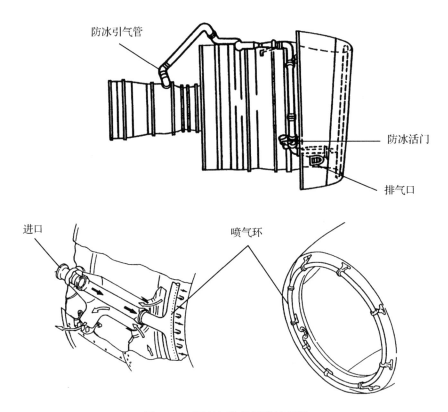

防冰引气管

防冰活门

排气口

进口

喷气环

图 10.4　V2500 发动机防冰系统

由图 10.4 可见，防冰引气管经风扇机匣右侧，到达进气道后壁板处，此处装有防冰活门。发动机工作时，防冰活门的上游一直有来自压气机（HPC7）的热空气，防冰活门一打开，则热空气就会进入进气道内部，经喷气环前缘的小孔喷出，加热进气道前缘内表面。在进气道的右下侧有一排气出口，加热后的空气从此口排到发动机外部。

　　防冰活门是一电控、气动作动的活门。防冰电门控制防冰活门的供电情况，电是来自飞机的 28 伏直流电。防冰活门的工作原理简图见图 10.5。其主要包括电磁活门、作动活塞和蝶形活门。

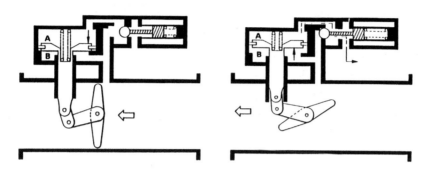

图 10.5　防冰活门工作简图

　　发动机防冰电门在驾驶舱头顶面板上，电门本身又是指示灯。电门的上半部分是故障（FAULT）灯（琥珀色），下半部分是工作（ON）灯（蓝色），见图 10.6。当防冰电门在"ON"位时，防冰电门切断送往电磁活门的供电，电磁线圈不产生电磁力，则电磁活门在弹簧力作用下处于关闭位（图 10.5 右图）。这样就允许来自 HPC7 的空气进入作动活塞的下腔（B 腔），上腔（A 腔）经电磁活门通大气。活塞在 B 腔压力的作用下，克服上腔的弹簧力，使活塞上移，把蝶形活门打开，活门工作灯亮。

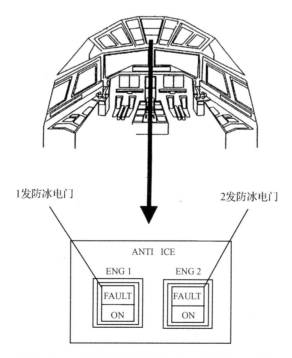

图 10.6　空客 320 飞机驾驶舱内发动机防冰电门

当不需要防冰空气时，关闭防冰电门（OFF 位），活门工作灯灭，此时防冰电门给电磁活门送电，使电磁线圈工作而产生电磁力。此电磁力克服弹簧力，使电磁活门打开（右移）（图 10.5 左图）。这样就允许来自 HPC7 的压力空气进入 A 腔和 B 腔，A、B 腔气体的压力相等，但 A 腔还有弹簧力，这样活塞在弹簧力作用下关闭。也就是说，在发动机工作过程中，不防冰时，电磁活门一直通电工作着。这样一旦电控失效，则防冰活门会断电打开，即防冰活门的失效安全位为开位，既保证飞行过程中万一失效，又在需要防冰时，有防冰空气供应。

防冰活门上带有活门位置电门，以反馈活门的位置。若活门的位置与防冰电门的位置不一致，则给出防冰活门故障信息，并且活门故障灯亮。防冰电门的位置信号还传给发动机电子控制装置（EEC），当接通防冰时，EEC 会自动使点火系统工作，以防发动机熄火。

防冰活门还有人工超控功能，即电控失效后可把活门锁在开位或关闭位置，以便飞机放飞，而不至于造成飞机延误。

二、波音 737-600/700/800/900 飞机的 CFM56 发动机进气道防冰系统

发动机进气道防冰空气来自发动机引气系统，接口在发动机引气系统中预冷器和关断活门的上游，即防冰空气不受关断活门影响，见图 10.7。防冰空气经防冰活门进入进气道前缘内的喷气环。热空气从喷气环喷出，给前缘加热。加热后的空气从进气道底部的排气口进入大气。

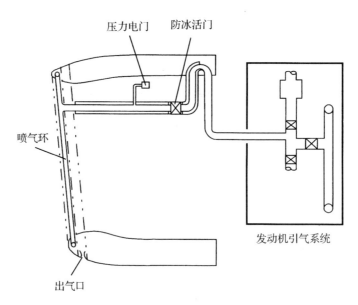

图 10.7　进气道防冰

　　防冰活门是电控、气动作动的蝶形活门，其靠弹簧加载在关闭位置。活门主要包括控制电磁活门、作动器、压力调节器和人工锁定机构及活门位置指示器，见图10.8。作动空气本身就是防冰空气。在活门上游有一根引气管，负责把空气送往压力调节器。控制电门在驾驶舱内头顶面板（P5面板）上（见图10.9）。当接通防冰电门时，其允

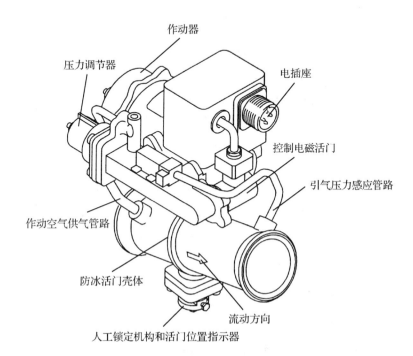

图 10.8　防冰活门

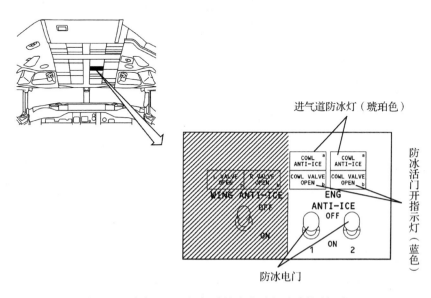

图 10.9　波音 737 飞机驾驶舱内发动机防冰控制面板

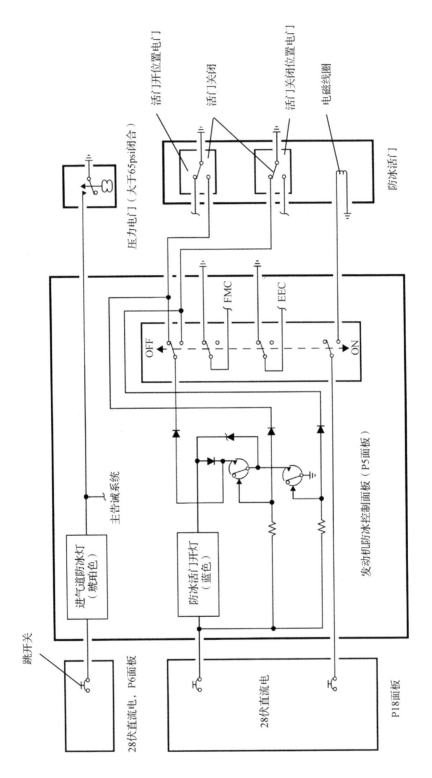

图10.10　控制电路

许来自飞机的 28 伏直流电送往控制电磁活门，控制电路见图 10.10。控制电磁活门通电，其允许活门上游的空气进入压力调节器。压力调节器调节引气压力，并把调节后的空气送到作动器，作动器在空气压力的作用下，克服弹簧力，打开防冰活门。活门下游也有一引气管，其把防冰活门下游的空气压力传给压力调节器，使压力调节器能根据下游压力，调节活门开度，从而把防冰空气压力的最大值限制在 50psi 内。

从控制电路可见，接通防冰电门时，还会有下列事情发生：

（1）断开送往 EEC 的电路，即给 EEC 发送一个离散信号，告诉 EEC 发动机防冰活门打开，以便 EEC 控制发动机的慢车转速。活门位置指示器感受蝶形活门的位置，并反馈给控制面板，给出防冰状态指示。

（2）断开送往 FMC（飞行管理计算机）的电路，即给 FMC 一个离散信号，告诉 FMC 发动机引气负荷变化，以调整发动机的供油量。

（3）防冰控制面板上的"进气道防冰活门开"蓝色指示灯亮。此灯受控于防冰电门和防冰活门位置指示器。当电门接通，活门在打开的过程中，或活门位置和防冰电门的位置不一致时，此灯明亮；当防冰电门接通，活门打开，位置指示器给出活门在"开"位信号时，变暗二极管使灯变暗。

（4）当防冰电门关闭时，活门关闭，位置指示器给出活门"关闭"信号，此灯熄灭。

位置指示器包括活门"开"位置电门和活门"关"位置电门。它们的工作情况如下：活门打开过程中，当活门开度超过 15° 时，活门"开"位置电门就会给出活门"开"信号；而在活门关闭过程中，当活门几乎要关闭时，活门"关"位置电门才给出关闭信号。

当防冰活门下游的空气压力超过 65psi 时，压力电门闭合。防冰控制面板上的"进气道防冰"琥珀色指示灯亮，并且主告诫灯和发动机防冰指示灯也亮，说明防冰系统引气压力超压。

当防冰活门不能正常工作时，人工锁定机构允许把防冰活门锁定在完全关闭或完全开位。为了帮助正确安装活门，防冰活门壳体上标有气流流动方向。

防冰供气管路都是从进气道的空心夹层穿过到达前缘的。为了防止热空气对进气道的影响，一般在供气管外包有隔热保护层。另外，在进气道表面有释压面板，若夹层内的供气管漏气，就会使进气道空心夹层内压力升高而引起释压面板打开，把压力空气放掉，使进气道不被压坏，起到保护作用。

有的把供气管做成双层，如波音 757 飞机上的 RB211-535E4 发动机进气道的防冰管就是这种设计，见图 10.11。进气道夹层内的防冰供气管为双层，内管输送防冰热空气，外管起保护作用。一旦内管漏气，则热空气只能漏入外管内，而不至于进入进气道空腔内。另外，在内、外供气管的夹层之间有一感应管路连通到进气道表面上的通气孔和漏气指示装置（弹出式指示器）。弹出式指示器感受内、外供气管夹层间的压力和外界大气压力。当这两个压力的差达到一定值后，指示器弹出，说明内供气管漏气。指示器为红色，弹出后高于进气道表面大约四分之三英寸，以便维护人员地面检查时能及时发现，采取相应的维护措施。为了防止由于内供气管内的热空气而引起的供气管夹层内压力升高而引起指示器意外弹出，在感应管路上还设置了通气孔。若是由于温度变化而引起的压力升高会通过此孔释放掉，而不会造成指示器弹出，从而避免虚假指示。

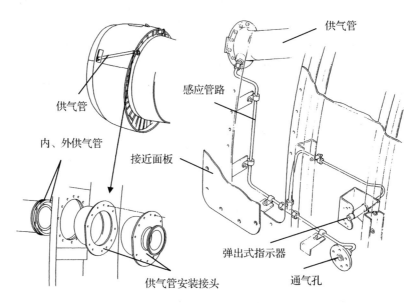

图 10.11　RB211-535E4 发动机进气道防冰供气管

第十一章 发动机指示系统

第一节 概 述

　　发动机在工作过程中，我们需要对发动机的工作参数和各系统的工作参数进行监控，以便能及时掌握发动机的工作状况和控制发动机的工作。发动机指示系统一般给出下列参数显示：转子转速、发动机排气温度、发动机压比（EPR）、燃油流量、发动机转子的振动情况、滑油压力、滑油温度和滑油量等。过去这些参数都是通过仪表在驾驶舱内显示出来，图 11.1 是某飞机上的显示仪表。

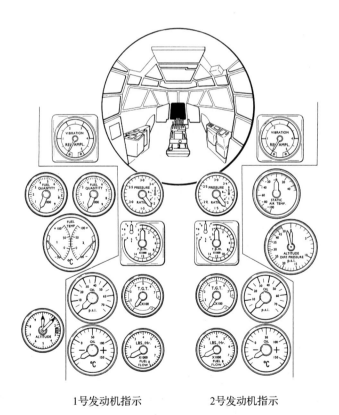

1号发动机指示　　　　　　　2号发动机指示

图 11.1　传统的仪表指示系统

随着技术的不断发展和对发动机参数监控的不断增多，传统的仪表指示系统就不再能满足对发动机监控的需求了，从而发展了电子显示系统，即在驾驶舱内用阴极射线管或液晶屏幕作显示器，参数以数字和模拟的指针、仪表盘的形式显示在屏幕上，如波音公司的EICAS（发动机指示和机组警告系统）和空客公司的ECAM（飞机中央电子监控系统）。这些新的指示系统不但能给出发动机的参数指示，而且还能监控、显示飞机其他各系统的工作情况。另外，当所监控的系统出现故障后，其还能给出故障指示或故障信息。为了区分不同级别的故障，显示故障信息时，用不同的颜色来区分。例如空客320飞机的ECAM系统有上下两个屏幕，发动机的一些主要参数如发动机压比（EPR）、发动机排气温度（EGT）和转子转速在上屏幕显示，而转子的振动值和滑油系统的参数则在下屏幕显示，图11.2给出了ECAM在驾驶舱的位置和显示情况。对比图11.1和图11.2可见，这种屏幕显示系统，把所有的仪表显示内容都集中到了两块屏幕上，使驾驶员不必来回找寻不同的仪表板，而只是看中央的屏幕即可，进而能大大减轻驾驶员的工作负荷。

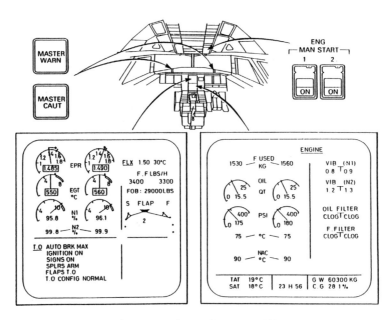

图11.2 空客320的ECAM系统

发动机工作过程中，某些工作参数可能会出现超限情况。当这些参数的指示要达到最大值时，相应的参数指示会自动变色。一般正常指示为绿色，当接近最大值时，指针和数字指示都变为琥珀色，当达到或超过最大值时，则变为红色，从而以视觉效果，明显地告知驾驶员，发动机的相应系统出现了故障。

另外，这种屏幕显示还能给出故障信息。在空客320系列飞机上，根据故障的严重程度，把发动机的故障信息分为警告信息、告诫信息和维护状态信息。警告和告诫信息在上屏幕的下半部分显示，为了区分它们，用红色文字表示警告信息，用琥珀色文字表示告诫信息，而维护状态信息显示在下屏幕上。

第二节　发动机主要参数的测量

一、转速

转子的转速通常用 N 来表示。对于双转子发动机来说，N_1 表示低压转子的转速，N_2 代表高压转子的转速。若是三转子的发动机，则 N_2 代表中压转子的转速，N_3 代表高压转子的转速。由于涡轮发动机转子的转速很大，所以通常是以相对转速来显示，即用实际转速相对于设计转速的百分数来表示。转速可用来代表发动机的推力。对于大型涡轮风扇发动机来说，一般用风扇转速（N_1）来代表推力。但转速并不能准确反映推力的大小，因为在给定的转速下，发动机进口的空气压力和温度对推力有一定的影响。

常用的转速测量方法有两种。第一种是利用转速探头和音轮的共同工作来测量，即磁电式。第二种是利用发电机的频率来换算。

1. 磁电式转速传感器

磁电式转速传感器主要包括探头和音轮。图 11.3 是用在罗·罗公司 RB211 发动机上的一种转速探头和音轮的示意图。音轮和发动机转子的轴制成一体，而探头固定在静子上不动。音轮就是在轴上做出的一些齿。转速探头包括 2 块永磁磁铁、3 个磁靴和中央磁靴上的线圈。整个探头用由玻璃纤维加强了的聚酰亚胺封装起来。磁靴间的间距与音轮的齿距相等，这是因为探头安装在静子上，而音轮随转子旋转。这样当磁靴与齿对正时，流过线圈的磁通量最大，而偏离后磁通量减少，即音轮的旋转使通过线圈的磁通量发生变化，从而在线圈中产生电动势。电动势的频率与齿和磁靴对正变化的快慢成比例，也就是与转轴的转速成比例。另外还和音轮的齿数有关。电动势频率为：

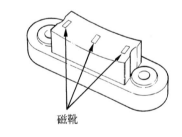

$$f = \frac{nz}{60} \qquad (11-1)$$

式中，f——频率；
　　　n——转子转速；
　　　z——音轮齿数。

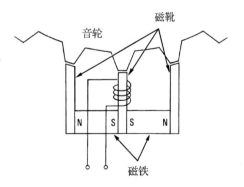

图 11.3　转速探头示意图

271

因为齿数是一定的，所以频率就反映了转子转速。把音轮和探头用在发动机振动监控系统，还可监控转子不平衡点的位置。

图 11.4 的结构就是这种布局。音轮上有一个齿比其他所有齿都长，安装音轮时，长齿对准风扇盘上的 1 号叶片。相应的探头只有一个磁靴。音轮旋转时，只有当长齿经过磁靴时，通过绕组的磁通量才发生变化，而音轮的其他区域对流过绕组的磁通量无影响。这样，振动监控系统就知道了 1 号风扇叶片的位置。当风扇转子振动时，振动点离 1 号叶片的角度也就可以知道了。这种探头也叫转动一圈产生一个信号的探头，或叫风扇配平探头。

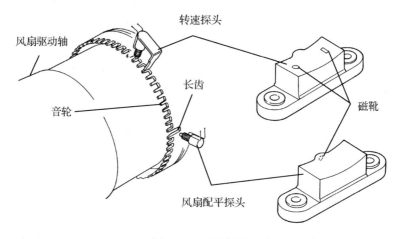

图 11.4　配平探头

2. 转速表发电机

转速表发电机其实就是个小永磁发电机，一般是一个二极三相微型发电机。它装在附件齿轮箱上，由附件齿轮箱驱动。发电机的转子是一永磁磁铁，静子内是绕阻。转子随发动机转动而转动，这样绕阻就会产生交流电。交流电的电压和频率都与转速成正比变化，所以，既可用电压又可用频率作为转速输出信号。

将上述两种转速测量形式作比较，电磁式转速探头是直接测量转轴转速，不需要中间的机械转换，因此测量结果很准确；而转速表发电机，一般是转子转速经齿轮转换后才到达发电机，这样一来传动系统的误差会给转速测量带来一定的偏差。

二、温度

1. 发动机排气温度

发动机排气温度是个很重要的参数，对它的监控可防止温度过高而烧坏发动机。因为不同的厂家测量发动机排气温度的位置不一样，所以同样是排气温度，叫法也可能不同。通常叫做排气温度 EGT（Exhaust Gas Temperature）。另外，还有叫涡轮排气温度 TGT（Turbine Gas Temperature）和涡轮级间温度 ITT（Inter-stage Turbine Temperature）等。

对于燃气涡轮发动机来说，其实最关键的温度是涡轮进口温度或燃烧室出口温度，它直接影响发动机的性能和所产生的推力。但这一温度太高，要测量很困难，所以实际上都是在下游温度相对较低的位置测量。

由于排气温度较高，所以，在燃气涡轮发动机上通常用热电偶来测量排气温度。热电偶的金属丝很细，所以一般把热电偶封装在金属管式探头里，以提高其可靠性，见图 11.5。

为了获得整个测量截面的平均温度，通常把热电偶沿测量面周向均匀排布。连接热电偶的导线和热电偶的材料是一样的。航空发动机上常用的热电偶材料是镍铬合金和镍铝合金。

图 11.5 是用在罗·罗公司 RB211 发动机上的热电偶。一个热电偶探头内有两套热电偶，它们分别测量径向两个位置的温度。燃气经小孔进入封装管内与热电偶的热端接触。热电偶探头装在涡轮导向叶片内，叶片的叶身上开有进气孔。共有 17 个热电偶探头，它们并联在一起，见图 11.6。这些热电偶沿低压涡轮进口截面均匀排布。由于每个热电偶探头沿径向有 2 个测量点，这样在测量截面总共

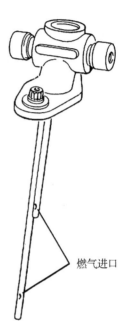

燃气进口

图 11.5　热电偶探头

就有 34 个热端。当把所有探头并联后，就可给出该测量截面的平均温度。接线盒在风扇机匣上，从接线盒处再用导线把信号传到驾驶舱内的发动机指示系统。接线盒处的环境温度由补偿电阻来修正。

对于热电偶来说，与燃气接触的一端（高温度端）叫热端或叫测量端，而与显示电路相连的另一端（低温端）叫冷端。若冷端保持恒温，而热端温度随发动机工作而变化，这个温差就会使热电偶产生热电势。但实际冷端的温度也是变化的，所以，一般在测量线路中，还要对冷端的温度进行修正。这种修正有的是通过在测量电路中装温度补偿电阻来修正冷端温度的，如图 11.6 所示。在全功能数字式电子控制的发动机上，则是把 EGT 的线束直接连接到发动机的电子控制器（EEC）内，由 EEC 自动修正冷端温度。

热电偶产生的热电势一般都是很低的，通常为毫伏级。所以，整个线路电阻的变化对最后接收端所得到的信号有很大影响。热电偶接线的污染、甚至接线顺序的变化都会影响最后的指示温度，所以在日常维护中一定要严格执行维护手册中的规定。飞行中，若 EGT 指示不准或丢失，就会造成无法监控发动机的排气温度，这是个严重的故障，发动机需要停车。

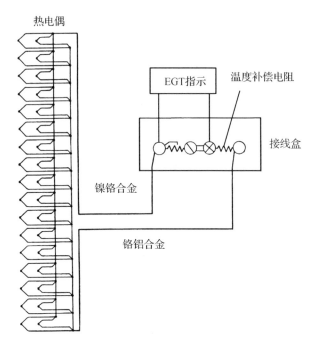

图 11.6　RB211 发动机上的热电偶连接

2. 发动机进气温度

由于发动机进气温度比较低，所以一般用电阻式温度表或叫热电阻、热敏电阻来测量。电阻式温度表是利用导体或半导体的电阻随温度变化而变化的特性来测量温度的。它一般被广泛用于低温测量，测量精度高，如测量发动机进气温度、滑油温度等。

对导体来说，温度升高，其电阻值增大；而对有些半导体来说，温度升高，其阻值下降。用导体制成的感温元件叫热电阻，用半导体制成的感温元件叫热敏电阻。

热电阻通常采用在较高温度下不易氧化的金属镍或铂制成。热电阻在整个温度测量范围内，有较高的标准性、灵敏性和稳定性，这是热电偶不能比的。对于流动速度不大的气体和液体来说，传感器一般制成棒状，置于气流或液体中。发动机的进气温度传感器，装在进气道内。一般把铂丝做成线圈状，然后封装在探头内，让气流流过线圈。探头需要加热防冰，一般采用电加热方式。这种传感器不容易损坏，并且工作稳定性好，能在很长时间内保持较高的测量精度。

当气流流过传感器时，热电阻的阻值会随进气温度的变化而变化，这样就把温度转换成了电阻值。不同金属的电阻值与温度之间的关系不同，温度变化范围也会对阻值与温度之间的关系有影响。在一定的温度范围内，大多数金属的电阻与温度之间的关系可表达为：

$$R_t = R_0 \left[1 + \alpha(t - t_0) \right] \tag{11-2}$$

式中，R_t、R_0——分别为温度 t 和 t_0 时导体的电阻值；

　　　　α——导体的电阻温度系数。

常用的测温热敏电阻是由氧化锰、氧化铜等金属氧化物制成。与热电阻相比，其电阻率大、体积小、灵敏度高、热惯性小、可制成各种形状，但其温度测量范围低。

一般来说，热电偶用于高温测量（如常用的镍铝-镍铬热电偶，能测 1000℃ 左右），而电阻式测温元件用于低温测量（测量范围一般不高于 900K）。热电偶结构简单，热惯性小，响应快，可不需要外部电源。电阻式相对来说响应慢，一般需要外部电源来使其工作，但与热电偶比较其不容易损坏。

三、气体压力传感器

一般来说压力传感器有两类，一类是要求提供准确的压力信号，另一类是要求传感器响应快，能及时反映瞬时压力变化。反映发动机推力的压比，就需要高精度的压力信号。

图 11.7 是简单的机械式气体压力表原理图，其敏感元件就是一个真空膜盒。膜盒由两片弹性波纹膜片制成，内部抽成真空。膜盒的真空度越高，其受温度的影响越小。当气体压力变化时，膜盒膨胀或收缩而发生弹性变形，使膜盒中心的刚性部分产生位移，直到弹性力等于气体压力为止。膜盒的变形量取决于所感受的压力大小，膜盒中心的位移量就反映了气体压力的大小。膜盒的位移经连杆、齿轮机构传给指针，从而给出压力指示。

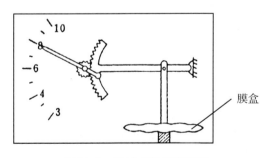

图 11.7　机械式气压表原理

电动式压力传感器把压力转换成电量，电量可以是电阻、电感等，然后再与其他电路连接进行测量。图 11.8 为电感式压力表原理图。压力传感器包括膜片、固定铁芯、线圈和移动铁芯。膜片感受压力变化而移动，从而带动移动铁芯移动。当移动铁芯左移时（压力减小），则其靠近线圈 2 的铁芯；当移动铁芯右移时（压力增加），其靠近线圈 1 的铁芯。当给传感器输入交流电后，铁芯的移动使两个线圈的感抗发生变化，这样就把压力的变化转换成感抗的变化。把此传感器连接到其他电路上，即可给出压力指示。

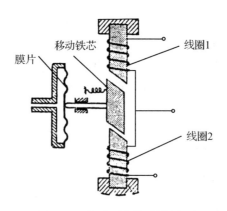

图 11.8　电动压力传感器原理

振动筒式压力传感器是频率式压力传感器的一种，其结构示意图见图 11.9，主要包括外壳、振动筒、底座、激振线圈、拾振线圈和支柱。振动筒是一薄壁圆柱筒，一端封闭，另一端固定在底座上，一般由磁性好、温度系数低的铁镍合金制成。激振线圈和拾振线圈通过支柱固定在振动筒内，它们之间相隔一定距离，且成十字交叉排列，以防止它们之间的相互干扰。外壳起屏蔽和保护作用。振动筒的振动频率不但与其自身结构、壁薄厚有关，而且还会受到其周围环境的影响。当把压力引入振动筒内腔后，由于压力的作用，筒的刚性发生变化，从而改变振动筒的振动频率。振动筒工作时，激振线圈迫使振动筒振动，拾振线圈感受振动筒的振动。为了使振动筒能以一定的振型不断振荡，把拾振线圈的振动输给放大器，放大器的输出再用来驱动激振线圈，激振线圈迫使筒振动，从而就可保持振动筒在其振动频率下振动，但此振动的频率要受到引入压力的影响。测出此振动频率，按压力－频率之间的特性关系就可求出要测压力的大小。压力－频率之间的关系是非线性的（近似抛物线关系）。若把输出信号直接输给计算机，则此非线性关系就很容易处理。

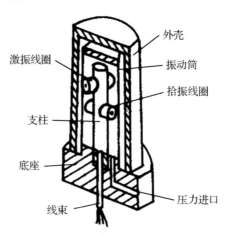

图 11.9　振动筒式压力传感器

振动筒式压力传感器测量精度高，工作可靠，长期稳定性好。当然压力传感器还有其他类型，如压阻式、电容式和压电晶体式等。

四、发动机压比

发动机压比（EPR，Engine Pressure Ratio）是指发动机的排气压力与进气压力的比值，在飞机上通常用它来代表发动机的推力。进气压力是指发动机的进口压力，而对于排气压力不同厂家有不同的测量位置。如 V2500 发动机，排气压力测量位置在低压涡轮最后一级的出口，而 RB211-535E4 发动机的排气压力是在外涵道风扇的出口测量的。在用 EPR 控制发动机推力的发动机上，可设置 EPR（人工、自动设置）的大小，以控制不同的额定功率状态，如起飞、爬升、巡航等。当显示的 EPR 值与设置的 EPR 值相等时，说明发动机达到了所需的功率状态。EPR 测量装置有电容变换器式和电感式等类型。

1. 电容变换器式传感器

图 11.10 是电容变换器式传感器的工作原理图。它主要由两个感受气体压力的膜盒，差动电容变换器和同步发送器等组成。发动机工作时，排气压力 $p_{排}$ 和进气压力 $p_{进}$ 分别由两个膜盒感受，膜盒通过杠杆机构带动差动电容器，这样排气压力和进气压力就转换成了膜盒的位移。膜盒的位移则使杠杆按这两个压力比转动，而杠杆带动差动电容转换器的动极板移动，造成一个电容器的电容增加，另一个电容器的电容减小。此变化与杠杆的位移量成比例，也就是和发动机的压比成比例。差动电容转换器的容抗由交流电桥测量，经放大后输出给双向电机，使双向电机工作。电机一方面改变可变电阻，使电桥恢复平衡，另一方面带动同步器转子转动，同步器的静子输出压比信号。

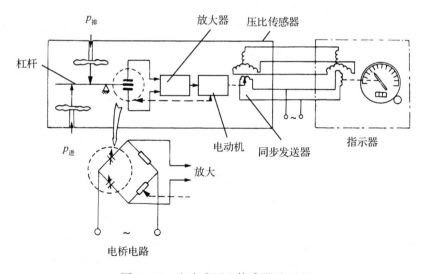

图 11.10　电容式压比传感器原理图

2. 电子式

用皮托头来收集发动机的进气和排气，并把这些气体送到 EPR 传感器。在传感器内有两个振动筒式压力传感器，其把气动信号转换成电信号，然后 EPR 处理器利用这些信号计算 EPR 值。

五、燃油流量

燃油流量反映了单位时间内发动机所烧油量，常用单位有磅/小时或公斤/小时。燃油流量由流量传感器感受，之后传给指示系统。燃油流量传感器一般位于燃油控制器和燃油喷嘴之间，它感受有多少燃油被送往了燃烧室，从而在驾驶舱中给出燃油流量指示。有了燃油流量和飞行时间，我们还可得到发动机的总耗油量。

现代燃气涡轮发动机上常用的传感器是角动量（动量矩）式，它通过把燃油流量转换成角动量（动量矩）来测量流量。这种测量法直接测量了燃油的质量流量，与流体的密度、温度等无关，测量精度高，所以在现代飞机上应用广泛。

1. 流量与动量之间的关系

根据动量定理知道：

$$F\Delta t = mv_2 - mv_1 \tag{11-3}$$

而动量

$$mv = m\frac{L}{t} = L\frac{m}{t} \tag{11-4}$$

式（11-4）中，L 代表流体流过的距离，t 代表时间，m 代表流体的质量。这样，m/t 就是流体的质量流量。所以，流体的动量等于质量流量和流过的距离的积。当距离一定时，则流体的动量就和质量流量成正比。如果让流体在这一距离内绕固定轴转动，当转速恒定时，它对该转轴的动量矩（$J\omega$）也和质量流量成正比。所以，测得流体的角动量就可反映质量流量。

2. 工作原理

图 11.11 给出了一种现代发动机上常用的角动量流量传感器的组成原理图，它主要包括双层壳体、引导器、涡流发生器、转子、绕组、涡轮和涡轮限动弹簧。燃油（流体）在内壳体内流动，内、外壳体之间装有静子绕组和周向绕组。绕组的位置对应于永磁磁铁的旋转通道。磁铁安装在转子的外缘，且两个磁铁之间相错一定的角度。转子可自由转动，转子内部有轴向通道，流体可在其中流过。涡轮也有轴向通道，但涡轮的转动受到限动弹簧的制动。涡轮转子上装有脉冲发生器。转子上的磁铁 2 转过脉冲发生器时，脉冲发生器会产生电脉冲。

当燃油进入流量传感器时，引导器把燃油引导到涡流发生器，涡流发生器使燃油旋转，旋转的燃油流过转子通道时，引起转子转动，即转子获得一个角动量。转子转速的大小取决于燃油的流量。

从转子流出的燃油再进入涡轮，从而引起涡轮转动，并把燃油的角动量全部传给涡轮。此角动量就会引起涡轮转动，即给涡轮一个旋转力矩 M。但由于限动弹簧的作用，涡轮只转过一定的角度。此偏摆的角度大小也取决于旋转力矩 M 的大小。M 与转子结构、转速和燃油流量有关。当转子结构一定、又知道转速时，就可得到流量。

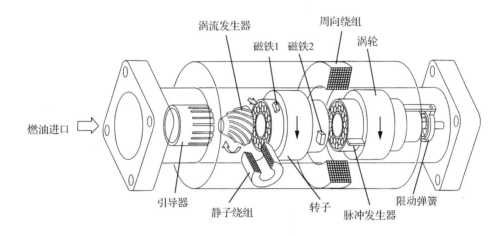

图 11.11 角动量式流量传感器原理

在转子旋转过程中，转子上的磁铁 1 经过静子绕组时，会产生一个电脉冲。与周向绕组对应的磁铁 2 经过脉冲发生器时，也产生一个电脉冲。这两个电脉冲的时间差，就反映了燃油质量流量。

六、滑油系统的参数

滑油系统的参数有滑油压力、温度和滑油量。滑油压力和温度是很重要的参数，它们直接影响滑油系统的工作。

1. 滑油量传感器

滑油量传感器装在油箱内，常用的有两种：浮子式油量传感器和电容式油量传感器。

1）浮子式油量传感器

浮子式油量传感器是利用浮子把液面高度转换成电量来测量油箱中的油量。图 11.12 是浮子式油量传感器原理图。浮子内含有永磁磁铁，当浮子随液面上下移动时，磁铁闭合/断开不同的触点，从而改变电路电阻的大小。这样就把液面高度变化转换成电量变化。在罗•罗公司的 RB211-535 发动机的滑油箱内就装有这种油量传感器 [图 7.1（b）]。

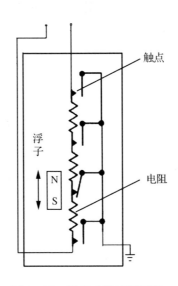

图 11.12　浮子式传感器原理

2）电容式油量传感器

电容式油量传感器是利用电容器把油量转换成电容量来测量油量的，图 11.13 是其工作原理图。电容式油量表是一个变电介质为常数的电容器，介质分别是空气和滑油。传感器装在油箱内，上部分为空气介质，下部分为滑油介质。整个电容器的电容量相当于这两个电容器的并联，即这两部分电容之和。这样，我们测出电容的大小就可知道油箱中油量的多少。图中 H 为电容器极板的总高度，h 为液面高度。油箱的形状是一定的，如果油箱中液面高度 h 变化，电容就改变。电容的测量可用自动平衡电桥测量。

由电工学知道：空气部分电容器的电容 C_1 和滑油部分电容器的电容 C_2 分别为：

$$C_1 = \frac{2\pi\varepsilon_1(H-h)}{\ln\dfrac{r_2}{r_1}}, \qquad C_2 = \frac{2\pi\varepsilon_2 h}{\ln\dfrac{r_2}{r_1}} \qquad (11-5)$$

式中，ε_1、ε_2 ——空气和滑油的电介常数；

　　　 r_1、r_2 ——内、外圆筒极板的半径；

H ——圆筒总高度；

h ——液面高度。

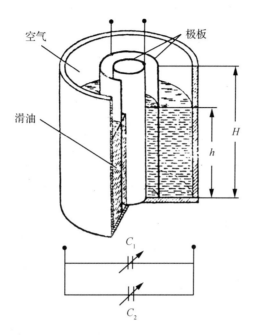

图 11.13　电容式传感器工作原理图

总电容 C 为：

$$C = C_1 + C_2 = \frac{2\pi\varepsilon_1(H-h)}{\ln\frac{r_2}{r_1}} + \frac{2\pi\varepsilon_2 h}{\ln\frac{r_2}{r_1}} = \frac{2\pi\varepsilon_1 H}{\ln\frac{r_2}{r_1}} + \frac{2\pi(\varepsilon_2-\varepsilon_1)h}{\ln\frac{r_2}{r_1}}$$

$$= C_0 + \Delta C \tag{11-6}$$

式中，C_0 是油箱无油时的电容量，叫做干电容，ΔC 则随着液面高度而变化。当油箱形状一定时，C_0 不变，ΔC 只随液面高度而变化。这样就把油量的多少转换成了电容的大小。

2. 滑油压力传感器

前面提到的压力传感器有的也可用来测量滑油压力，如电容式、压阻式和电感式等。对于电感式压力传感器（图 11.8）来说，若把膜盒放在一个腔室内，把要测的两个压力分别引入膜盒内部和腔室（膜盒外面），让膜盒感受被测两个压力的差值，这样就把压差变化转换成了电感的变化。这种压差传感器（差动电感传感器）在滑油系统中应用很多。图 11.14 就是这种类型的滑油压力（压差）传感器，其感受的压力是滑油压力 2 和滑油压力 1 的差值。压差的变化使膜盒膨胀、收缩，带动铁芯移动，改变电感。

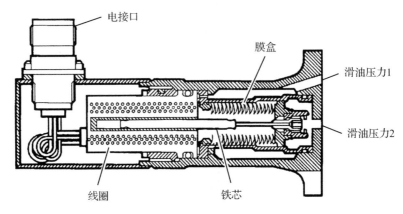

图 11.14　电感式滑油压力传感器

3. 滑油温度传感器

滑油温度传感器常用热电阻来测量。把热电阻封装在金属管内而形成感温包，把感温包置于滑油系统中，即可测得流过感温包的滑油温度。常用的热电阻是金属镍。

七、振动指示

现代飞机上都有机载的发动机振动监控系统，它主要包括三部分：振动传感器、发动机振动监控组件和驾驶舱内的振动指示，见图 11.15。振动传感器装在发动机上，而振动监控组件装在飞机的电子设备舱内。振动传感器的信号和转子的转速信号都输给振动监控组件，监控组件分析出每个转子的振动情况，然后输出到发动机显示系统。一般发动机显示系统显示的转子振动值并不是真实的振动大小，而是把振动值转换成飞机单位值再显示。例如转子的振动值是 1.5 英寸/秒，实际飞机显示系统给出的是 5 个单位，即指示值为 5。不同的飞机都有相应的发动机实际振动值与显示值之间的对应关系。在飞机维护手册中规定允许的振动值的限制范围也是按显示值给出的。本章第三节和第四节中的振动显示值都是飞机单位值。

常见的振动传感器有两种：速度型和加速度型。

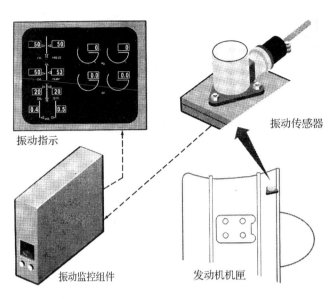

图 11.15 发动机振动监控系统

1. 速度型振动传感器

速度型振动传感器的测量原理见图 11.16。它主要包括永磁磁铁、线圈、弹簧和壳体。线圈安装在壳体内。永磁磁铁质量较大，并用两个刚度很小的软弹簧挂在壳体上（见图 11.16）。传感器安装在发动机的振动测量位置。当发动机振动时，壳体和线圈随发动机一起振动，而磁铁由于弹簧的悬挂，其自振频率低，所以不随发动机振动，而是基本保持静止状态。这样一来，磁铁相对于线圈的往复运动就反映了发动机的振动。线圈产生的电动势与发动机振动速度成正比，也就是说，电动势的大小，代表了发动机的振动速度。振动速度的单位常用英寸/秒来表示。测出振动速度后，通过积分可以得到振幅。

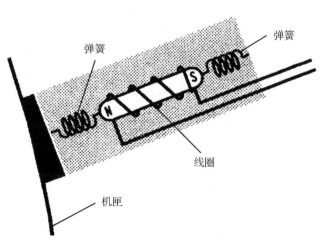

图 11.16 速度型振动传感器原理图

283

2. 加速度型振动传感器

新一代振动传感器是加速度型，它主要包括质量块和压电晶体片（石英晶片或压电陶瓷片），质量块一般采用比重大的金属或合金制成，见图 11.17。质量块是传感器的敏感元件，它靠硬弹簧压在压电晶体片上，并封装在壳体内。

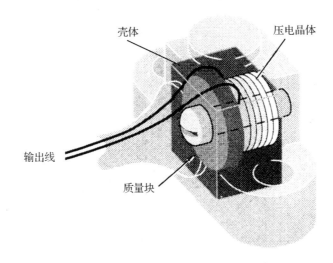

图 11.17　加速度型振动传感器

传感器安装在发动机的振动测量位置。当发动机振动时，由于弹簧刚度很大，因此，质量块随壳体一起振动，其振动的加速度和发动机的振动加速度成正比。这样质量块就有了一个加速度，根据牛顿定律，质量块就产生一个与加速度成正比的交变力，此交变力作用在压电晶体片上。由于压电晶体具有电压效应，因此，压电晶体产生交变电荷（电压），此电压与作用力成正比，也就是与发动机振动加速度成正比，即传感器输出的电压信号可以表示发动机振动加速度的大小。此电压信号被送入机载振动监控组件，通过对它积分，就可得到振动速度和振幅。对于双转子和三转子的发动机，各转子的转速也要输入机载振动监控组件。振动监控组件根据各转子的转速，可识别出各个转子的振动情况，从而在发动机指示系统给出各转子的振动指示。这种传感器结构简单、工作可靠，所以在振动测量中得到了广泛的应用。

振动传感器的安装位置位于发动机转子的支点，这样转子旋转产生的激振力通过转子支承传出，引起传感器振动。图 11.18 是 V2500 发动机振动传感器的安装位置，其在风扇机匣上大约 11 点钟的位置（从后向前看），且在支板区域。风扇支板（共 10 块）把两个转子的前支承的负荷传出到风扇机匣。这样，振动传感器在此位置感受的振动包括了由低压转子和高压转子所引起的振动。高压转子和低压转子引起的振动的频率取决于它们各自的转速。传感器感受的振动除了上述两个转子引起的振动之外，还可能有其他振源，如附件齿轮箱的振动、气动力等，它们引起的振动的频率也会不同于转子引起的振动。简单来说，若转子的转速为 15000 转/分钟，则其引起的振动的频率为 $n/60$ 赫兹，即 250 赫兹。这样在滤波时，若发现振动频率为 250 赫兹的振动，则其就是该转子引起的振动。这一分析工作是由机载的发动机振动监控组件来完成的。

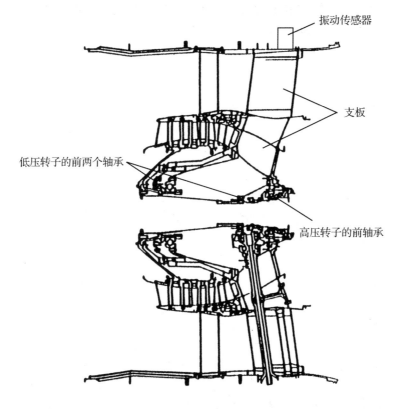

图 11.18 V2500-A5 发动机上的振动传感器

发动机振动监控组件的工作原理类似于频谱分析仪。其接收到振动波后，对振动波进行跟踪滤波，即去掉其他因素引起的振动，只把由于发动机转子引起的振动找出来，并把它传给飞机显示系统。发动机转子引起的振动的频率与转子的转速有关，这也就是为什么它需要接收发动机转速的原因。也就是说，知道了转子的转速，也就知道了该转子引起的振动频率。对振动波的分析，不但可知道转子的不平衡情况，而且还可分析出其他原因引起的振动，如齿轮、油泵等引起的振动。

第三节　ECAM 系统

在空客飞机的驾驶舱内，有六个显示屏幕，作为整架飞机的显示系统。其中，中央上下两个屏幕用来显示发动机和飞机各系统的工作情况，把它们叫做 ECAM（Electronic Centralised Aircraft Monitor），即飞机中央电子监控器。ECAM 接收来自发动机和飞机的数据，并把它们以相应的格式显示在屏幕上，参见图 11.2。上屏幕用来显示发动机的主要参数，下屏幕用来显示飞机各系统的参数和发动机的次要参数。下面以空客 320 系列飞机为例，介绍 ECAM 的显示情况。ECAM 由显示管理计算机（DMC）来控制，共有 3 个 DMC，其中 1 号 DMC 控制上 ECAM，2 号 DMC 控制下 ECAM。

一、上屏幕

上屏幕的显示内容见图 11.19。整个屏幕分成上、下两个显示区。上部分区域大约占屏幕的三分之二，用来显示发动机的主要参数、发动机燃油流量、飞机机载燃油量和襟翼、缝翼位置。下部分区域占屏幕的三分之一，用来显示警告、告诫信息以及飞机状态信息和提示性信息等，可显示 7 行信息。下部分区域还分成左、右两块，左边一行信息可显示 24 个字符，而右边一行可显示 12 个字符。

当飞机装 V2500 发动机时，显示的发动机主要参数是 EPR、EGT、N_1 和 N_2 以及发动机功率状态显示。其中 EPR、EGT 和 N_1 的显示都有模拟的表盘、指针和数字显示，而 N_2 则只有数字显示。若装 CFM56 发动机，则从上到下显示 N_1、EGT、N_2、燃油流量，即把图 11.19 中的燃油流量显示在左侧最底部，右侧顶部仍然是发动机功率状态，其他内容相同。正常情况下，显示都是绿色。

EPR 显示中，指针和数字框中的数字显示代表实际 EPR 值，表盘上的光圈（白色圆圈）代表 EPR 的目标值（油门杆的位置），表盘上的琥珀色光标代表 EPR 的最大限制值。当使用反推时，在数字框上方会有反推状态指示，即字符"REV"。琥珀色的"REV"代表反推装置开锁或在打开、收上过程中，绿色"REV"代表反推装置完全打开。紧邻 EPR 表、在屏幕的右侧，依次显示发动机的功率状态，为蓝色［如 FLX（灵活起飞推力或叫减功率起飞推力）］；功率的限制值（图中为 1.50），为绿色。若选择减功率起飞，还会显示输入的假想温度（图中为 30℃），蓝色（参见图 11.19）。

EGT 显示中，指针和数字框中数字给出了实时 EGT 值。在刻度盘上有琥珀色光标和红色区域。当 EGT 达到琥珀色光标区时，指针会变成琥珀色，并且指针闪烁，但显示仍保持绿色。当 EGT 值进入红色区域时，显示都变成红色，且数字、指针闪烁，表明 EGT 超温。一旦超温，在刻度盘上会留下一个红色光标，其代表超温所达到的最大值。发动机停车后，此光标不会自动消失，只有发动机再次起动时才会消失或进行人工删除。

N_1 显示，其刻度盘上有红色区域，通常其数字显示没有显示框。当发动机功率控制进入 N_1 模式后，才会出现显示框。当 N_1 值进入红色区时，显示（模拟和数字）变红，且闪烁。在额定 N_1 模式下，N_1 超过限制值时，模拟显示变琥珀色，且指针闪烁。N_1 超转后，所达到的最大值也会以红色光标的形式显示在刻度盘上。

N_2 显示，只有数字显示，无模拟显示（表盘和指针）。当出现超转时，在数字旁会出现红色十字（见图 11.19）。

上 ECAM 的下部分用来显示警告、告诫信息和提示性信息。警告或告诫信息在显示时先在左部分显示，当左边 7 行都占满后，则继续在右部分显示。当没有警告、告诫信息时，则显示提示性信息，如起飞检查单、着陆检查单等。当警告信息多于 7 行，则左、右区域分开线会出现一个向下的箭头，其代表还有警告信息。当有状态信息产生时，则有"STS"字符显示。当出现"ADV"时，则告诉机组人员，飞机的某系统的参数发生了偏离，但此时不能在下屏幕显示。此时，机组人员可通过按显示控制面板上的相应系统的按键来查看具体内容，该系统按键会闪亮。

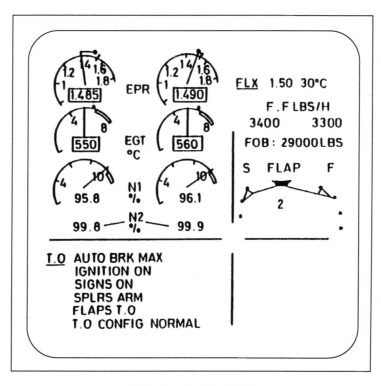

图 11.19 上 ECAM 显示

ECAM 系统不但能显示发动机/飞机各系统的状态参数，而且还不断监控发动机和飞机各系统的工作情况，一旦偏离正常范围，ECAM 会及时给出显示，以便通知机组人员。根据出现情况的严重程度，显示信息可分成三个级别：

（1）警告信息

为红色信息，并伴有主警告灯亮和连续不断的警铃声。这种信息对应于那些需要机组人员即刻采取措施的故障问题。对应的措施、步骤会在警告信息下面显示。

（2）告诫信息

为琥珀色信息，并伴有主告诫灯亮和单声铃声。这种信息对应于那些需要机组人员即刻就该知道，但不需当时就采取措施的故障问题。

（3）提示性信息

也是琥珀色，但没有声响。对应于那些导致系统失去裕度的故障问题。

上面三种信息都在上 ECAM 的下部分区域显示。

（4）维护状态信息

在飞行过程中，如有维护状态信息产生，则当进入飞行阶段一和阶段十时，在上 ECAM 的底部中间会出现"STS"，且闪烁。按"STS"按钮就可查看具体内容。维护状态信息显示在下 ECAM 上。这些信息是指那些不会直接影响飞机工作的一些故障问题，但应查看最小设备清单（MEL），来决定是否能放行飞机。

在上 ECAM 下部分区域所显示的警告类信息，都会出现在航后报告上。当飞机落地后滑行时，滑跑速度减到 80 节后，中央操纵台上的打印机会自动打印航后报告。报告内容包含有飞行过程所出现过的警告信息和与之对应的故障信息。维护人员拿到这些信息后，就可及时采取相应的排故步骤了。

二、下屏幕

下屏幕也叫飞机系统和状态信息显示器，整个屏幕也分成上、下两个区域。上部分区域大约占整个屏幕的四分之三，剩下的是下部分区域。上部分区域用来显示飞机各系统的信息，下部分区域显示的内容见图 11.20（以 V2500 发动机为例），且下部分区域显示的内容总是这些，它们是大气总温、静温、时间、飞机重量、重心位置，有时还有 G 载荷系数。

上部分区域可显示下列内容：发动机参数（见图 11.20）、发动机引气状态、客舱状态、电源系统、液压系统、燃油系统、辅助动力装置、空调系统、舱门状态、起落架状态、飞行操纵系统和巡航显示，一共 12 页显示内容。具体显示什么内容由以下几种模式来决定：

（1）飞机的飞行阶段（Flight Phase）。一共有 10 个飞行阶段。飞机进入不同阶段，下屏幕会自动显示相应的内容。

阶段一指飞机通电，显示舱门和氧气的位置。

阶段二指发动机起动到慢车，在发动机起动过程中显示发动机页（图 11.21），当第二发起动完成后，显示起落架状态。若方向舵摆动超过 20°，还会自动显示 20 秒飞行操纵情况。

阶段三指发动机功率超过慢车（包括了滑行、飞机滑跑速度达到 80 节之前），显示发动机参数（图 11.20）。

阶段四指从飞机滑跑速度超过 80 节，到飞机拉起前，显示发动机参数（图 11.20）。

阶段五指从飞机拉起，到爬升至 1500 英尺高度，显示发动机参数（图 11.20）。

阶段六指飞机在 1500 英尺之上飞行，显示巡航页。这页的内容包括发动机的部分参数和空调部分参数。发动机参数包括燃油流量、滑油量和转子振动值。即在巡航时，若一切正常，则下 ECAM 显示巡航页，我们可看到上述发动机参数。

阶段七指从选择起落架放下后、飞机低于 600 英尺高，到起落架触地，显示起落架系统。

阶段八指从起落架触地，到飞机滑跑速度降到 80 节前，显示起落架、扰流板位置。

阶段九指从滑行速度减小到 80 节后，到发动机都停车，显示起落架系统。

阶段十指飞机在停机位，双发都停车后，显示舱门和氧气的位置。

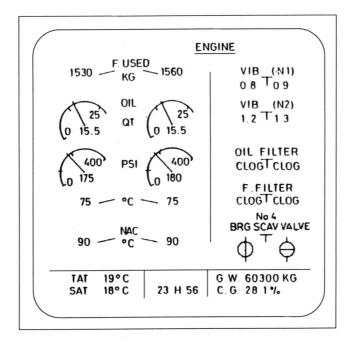

图 11.20　下 ECAM 显示

（2）人工选择。在中央操纵台上有系统显示选择面板。面板上有对应于各系统的选择按键。只要按相应的按键，对应的系统信息就会在下屏幕上显示。但巡航信息只在阶段六自动显示。

（3）若某个系统的参数或状况出现了问题（有警告、告诫信息或建议信息时），则相应系统会自动在下屏幕显示。

另外，状态、维护信息也在下屏幕显示。当有新的状态和维护信息时，系统显示选择面板上的"STS"键闪亮，按此键可查看状态信息。

当下屏幕显示发动机页时，显示情况为图 11.20，主要显示发动机的辅助参数。屏幕的左侧显示有发动机的燃油消耗量、滑油系统参数（依次为滑油量、滑油压力和滑油温度）、吊舱温度。在屏幕的右侧显示有高、低压转子 N_1、N_2 的振动情况。若有燃油滤或滑油滤的堵塞信息，则会在振动指示下方显示。图 11.20 给出的发动机页是起动完成后的显示内容。但在发动机起动过程中，发动机页的显示内容和起动完成后发动机页的显示内容有些不同。在发动机起动过程中，吊舱温度"NAC"一行的显示内容会被起动活门位置和气源管道压力取代，另外还会显示哪套点火系统在工作（显示 A 或 B 或 AB），见图 11.21。

从图 11.20 和图 11.21 中可看到，发动机的辅助参数包括滑油系统的参数、转子的振动值和每台发动机的燃油消耗量。其中滑油量和滑油压力都有模拟显示和数字显示，其他显示都是数字显示。正常显示也都为绿色。

燃油消耗量显示：当发动机停车时，数值被冻结，下次起动时自动清零。

滑油量显示：当油量达到 5 夸脱时，显示闪烁；高于 7 夸脱时，闪烁停止。滑油压力有压力低琥珀色和红色显示。当压力低到某个范围时，指示变成琥珀色，而达到最低值时，则变成红色。滑油温度同样也有琥珀色和红色显示。即当温度高到某个范围时，显示变成琥珀色，且闪烁；当达到最大值时，变成红色。另外，滑油温度低于一定值，显示会变成琥珀色。

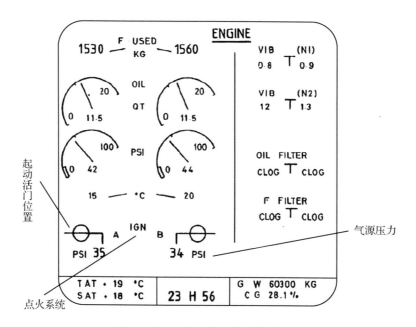

图 11.21 起动过程中发动机页显示

发动机振动值显示，正常为绿色。当达到最大允许值（5）时，显示闪烁（仍为绿色）。在维护手册中，给出风扇配平的建议振动值。

点火显示也是绿色。V2500 发动机的两套点火系统分别叫 A、B。所以显示为 A、B 或 AB，即告诉是哪个系统在工作。图 11.21 中显示左发 A 点火系统工作，右发 B 点火系统工作。若显示 AB，则代表该发动机两套点火系统都工作。

活门位置，显示开或关位。气源管路压力正常显示也是绿色，若低于 21psi 或出现超压，则变成琥珀色。当显示吊舱温度时，当温度达到一定值（建议值），显示变成绿色闪烁。

第四节　EICAS 系统

在波音 757、767 等飞机上，波音公司采用了 EICAS（Engine Indication and Crew Alerting System），即发动机显示和机组警告系统，用来显示发动机的工作参数和机组警告信息，以及飞机状态（STATUS）信息和地面维护信息。下面以波音 757 飞机的 EICAS 系统为例来说明其工作情况。波音 757 飞机的 EICAS 包括两个阴极显像管显示器、两台 EICAS 计算机、两个控制面板和一个电子警告组件（WEU，Warning Electronic Unit）。为了防止万一显示器发生故障，不能显示，还提供了发动机备用指示，见图 11.22。

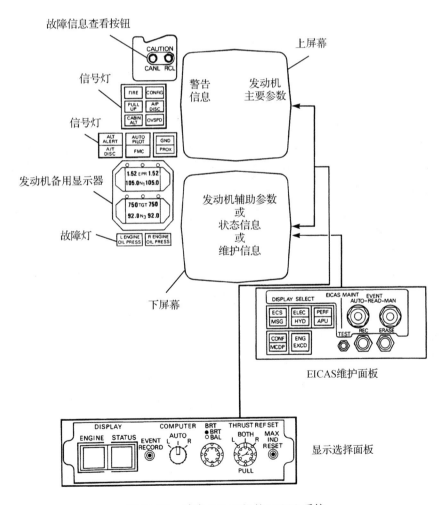

图 11.22　波音 757 飞机的 EICAS 系统

为了提高可靠性，EICAS 计算机有两个，即左、右计算机。每个 EICAS 计算机都接收来自飞机和发动机的模拟、数字信号，并对它们进行处理，把需要显示的信息按显示格式送给上、下两个屏幕，给出显示。但只是其中一个计算机提供显示内容，另一个则处于备用状态。在 EICAS 显示选择面板上有计算机选择按钮，用来人工选择是哪台计算来为 EICAS 系统提供信息。通常该按钮设在"自动"（AUTO）位。这时，左计算机驱动显示器。若其故障了，则右计算机会自动投入工作。

WEU 为故障警告指示灯提供信号，并提供声音警告信号。

两个显示器中，上显示器用来显示发动机的主要参数和警告信息，下屏幕用来显示发动机的辅助参数和维护状态信息，但维护信息只能在地面查看。正常情况下，在发动机工作过程中，上屏幕总是在显示，下屏幕一般为黑屏、不显示。若有个屏幕故障了，不能显示，则所有的显示内容都能在另一个好的屏幕上显示。若两个计算机或两个屏幕都故障了，发动机备用显示器可提供必要的发动机参数显示。

在控制显示的两个面板中，显示选择面板，主要是机组人员使用。有两个显示选择键："ENGINE" 和 "STATUS"。若需要看发动机辅助参数显示时，按 "ENGINE" 键，则发动机的系统参数就会在下屏幕显示。这时，上、下两个屏幕都显示，叫完全显示模式，显示格式见图 11.23。按 "STATUS" 键，可查看飞机的状态信息，也在下屏幕显示。当状态信息多于一页时，此键还作为翻页键使用。但如果有一个显示器故障了，则 "STATUS" 信息在空中不能查看。

事件记录键（EVENT RECORD），用来存储系统的维护信息。若想记录各系统的维护信息，则按此键即可，对应的"环境控制系统"、"电源/液压"系统和"发动机性能/辅助动力装置（APU）"系统的维护信息会存储到计算机内存里。此键也叫人工记录按钮，即若想记录，则按此键，通常在飞行过程中使用。

维护面板主要是供地面维护人员使用。面板上有各系统维护信息的查看键。常用的几个键是 "ECS/MSG"（环境控制系统/维护信息）、"ELEC/HYD"（电源/液压）、"PERF/APU"（发动机性能/辅助动力装置）和 "ENG/EXCD"（发动机参数超限）。在地面上，按下某个系统键，则相应该系统的参数或状态信息就会在下屏幕显示。若维护信息多于一页时，"ECS/MSG" 键还可用于翻页。

飞行过程中，若有发动机参数超限，则 EICAS 计算机会自动记录。在地面上，按 "ENG/EXCD" 键即可查看记录内容。

"PERF/APU" 显示发动机性能参数和 APU 的参数。发动机性能参数包括：上、下屏幕所显示的所有发动机参数、一些来自大气数据计算机的参数和来自飞行管理计算机的参数。所以，地面试车时，若想查看发动机的详细参数，按 "PERF/APU" 键即可。这时，还可看到发动机各转子的振动值。显示的 EPR 值精确到小数点后三位数字，比 EPR 显示多一位。

一、上屏幕显示内容

上屏幕可分成左右两部分。屏幕的左侧显示警告信息。屏幕的右侧显示发动机主要参数，包括（以装 RB211-535E4 发动机为例）EPR、N_1 和 EGT。这三个参数的显示方式都是模拟的指针、表盘和数字，数字显示在框内。指针和数字都代表参数实际值，见图 11.23。正常显示都是青白色。在左、右发的 EPR 显示之间，还有发动机功率状态显示，为绿色。若是减功率起飞，则在减功率字符上方还显示所输入的假想温度（图 11.23 中显示"D-TO"，上方"+20"为减功率温度，它们都是绿色）。刻度盘上的琥珀色光标，代表 EPR 的最大限制值；绿色光标（图 11.23 中 Y 字形光标）代表 EPR 的目标值，目标值还以数字的形式在数字框上方给出（图 11.23 中的 1.50）。反推系统工作时，EPR 数字框上方显示"REV"，当其为琥珀色时，表明反推装置开锁或反推装置在收、放的过程中，绿色表明完全放出。

N_1 和 EGT 显示都有琥珀色区和红线值，当指针进入相应的区域时，数字和指针都变色（琥珀色或红色）。红色代表超温和超转。指针达到或超过红线值后，所达到的最大值还会在数字框下方给出，为白色数字（图 11.23 中右发 N_1 最大超转值：109.7%；EGT 最大超温值：826）。按显示控制面板上的"MAX IND RESET"（Maximum Indicator Reset，最大显示值清除）键可删除此超限值，但前提是超限情况不再发生。若还发生，则还会显示。另外，EICAS 计算机还会自动记录超限情况，在地面上，通过维护面板上的"ENG/EXCD"键可查看具体情况。当发动机接通防冰时，在 N_1 的数字框上方会出现"TAI"显示，表明进气道加热防冰系统在工作。

在上屏幕最顶端还有大气总温（TAT）显示，为白色。

屏幕左侧显示警告信息，一共可显示 11 行，若信息多于 11 行，则每页只显示 10 行，最后一行显示页码。EICAS 警告信息有三个级别，它们是：

警告信息：级别最高，为红色信息，并伴有连续不断的警铃声和红色主警告灯亮。此信息对应于那些需要机组人员即刻知道并需采取措施的故障。

告诫信息：级别次之，为黄色信息，伴有单声铃响。其显示在最后一条红色警告信息下面。此信息对应那些需要机组人员即刻知道，但不必即刻采取措施的故障。

提示性信息：比告诫信息更低，也为黄色，但无声响。其在最后一条告诫信息下方显示，为了区分，它比告诫信息后错一个字符。

这些信息显示时总是红色警告信息在最上面，其次是告诫信息，最后是提示性信息。每一级信息的显示都是按出现的先后顺序列出的，即最新出现的信息都在相应级别信息的最上端。当告诫、提示性信息多于一页时，利用信息查看按钮"CANC/RCL"，可来回翻看信息内容。但最高级别的红色警告信息不受此按钮影响。

警告显示区的最底部的 7 个字符"V"，见图 11.23，表明下屏幕在正常工作、有显示。若实际屏幕无显示，则说明下屏幕故障了。

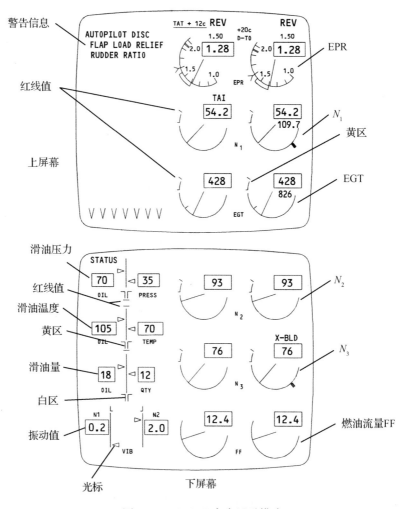

警告信息

红线值

上屏幕

TAT + 12c REV   REV

AUTOPILOT DISC
FLAP LOAD RELIEF
RUDDER RATIO

EPR

TAI

N_1

黄区

EGT

滑油压力

STATUS

红线值

滑油温度

黄区

滑油量

白区

振动值

光标

N_2

X-BLD

N_3

燃油流量FF

下屏幕

图 11.23　EICAS 完全显示模式

二、下屏幕显示

前面说过，通常情况下，下屏幕无显示。但在下面三种情况下，下屏幕会有显示。

（1）发动机起动过程。

（2）按"ENGINE"，下屏幕也会显示。

上面这两种情况下，下屏幕显示发动机辅助参数，显示内容见图 11.23 中的下屏幕。这时的显示模式叫完全显示。

（3）若 N_2、N_3 和发动机振动值这三个参数出现了超限（进入黄区或达到红线值）情况，则两台发动机的该参数都会自动显示。例如，若左发 N_2 超限了，则左、右发的

N_2 指示都会出现。但若滑油压力或温度出现了问题（达到黄区或红线值），则两台发动机的所有滑油系统参数都会显示。

除了图 11.23 的完全显示模式之外，还有一种显示模式叫压缩显示，见图 11.24，即在一个屏幕内显示发动机的所有参数。在压缩模式下，只有 EPR 和 N_1 显示还保持了原来的显示格式，其他参数都是以数字格式显示。压缩模式的出现有下面三种情况：

（1）若某个屏幕故障了，不能显示，则发动机的主要参数和警告信息（即上屏幕的显示内容）就会在好的屏幕上显示。若此时想看发动机的其他参数，即按"EN-GINE"键，则就会进入图 11.24 所示的完全压缩模式。

（2）当两个屏幕都显示时，若下屏幕正在显示维护信息，此时按了"ENGINE"键，则上屏幕进入完全压缩模式（图 11.24）。

（3）当某个屏幕故障后，只一个屏幕显示时，若发动机辅助参数出现了超限情况，显示也进入压缩模式，但此时只显示超限的参数，其他系统的参数不显示，所以，把这种压缩模式叫部分压缩模式。

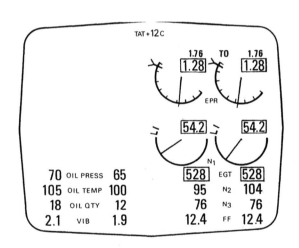

图 11.24　EICAS 压缩模式显示

在完全显示模式下，下屏幕显示的发动机辅助参数有：滑油系统参数、发动机的振动值、转子转速 N_2 和 N_3、燃油流量。它们的显示方式为：转子转速和燃油流量显示都是模拟显示和数字显示。与 N_1 显示一样，N_2 和 N_3 的表盘上也有黄区和红线值。显示颜色变化和超限最大数值显示情况与前面的 N_1 一样。另外，发动机起动时，在 N_3 表盘上会有接通燃油的最小转速光标出现（粉红色）。空中起动时，在数字框上方还有交输引气（X-BLD）显示。

滑油系统的三个参数是：滑油压力、温度和滑油量。它们都有数字显示和模拟（刻度线和光标）显示。在滑油压力的模拟刻度线上有压力低的黄区和红线值。滑油温度的模拟刻度线上有最大红线值、温度低黄区和温度低红线值（−40℃）。当指示光标进入黄区或红线值时，显示变色。滑油量的模拟刻度线上有最低滑油量的白色区域。当光标进入白区后，EICAS 计算机会自动记录此事件，但不会引起滑油系统参数显示。

发动机振动显示，也是数字和模拟显示。由于有三个转子，所以，给出的显示是振动最大的那个转子的振动。当机载的振动监控组件不能区分是哪个转子的振动时，则显示 "BB"，即宽频振动值。当振动达到最大值后，光标和数字显示都变黄色。

当有状态信息产生时，若下屏幕不在显示状态，则在屏幕的左上角会出现 "STA-TUS"，以此声明有新的状态信息生成，按 "STATUS" 键即可查看，并且 "STATUS" 字符消失。状态信息（STATUS）可能会影响飞机的放飞，所以，有了 STATUS 信息应查看 "最小设备清单"（MEL），决定飞机是否能放飞。

发动机备用显示器显示发动机主要参数（EPR、N_1 和 EGT）和高压转子转速 N_3。N_3 显示主要用于发动机空中起动。有两种显示模式：自动显示模式和接通模式。当处于自动显示模式时，通常备用显示器是关闭的，不显示。若 EICAS 故障了或两个屏幕都故障了，则其自动显示。当处于接通显示模式时，则备用显示器总处于显示状态。

第十二章　发动机振动与配平

第一节　发动机振动

由于加工制造误差，我们很难做到使转子绝对平衡，即转子的质心不在转轴上。这样当涡轮发动机的转子高速旋转时，就会产生离心力或离心力矩，并且离心力或离心力矩会随着转动发生周期性的变化，从而引起转子振动。离心力或离心力矩通过转子的支承传给静子，于是发动机静子也产生振动。静子的振动再通过吊点传给飞机，从而造成整架飞机都振动。转子本身的振动会对支承轴承造成损伤，导致轴承寿命降低，振动加剧了还有可能造成破坏。静子的振动不但会损害静子本身，而且还有可能造成叶尖和机匣相碰，导致叶片损坏。另外，还有可能对转子和轴承腔的封严装置造成损伤，影响发动机的性能。如果发动机振动严重了，就会使发动机不能正常工作。若飞机振动加剧了，则驾驶员和乘客就会感觉不舒服。所以，对于发动机来说，都规定了允许的最大振动值。在飞行过程中，若达到限制值，则驾驶员只能通过减小发动机转速的方法，看是否能把振动降到限制值范围内，若不能则只能停车。

一、转子的不平衡

对于转子来说，通常说的不平衡有两种，即静不平衡和动不平衡。

1. 静不平衡

静不平衡是指转子的质心不在其轴上。当把转子支承在导轨上后，由偏心所产生的力矩就会使转子在导轨上滚动，直到转子的质心到达最低位置，才停止滚动，如图 12.1 所示。若转子的轴向尺寸较小的话，如盘，其质量分布可近似认为在同一平面内。若偏心为 e，质量为 m，则偏心力矩的大小为 me。me 也叫静不平衡度，常用单位为克·厘米。要想使该转子达到

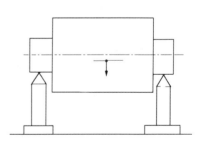

图 12.1　转子的静不平衡

静平衡，则只要利用静平衡架，找出不平衡力矩的大小和方向即可。根据不平衡力矩的大小和方向就可确定配平量的大小和位置，从而使转子的质心回到转轴上而达到静平

衡。实现静平衡有两种方法：一是在偏心的同侧，在距转轴为 r（即半径 r）处去掉质量为 m' 的材料；第二种方法是在偏心的对侧，半径 r 处添加质量为 m' 的材料，并使 $me = m'r$。这样,转子再旋转时,就不会产生不平衡力了。

2. 动不平衡

对于涡轮发动机而言，压气机转子和涡轮转子也都是绕轴旋转的，但其质量是分布在沿垂直于转轴的各个平面内，即质心并不集中在某个面上。这样当转子旋转时，由偏心所产生的离心力不是平面汇交力系，而是空间力系，如图 12.2 所示。这样一来，即使经过上述静平衡后，旋转时仍会产生不平衡力矩，从而引起振动。这也就是动不平衡。

力偶矩为：

$$\vec{M} = \vec{P}_1 L + \vec{P}_2 L \qquad (12-1)$$

式中，$\vec{M}$——力偶矩；

$\vec{P}_1$、$\vec{P}_2$——离心力；

L——距离。

力偶矩的方向随转子的旋转而变化，并对转子的支承点 A、B 产生动压力 N_A 和 N_B，从而引起转子振动。显然，要想使这样的转子平衡，需满足两个条件：一是离心力的合力为零；二是离心力所产生的力偶矩 M 为零。即：

$$\vec{P} = \vec{P}_1 + \vec{P}_2 = 0 \qquad \vec{M} = 0 \qquad (12-2)$$

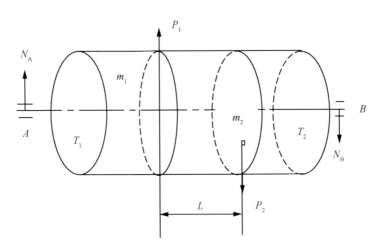

图 12.2 转子的动不平衡

根据理论力学可知，任意平面内的质量 m，可用任选的两个平行平面内的质量 m'、m'' 来代替，并且 m'、m'' 在质心 m 与转轴所在的平面内。若图 12.3 中两个回转面处的质

量分别为 m_1、m_2，偏心分别为 $\vec{r}_1$、$\vec{r}_2$，所选的转子上的两个平行面为转子的两个端面（T_1 和 T_2），这样，我们可把图中两个回转面内的两个质量 m_1 和 m_2 分别用端面 T_1 内质量 $m_1{}'$、$m_2{}'$ 和端面 T_2 内的质量 $m_1{}''$、$m_2{}''$ 来替代，并可计算出 $m_1{}'$、$m_2{}'$ 和 $m_1{}''$、$m_2{}''$ 的大小，它们的方向和半径都与原来的相同。即 $\vec{r}_1 = \vec{r}_1{}' = \vec{r}_1{}''$，$\vec{r}_2 = \vec{r}_2{}' = \vec{r}_2{}''$，参见图 12.3。

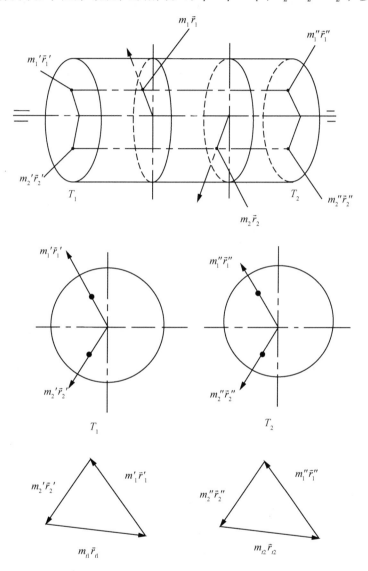

图 12.3　转子的质量转换和动平衡

在 T_1 和 T_2 面对它们分别进行向量合成，则可得到合成向量 $m_{t1}\vec{r}_{t1}$ 和 $m_{t2}\vec{r}_{t2}$：

$$m_{t1}\vec{r}_{t1} = m_1{}'\vec{r}_1{}' + m_2{}'\vec{r}_2{}' \qquad (12-3)$$

$$m_{t2}\vec{r}_{t2} = m_1''\vec{r}_1'' + m_2''\vec{r}_2'' \qquad (12-4)$$

这样只要在 T_1 和 T_2 平面内适当的位置加配重 m_{t1}'、m_{t2}'，且满足：

$$m_{t1}\vec{r}_{t1} + m_{t1}'\vec{r}_{t1}' = 0 \qquad (12-5)$$

$$m_{t2}\vec{r}_{t2} + m_{t2}'\vec{r}_{t2}' = 0 \qquad (12-6)$$

就可使转子达到惯性力和惯性力矩都平衡，即转子动平衡。这就是说，我们可把转子上任意分布的质量，转化到两个平行的平面 T_1 和 T_2 内，从而把转子的空间力系转换为两个平面内的平面汇交力系，并在这两个平面内进行配平，就能使转子达到动平衡。这就是双面平衡法，也是涡轮发动机的压气机和涡轮转子在动平衡机上进行动平衡的依据。

二、临界转速

当我们检测旋转机械的振动时会发现，在某些转速下，机械的振动特别强烈。转速低于或高于这些转速时，振动会明显减弱。

从转子的临界转速试验也可发现这一现象。在临界转速试验机上，用一单盘转子来试验。当转速从低向高增加时，会发现转子的挠度变化，见图 12.4。图中横坐标为转子转速，纵坐标为转子的挠度。即在整个转速范围内，会有一个以上的挠度峰值出现。我们把出现挠度峰值的转速叫做临界转速，即 n_{cr1} 和 n_{cr2}。也就是说在这些转速点，转子的变形最大。

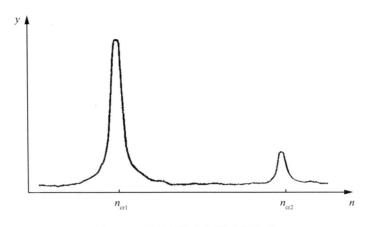

图 12.4　转轴的挠度与转速的关系

根据转子临界转速计算可得出，对于这种简化的完全平衡的单盘转子（图 12.5），其临界转速 ω_{cr} 为：

$$\omega_{cr} = \sqrt{\dfrac{c}{m}} \qquad \mathrm{rad/s} \qquad\qquad (12-7)$$

c 为转轴的刚性系数，m 为盘的质量，并且 ω_{cr} 与该系统的弯曲自振频率相等。这就是说，当转子以临界转速旋转时，转子会产生共振。在理论上，共振时，会引起转子的挠度无穷大。但实际上，由于阻尼的存在，挠度只是会明显地加大。发动机上挤压油膜的应用就是为了增加阻尼，从而降低挠度，减小振动。对于实际的发动机转子，虽然不可能完全平衡，但同样也会发现其临界转速与转子弯曲自振频率相同。只不过转子平衡得越好，在同一转速下，其挠度会越小。从临界转速的公式（12-7）可知，临界转速与转子的刚性系数有关，而转子的刚性除了与转子自身的材料和结构有关外，还与转子的支承结构有关，即转子的支承刚性。所以，为了有效地控制转子的临界转速，使它远离发动机的工作转速，可通过选择合适的刚性系数，设计一种弹性支承结构来实现。如第一章提到的拉杆式轴承支承结构，就是为了改变支承刚性。由于临界转速远离了发动机工作转速，从而避免了发动机工作过程中可能出现的转子共振现象。

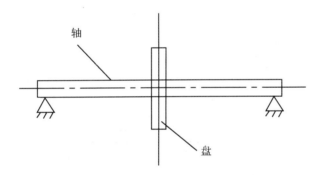

图 12.5　单盘式转子结构

第二节　平　衡

不管是压气机转子还是涡轮转子，在制造或大修发动机时都要进行平衡。对于低压转子，在发动机使用过程中，若振动偏大，我们还可以在日常维护时，对其进行配平。在发动机生产厂或大修厂，对转子的平衡是在动平衡机上进行的。其平衡的原理就是我们前面所说的两面平衡法，在平衡过程中，一般可采用以下手段：

第一种是调整转子的质量分布。由于发动机转子是由很多部件组成的，首先这些部件都要单独平衡，然后再组合在一起。对于压气机和涡轮转子来说，叶片的质量不可能完全一样。这样当把叶片装到转子上去的时候，为了减小叶片质量差别所引起的不平衡，或者说减少转子平衡时所需平衡掉的不平衡量，可把叶片按重量排序。即按叶片的重量依次把它们装到盘上，让它们的质量差相互弥补，实现转子的质心调整。一般来说，同一级盘上的叶片的重量差别有一个限制范围，同一盘上相对180°位置上的两个叶片的重量差别也有限制范围。

风扇叶片的长和宽都较大，单纯用重量不能充分表达叶片重量和质心位置。通常用三个方向的重量矩来衡量其质心和质量的分布，它们分别是径向、切向和轴向重量矩。这三个数据不但反映了叶片的重量，而且也反映了质心在径向、切向（旋转面方向）和发动机轴向的位置。因此，当把风扇叶片安装到盘上时，除了要考虑叶片的重量外，还要考虑这三个重量矩来排布风扇叶片，经过这样排序后，能使各叶片的不平衡量相互抵消，最小化风扇转子的不平衡。但在外场更换风扇叶片时，为了减少工作量，我们可只考虑叶片的径向重量矩。即比较要换掉的叶片的和新叶片的径向重量矩，它们越接近，则对风扇的平衡影响越小，安装后就越容易做风扇配平。

风扇叶片的径向重量矩的测量原理见图12.6。若叶片的重量为 m，砝码的重量为 m'，则叶片的径向重量矩为 my，且：

$$my = m'x \tag{12-8}$$

重量矩的常用单位为克·厘米（盎司·英寸），与不平衡量的单位是一致的。径向重量矩不但反映了叶片的重量，而且也反映了叶片重心相对于转轴的位置。

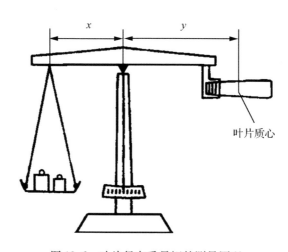

图 12.6　叶片径向重量矩的测量原理

第二种方法是在动平衡机上对转子进行平衡，即对转子做双面平衡。动平衡机可给出每个平衡面上的不平衡量的大小和位置。通过在该平衡面上去除材料或添加材料来实现平衡。对于压气机转子和涡轮转子而言，通常采用添加配重的方式。转子上有用来添加配重的螺栓孔、铆钉孔等，利用螺栓、铆钉等把配重固定在平衡面上。去除材料的方式通常是厂家对盘、轴等部件进行平衡时采用，即厂家做初始部件平衡时采用，大修发动机时一般不采用。但动平衡机的转速相比发动机的工作转速要低，所以发动机实际工作时，作用在转子上的离心力和力矩较之在动平衡机上要大得多。因此，在实际发动机上的振动可能会比在动平衡机上的振动要高些。另外，发动机长时间工作后，由于温度及塑性变形以及各零部件间的位置变化，也会使转子的不平衡度增加，从而引起发动机振动或振动加大。

对于单元体结构的发动机而言，每个单元体都要进行平衡，但有其自己的平衡方法。因为单元体可单独更换，且更换后不应影响发动机转子的平衡或对转子的平衡影响很小。压气机转子和涡轮转子是通过机械连接结合在一起的，这样，在旋转过程中，它们之间就会相互影响。即使本来两个都平衡好的转子，连接后，在旋转时振动也可能会加大。因此，通常采用模拟转子的方法来平衡单元体转子，见图 12.7。即在单独平衡压气机、涡轮转子时，为了能真实反映压气机转子和涡轮转子连接后的动不平衡效果，可分别用模拟的涡轮或压气机转子来替代实际的转子，使它们组成模拟的发动机转子，然后再对压气机或涡轮转子进行平衡。模拟的转子必须能反映实际转子的轴承支承跨距、重量、重心位置和转子的动态特性，以获得正确的动态响应。这样，在分别对压气机转子、涡轮转子进行平衡时，既考虑了转子本身不平衡因素的影响，又考虑了与其匹配的另一个转子的几何因素的影响，从而保证了每个单元体的独立性。

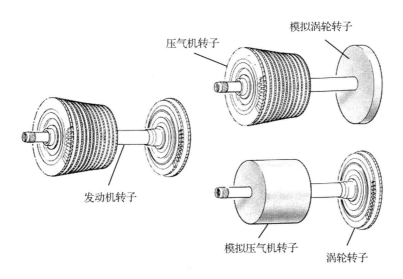

图 12.7　模拟发动机转子

剩余不平衡量的选择也是转子平衡时要考虑的一个问题。从理论上讲，不平衡度越小，发动机工作时的振动也就越小，因此平衡精度越高越好。但实际上，由于测量设备、安装配重、数据获得等都会有偏差，所以不可能达到完全平衡，总会有一定的不平衡量。这就要求我们人为设置一个不平衡量的限制值。因为达到一定平衡度后，更高的平衡要求已无实际意义。如果只是盲目要求平衡度，不仅给实际工作带来很大的不便，甚至为实际条件所不允许。所以，应根据转子的转速范围和应用情况合理选择此限制值，即剩余不平衡量的大小。此允许的最大不平衡量被称为许用不平衡量，或叫动不平衡度。它也是以重量矩的形式给出，公制单位为克·厘米，英制单位为盎司·英寸。只要平衡后的不平衡量不超过最大许用不平衡量，则认为该转子就达到了平衡，相应转子旋转时的振动应该在允许的范围之内。

第三节　发动机转子配平

在实际发动机维护过程中，发动机振动过大后，可对发动机采取配平的方法来把振动降下来。对于双转子发动机而言，在翼时，我们只能对低压转子做配平，而高压转子的配平则无法实施。若高压转子振动超限，则只能换发。配平的方法都是通过添加配重的方式来实现的。在实际工作中，对低压转子进行配平时，可采用风扇配平或低压涡轮配平的方式来调整低压转子的平衡。工作过程中，发动机转子的振动在驾驶舱内有指示。在飞机维修手册中都规定了振动的极限值和推荐做配平的振动值。这样，航空公司可根据实际情况，确定什么时候对发动机进行配平。相对来说，振动值越高，则配平越困难，所以最好不要等振动值太大了再做配平。现在常用的风扇配平方法是试配重法（Trial Weight Method）和一次配平法（One Shot Method）。

一、试配重法

常用的试配重法有画圆法和向量合成法两种。画圆法可用于只知道振动的大小，不知道不平衡的位置。若振动大小和位置都已知，则可用向量合成法。

1. 画圆法

下面以用于波音 757-200 飞机的 RB211-535E4 发动机为例，介绍画圆法。在该飞机上，测试发动机振动时，能读取振动的大小，但不能读取不平衡的位置。该发动机的风扇配平，可在风扇保持轴上的配重安装环或进气整流锥的安装边上添加配重。配重环上有 25 个螺栓孔可供选择，进气整流锥的安装边上有 24 个螺栓孔可用。这里以 25 个螺栓孔的安装边为例，图 12.8 为配重安装环图。在安装边上任意取一孔为 A，然后反时针（面对发动机时），确定 B 和 C。B 和 C 也正好是螺栓孔位，且 A、B、C 均匀分布。因为实际有 25 个孔，所以在确定 B 和 C 时，是每隔 8 个或 9 个螺栓孔。从安装边的中心 O 到 A、B、C 三点画线，则得到 OA、OB 和 OC，见图 12.9。螺栓孔的编号也是逆时针的。

采用试配重法至少需要发动机开车四次。发动机起动好，先在慢车稳定一定的时间，然后再把发动机推到测试转速。飞机维修手册中都规定了最大允许振动值，在测试过程中，一定要注意不要超过所允许的最大值。一般厂家都建议了测试振动的转速范围。该发动机的建议转速为 $92\% N_1$、$87\% N_1$、$82\% N_1$ 和 $75\% N_1$ 四个转速。若振动太大，推不到 $92\% N_1$ 时，则推到最大振动值转速即可。

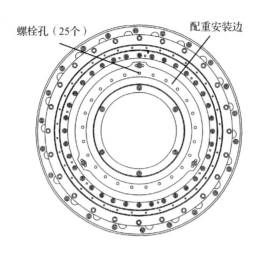

图 12.8　配重安装环（拆掉进气整流锥就可看到）

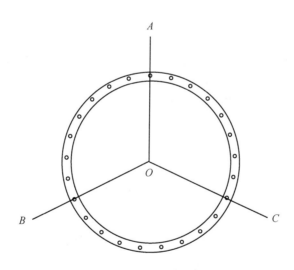

图 12.9　配重安装边上任选的均匀分布的三个位置

第一次开车，是在不加任何配重的情况下试车，以得到初始的振动值 R_i。发动机起动后，先在慢车稳定 5 分钟，再把 N_1 转速推到 92%（或转速 1），等稳定后，读取 N_1 转子的振动值，然后收油门让转速稳定在 87%（或转速 2），又可得到一个振动值，依次类推，可得到其他两个转速下的振动值，见表 12-1。然后，把发动机收回到慢车转速，让发动机稳定大约 1 分钟，停车。

表 12-1　各转速下的振动值

振动值 N_1	92% N_1 转速 1	87% N_1 转速 2	82% N_1 转速 3	75% N_1 转速 4
R_i				
R_a				
R_b				
R_c				
R_t				

　　选择一个合适重量的试配重块（TW）（手册中一般会给出建议）。先把配重安装在位置 A，之后，发动机恢复原状。第二次开车，在慢车稳定一段时间，然后与读取初始振动值的方法一样，把发动机转速推到刚才未加配重时的几个转速点，即 92% N_1、87% N_1、82% N_1 和 75% N_1，或转速 1、2、3 和转速 4，记录下各转速下的振动值 R_a。

　　把试配重块从 A 处拆下，安装到 B 处，发动机恢复原状，进行第三次开车，可得到配重在 B 位安装时，各转速下的振动值 R_b。依次类推，可得到 C 处的振动值 R_c。这样我们可得到把同一试配重块分别装在 A、B、C 三个位置时的振动值。根据振动值大小，选择合适比例，把振动值转化成长度（例如一个单位的振动相当于 1 厘米长），从而把前面得到的各转速下的振动值都进行转化，按转换后的长度在图 12.9 上画圆。

　　画圆时，注意是以每个转速下的振动值来分别画圆的。先以 92% N_1（转速 1）下、不加试配重的振动值 R_i 的比例长度为半径，以安装边的中心 O 为圆心画圆，此圆叫 R_i 圆。R_i 圆会与 OA、OB 和 OC 相交，见图 12.10。

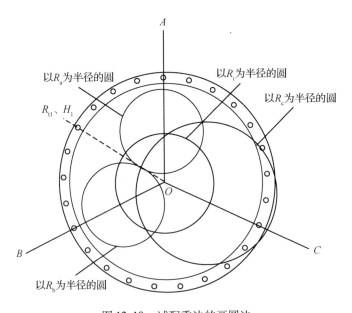

以 R_a 为半径的圆　　以 R_i 为半径的圆

以 R_c 为半径的圆

R_{t1}、H_1

以 R_b 为半径的圆

图 12.10　试配重法的画圆法

然后，再以 R_i 圆与 OA 的交点为圆心，以该转速（$92\% N_1$、转速1）下得到的、试配重安装在 A 位置时的振动值 R_a（按比例转换后的长度）为半径画圆，得到的圆叫 R_a 圆。

再以 R_i 圆与 OB 的交点为圆心，以 $92\% N_1$（转速1）下、试配重装在 B 位时的振动值 R_b 的比例长度为半径画圆，得到的圆叫 R_b 圆。

再以 R_i 圆与 OC 的交点为圆心，以 $92\% N_1$（转速1）下、试配重在 C 位置时的振动值 R_c 的比例长度为半径画圆，得到的圆叫 R_c 圆。这样可得到三个圆，即 R_a、R_b 和 R_c 圆，见图 12.10。

若三个圆交于一点，从圆心 O 到交点的连线的长度叫做 R_{t1}。R_{t1} 就是试配重所引起的振动值的大小。连线（或连线的延长线）与安装边相交，则离相交处最近的螺栓孔就是配重的安装孔，叫做 H_1。

若三圆不能交于一点，而是得到一个三圆汇交所形成的区域，则找出此区域的中心点，连接圆心 O 和此中心点，此线就是 R_{t1}，对应的螺栓孔就是 H_1。

若三圆不交汇，再画一个圆，并让其与不相交的三个圆都相切。连线圆心 O 到该圆的圆心，此连线就是 R_{t1}，相对应的孔就是 H_1。

由于装 TW 而引起的振动 R_t 已经求出，则根据振动与不平衡量的正比关系，就可计算修正原不平衡所需配重 W，即 $W/R_i = TW/R_t$。

$$W = TW \times (R_i/R_t) \tag{12-9}$$

TW 为试配重的重量。

利用式（12-9），把转速1下的 R_i 和 R_t 值代入，即可计算出 W_1（转速1下求得的配重）。W_1 的安装位置就是 H_1。为了提高配平的精度，应该在多个转速下，分别找出不平衡量的大小和位置，然后取其平均值。这也是为什么前面取了四个转速的原因。

若还有其他转速的振动值，即转速2、转速3和转速4的振动值，则按刚才画圆的方法，画出各转速下的圆，采用同样的方法，可得到对应于其他各转速下的振动大小 R_{t2}、R_{t3}、R_{t4} 和螺栓孔位置 H_2、H_3、H_4。然后按式（12-9）可计算出相应的配重 W_2、W_3 和 W_4。现举例：

$W_1 = 20$ 克，对应螺栓孔为 25.5，即 $H_1 = 25.5$；

$W_2 = 25$ 克，对应的螺栓孔为 25，即 $H_2 = 25$；

$W_3 = 20$ 克，对应的螺栓孔为 24.5，即 $H_3 = 24.5$；

$W_4 = 30$ 克，对应的螺栓孔为 2.5，即 $H_4 = 2.5$。

这样我们得到了四个转速下配重的重量和相应的四个位置，下面我们计算它们的平均值。选择一个合适的比例，把 W_1、W_2、W_3 和 W_4 转换成长度，并把它们画在图 12.9 上。其对应的方向就是 H_1、H_2、H_3 和 H_4，得到图 12.11。若发现某个连线远离其他连线，则说明此值的可靠性差，可以舍去不用。图中舍掉了 W_4。然后求剩余的这三根线的平均值和平均值的位置。图中三线的端点形成一个三角区域，此三角区域的中心到圆心的连线的长度就是它们的平均值，连线与安装边的交点所对应的螺栓孔，就是配重安装位置。一般情况下连线不一定和螺栓孔对应，此时连线离哪个孔近，就选择哪个螺栓孔。

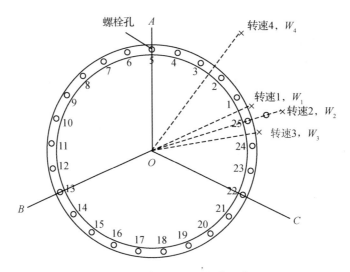

图 12.11　求配重的平均值和位置

在该例子中，求得的配重的重量 W 大约为 22 克，位置 H 为 25 号螺栓孔。也就是说，在 25 号螺栓孔上加 22 克的配重，即可达到平衡。就像前面提到的，完全的平衡是不可能的，只能是把振动减小到一定的水平之内。配重安装后，把发动机恢复原样，开车检查发动机的振动情况，看是否满足要求。若不满足要求，重新检查绘图，看是否绘图过程中误差太大。

由前面的过程可以发现，利用画圆法求不平衡量的过程中，结果的准确度和所取的比例，与绘图的精度有关。另外，多得出几个转速下配重和螺栓孔位，然后求其平均，可提高准确度。此法不需任何工具和软件，只要有铅笔、直尺和圆规就能完成任务，所以其可在缺少必要的工具的环境下为配平提供方便。

在选择试配重时，重量不要太大，否则开车时会造成发动机的振动较大。一般在维护手册中都会给出建议的试配重的重量。

2. 向量合成法

现在许多涡扇发动机上，都装有风扇配平探头，其可向机载的发动机振动监控组件提供不平衡位置的相位角。相位角就是不平衡位置相对于基准位置的角度。一般来说基准位置就是风扇盘上 1 号叶片的位置。这样一来，我们不但可读出不平衡量的大小（即振动值），而且还能读到不平衡的位置。这样我们就可直接根据振动的大小和位置进行配平。下面以装在麦道 90 飞机上的 V2500-D5 为例，来说明向量合成法。该发动机的配重可安装在进气整流锥的安装边上，也可装在风扇叶片的前保持环上。装试配重时，可把试配重装在整流锥的安装边上，见图 12.12。

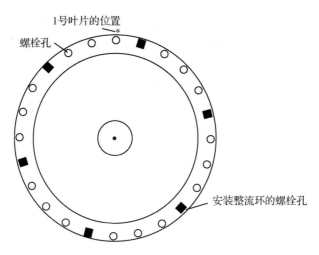

图 12.12　进气整流锥视图（面对发动机）

进气整流锥的安装边上共有 24 个螺栓孔，但其中 6 个（图中黑方块）用来固定整流环，此 6 个位置不能加配重，所以只剩下其余 18 个螺栓可用。测试风扇的振动时，飞机维修手册建议的测试转速范围为（80% ~ 85%）N_1，在此区间内，测得的结果精度较好。但最大转速最好不要超过 85% N_1，否则飞机机身就会抖动加剧。采用试配重法时，可在刚才剩下的 18 个螺栓孔处添加，因为这时只要拆下整流环即可。图中星号代表风扇盘上 1 号叶片的位置，或叫基准位置。后面提到的相位角是指从该位置顺时针方向（面对发动机）转到某位置的角度。螺栓孔的编号也是从 1 号叶片处开始，顺时针编号。

首先测试未加试配重时的发动机振动大小，即原始振动值，第一次开车。同样采取从高转速逐渐减小到低转速的方式，来记录各测试转速下风扇转子的振动情况。当发动机在各测试转速稳定后，进行记录。记录包括振动值 A_{Vi} 和相位角 β_i，见表 12-2。

表 12-2　不加试配重时的振动情况

建议转速	实际转速	振动值（振幅）A_{Vi}	相位角 β_i
80% N_1	AS_1	A_{Vi1}	β_{i1}
82% N_1	AS_2	A_{Vi2}	β_{i2}
85% N_1	AS_3	A_{Vi3}	β_{i3}

然后选取试配重和加试配重的位置，并安装试配重。飞机维修手册规定了四种可在进气整流锥安装边上安装的配重，从中选取一种即可。选取件号为 5A0014 的配重（其重量为 12.5 克）。下面确定安装位置，从刚才未加试配重的情况，找一个振动较小的位置，如 β_{i1} 处。即在 β_{i1} 附近，找三个连续的螺栓孔，拆下分别装上试配重，则三个试配重的中心位置的角度为 β，即与基准点间的夹角，做记录。从飞机维修手册可查得，在

此安装边上三个连续安装的5A0014配重所造成的不平衡量是6.55盎司·英寸。

第二次开车，读取各转速下的振动值 A_{TW} 和相位角 β_t。见表12-3。

表12-3　加试配重后的振动情况

建议转速	实际转速	振动值 A_{TW}	相位角
$80\% N_1$	AS_1	A_{TW1}	β_{t1}
$82\% N_1$	AS_2	A_{TW2}	β_{t2}
$85\% N_1$	AS_3	A_{TW3}	β_{t3}

第一次开车是在没加试配重时得到的发动机的实际振动，而第二次开车是加试配重时获得的振动。这样，向量 $\vec{A}_{TW}$ 应该是原始不平衡量和试配重共同引起的振动，或叫通过试配重修正后的振动。即 $\vec{A}_{TW} = \vec{A}_{Vi} + \vec{A}_{RT}$，$\vec{A}_{RT}$ 是试配重引起的振动，则：

$$\vec{A}_{RT} = \vec{A}_{TW} - \vec{A}_{Vi} \qquad (12-10)$$

把 $\vec{A}_{TW}$ 和 $\vec{A}_{Vi}$ 画在极坐标上，做向量合成，即得到 $\vec{A}_{RT}$，见图12.13。

由图12.13中的（a）、（b）和（c）可得到各转速下的 $\vec{A}_{RT}$。$\vec{A}_{RT}$ 的相位角就是从 $\vec{A}_{RT}$ 顺时针转到 $\vec{A}_{Vi}$ 的角度 β_{RT}，即 $\vec{A}_{RT1}$、β_{RT1}，$\vec{A}_{RT2}$、β_{RT2} 和 $\vec{A}_{RT3}$、β_{RT3}。根据振动大小与引起振动不平衡量的正比关系这一原理，可计算引起发动机振动的不平衡量，即配平量 AW 的大小。

$TW/A_{RT} = AW/A_{Vi}$，则的大小可按下式计算：

$$AW = TW \times (A_{Vi}/A_{RT}) \qquad (12-11)$$

TW 为试配重的重量，A_{Vi} 和 A_{RT} 都是向量的长度。从前面知道，TW 的大小是6.55盎司·英寸。根据式（12-11）就可计算出各转速下的 AW，即 AW_1、AW_2 和 AW_3 的大小。向量 $\vec{AW}$ 的方向就是对应的 $\vec{A}_{RT}$ 的方向。下面求各转速下 $\vec{AW}$ 的和 $\vec{AW}_S$，即：

$$\vec{AW}_S = \vec{AW}_1 + \vec{AW}_2 + \vec{AW}_3 \qquad (12-12)$$

图12.13中的（d）给出了各 $\vec{AW}$ 向量合成图，计算不平衡量的平均值：

$$AW = AW_S/4 \qquad (12-13)$$

AW_S 取向量 $\vec{AW}_S$ 的长度，AW 的单位也是盎司·英寸。AW 就是原始不平衡量的大小，其位置 TP 为：

$$TP = \beta + \beta_S \qquad (12-14)$$

即从基准位置顺时针转 TP 角度，在此位置加配重 AW 即可。下一步根据手册规定，选择配重安装边，并选择配重。安装配重后，试车，看振动是否在规定的范围内，若不满足，则重新按上述方法再做一遍，直到满足要求为止。

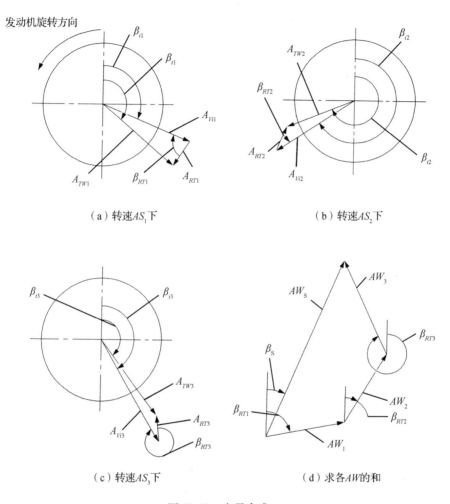

（a）转速AS_1下　　　　　　　　　　　（b）转速AS_2下

（c）转速AS_3下　　　　　　　　　　　（d）求各AW的和

图 12.13　向量合成

二、一次配平法

由于从机载的发动机振动监控组件上可得到转子振动的大小和相位角，为了简化配平过程，在飞机维护手册中，发动机厂家会给出不同转速下振幅与不平衡量的对应关系，以及振动监控组件所给出的相位角与不平衡量的实际位置（相位角）间的关系。这样，我们只要知道该转速下的振动值和振动监控组件所显示的相位角，就可计算出不平衡量的大小和位置。配平时只要在该位置添加与该不平衡量大小相同的配重，即可满足配平要求，从而使配平过程大大简化。也就是说不用试配，根据振动情况直接计算，并配平。

还以 V2500-D5 发动机为例来说明其过程。麦道 90 飞机飞行过程中，机载的发动机振动监控组件（EVMU）可自动记录发动机的振动情况，其记录的数据见表 12-4。这些数据也可通过地面试车来获得。

表 12-4　麦道 90 的 EVMU 记录数据

N_1 转速（r/min）	振幅（mils）	相位角
4800	1.6	49°
4690	2	45°
4580	2	36°

下面计算不平衡量的大小和位置，见表 12-5。表中 K 是质量系数，即一个单位振动幅相当于 K 盎司·英寸的不平衡量。B 是相位角的滞后，即 EVMU 所显示的角度与实际角度之间的差别。K 和 B 与发动机转速和飞机是在空中还是地面有关，它们的值可从飞机维修手册中相应的表格中查取。相位角还是从基准位置顺时针方向转（面对发动机）。

表 12-5　不平衡量和位置的计算

N_1（EVMU）	振幅 U（EVMU）	相位角 A（EVMU）	K	B	不平衡量 $U \times K$	配平位置 $A + B$
4800	1.9	49	4.41	346	8.38	395
4690	2.0	45	4.10	353	8.20	398
4580	2.0	36	4.06	3	8.12	399

这样，可计算出不平衡量（AW）和配平位置（TP）的平均值：

$$AW = （8.38 + 8.20 + 8.12）/3 = 8.23$$
$$TP = （395 + 398 + 399）/3 = 397$$

即在离基准位置，顺时针转 37° 处加 8.23 盎司·英寸的配重，即可满足要求。接下来就是选择安装边和选择配重，如果安装好了，则开车检查。

在应用此计算过程中，为了提高精度，应多取几个转速点。另外，查 K 和 B 时，一定注意飞机的状态是飞行还是地面。这是因为不同状态对应于不同表格，相应 K 和 B 值的大小也不同。

从前面的过程可看出，若有飞行数据，则不用地面开车采集振动数据，就可实现配平。若没有飞行数据，则地面开车，采集振动数据，然后计算。配平过程简单易做。尤其是现代飞机上都安装配平软件，直接进入 EVMU，就可自动给出配平结果（配重件号和安装位置），从而使得配平工作大大简化，为发动机维护节约时间。

第十三章　推进系统

第一节　推进系统概述

当把发动机安装到飞机上时，还需要一些其他部件，如进气道、整流罩、尾喷管等，把所有这些叫做发动机的吊舱。吊舱的主要作用就是提供一个平滑的气动外表面，减小阻力；确保飞机在地面和空中有良好的性能；降低噪音；保护发动机和发动机上的附件，避免受到外来损伤。吊舱的大多数部件是由复合材料制成，以减轻重量，并且多数部件拆装方便。

图 13.1 是典型的翼下安装的动力装置组成，它包括发动机、进气道、风扇整流罩、"C"涵道（包括反推装置）和共用尾喷管，我们把所有这些叫做推进系统。

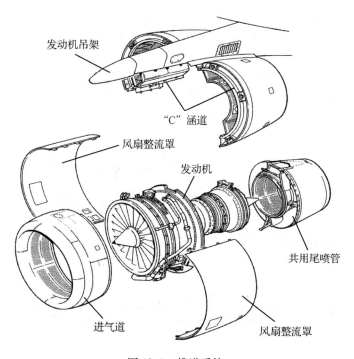

发动机吊架

"C"涵道

风扇整流罩

发动机

共用尾喷管

进气道

风扇整流罩

图 13.1　推进系统

对于民用飞机来说，动力装置的安装位置应该考虑到以下几点：不影响进气道的效率；发动机的排气要远离机身；容易接近、便于维护。在现代民用飞机上，发动机在飞机上的安装布局一般常见的有翼下吊装、机身尾部两侧安装和埋于机身内。图 13.2 给出了目前常见的发动机安装位置的飞机三面视图。

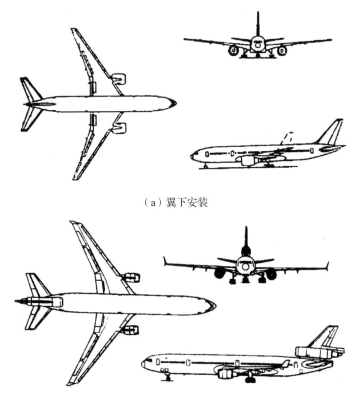

（a）翼下安装

（b）翼下吊装和垂直尾翼安装

（c）机身尾部安装

图 13.2　发动机安装

在图 13.1 的推进系统中，发动机安装在吊架上，进气道和共用尾喷管都分别装在发动机的进口和出口，而风扇整流罩和"C"涵道都是固定在发动机吊架上的。风扇整流罩的主要作用就是在风扇机匣的外表面形成很好的气动外形，允许维护人员容易接近风扇机匣上安装的部件，并对这些部件起保护作用。它主要由复合材料制成，当其关闭时，两个整流罩在风扇机匣外形成一个封闭空间。

对于高涵道比的涡轮风扇发动机来说，"C"涵道用来形成部分外涵道，当其打开后，还允许维护人员接近核心机。一般"C"涵道上还带有反推装置。

发动机在飞机上的安装要考虑传递下列负荷:发动机所产生的推力;推进系统本身的重力;发动机工作时所产生的扭转负荷;飞机飞行时推进系统所产生的负荷。翼下吊装的发动机通常采用吊挂式,而机身尾部安装的发动机则采用侧向安装方式,见图 13.3。

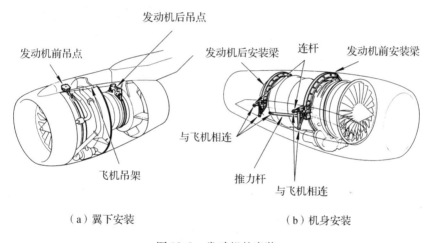

（a）翼下安装　　　　　　　　　　（b）机身安装

图 13.3　发动机的安装

发动机在工作过程中，各机匣的膨胀收缩是不同的，发动机安装后应允许发动机能径向和轴向自由膨胀。为了保证这一点，图 13.3 中的前、后两个安装点中的一个（后安装点）是允许前后浮动的。图 13.4 是典型的翼下安装发动机的结构形式。发动机的前吊点在风扇机匣顶部，后吊点在涡轮排气机匣顶部。前、后两个吊点中，后吊点可以前后摆动。

图 13.5 是前吊点结构图，吊点在风扇机匣顶部，是固定死的，即前后、左右都不能动。前吊点与发动机吊架之间靠 4 个螺栓连接。前吊点向飞机传递的载荷有发动机重力、横向载荷和发动机所产生的推力。

前吊点包括中央推力杆、侧支承杆（两根）和支承座。支承座靠 4 个螺栓固定在发动机吊架上，剪切销起定位作用。中央推力杆的一端靠球形轴承座固定在风扇机匣顶部中央，另一端靠空心销和连接螺栓与支承座固定在一起。为了把中央推力杆定位于支承座上，中央推力杆与支承座的连接有两个，一个为横向，另一个是轴向（见图 13.5 中的截面图）。发动机的推力是靠中央推力杆传给支承座，然后再传给发动机吊架。侧拉杆一端与支承座相连，另一端与风扇机匣相连，连接件也是空心销和连接螺栓。通过对侧拉杆两端与相接触形面的配合，侧拉杆可限制发动机摆动。在中央推力杆上固定有失效安全销。正常情况下，此销悬浮于支座内，万一有侧拉杆断裂，则侧拉杆所承受的重力就要靠此安全销来承受，这时安全销就会支承在支座内。所以，在维护时，若发现安全销与支座之间没有间隙了，则表明侧拉杆有可能出现了问题，应及时检查。

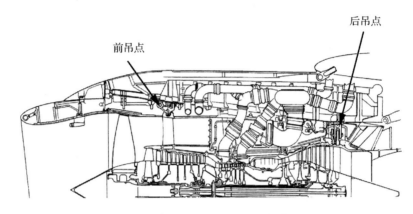

图 13.4　发动机翼下吊装结构

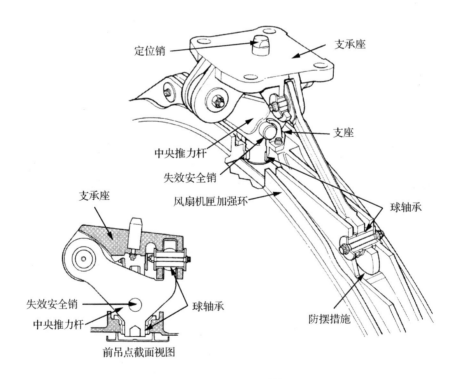

图 13.5　前安装点结构图

发动机推力传递路径是：中央推力杆的球轴承座→中央推力杆→支承座→飞机。

后吊点位于涡轮排气机匣顶部中央，它主要包括支承座、两根侧拉杆和一根扭力杆，见图13.6。后吊点承受发动机重力、发动机的横向载荷和扭转载荷。支承座靠4个螺栓与飞机相连，两个剪切销起定位作用。每侧的侧拉杆一端与支承座相连，另一端与涡轮排气机匣相连。扭力杆与涡轮排气机匣相连处正好与机匣的外圆相切，另一端连在支承座上，从而使其能承受扭转负荷。此扭转载荷是由发动机转子的旋转引起的。侧拉杆和扭力杆与机匣和支承座之间的连接件都是空心销和螺栓。后吊点也有失效安全连接机构，它包括失效连杆和安全销。失效连杆靠两个螺栓固定在排气机匣的加强环上，安全销固定在支承座上。正常情况下，安全销与失效连杆之间有间隙，不接触（见图13.6中的截面视图），即安全销不承担负荷。若有侧连杆断裂，则重力就要靠此失效安全机构承担，即失效连杆就会支承在安全销上。

后吊点可前后浮动，它承受发动机的重量、横向载荷和扭转载荷。发动机的重力和横向载荷经侧拉杆传给支承座，扭转力矩经扭力杆传给支承座。不管是前吊点还是后吊点，连接处都使用了球形轴承，其允许连接处能受热后自由膨胀，也允许发动机与飞机吊架之间相对运动。

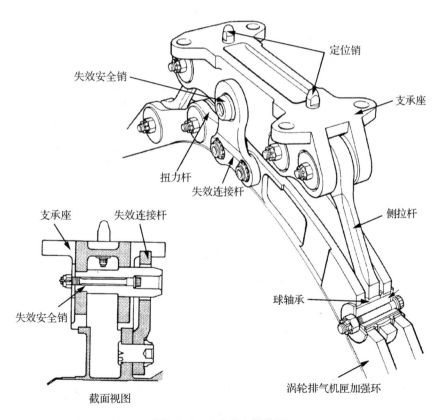

图 13.6　后安装点结构图

有的涡轮风扇发动机的前吊点不是在风扇机匣的顶部，而是在中介机匣的后端面上，如 V2500、TRENT700 发动机等。

图 13.7 是麦道 90 飞机发动机安装图，发动机安装在机身尾部。安装结构图见图 13.8。

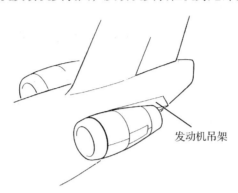

图 13.7　麦道 90 飞机发动机安装图

由图 13.8 可见，在发动机吊架的前端固定有发动机的前吊点，它是轭状吊架。后吊点靠一个锥形螺栓和一个抗冲击螺栓固定在发动机吊架的后端。在风扇机匣上有与前吊架的连接点，前吊架与风扇机匣上的连接点之间靠两个锥形螺栓连接在一起。在中介机匣的后端有两个推力杆，推力杆连接在推力平衡件上。平衡件靠螺栓固定在发动机吊架上，能摆动，所以它只传递推力，而不会把发动机的扭转负荷传给飞机。涡轮排气机匣上有与后吊点相连接的加强环，环上有连接点。后吊点与涡轮排气机匣之间靠两个螺栓连在一起。

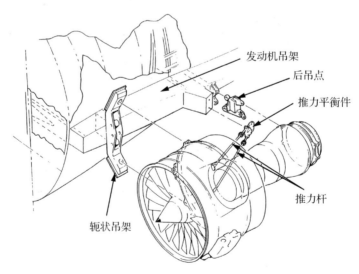

图 13.8　发动机安装图

在这些连接机构中，前吊架承受发动机重量和扭转负荷，后吊点承受发动机的重量，推力杆只传递推力。

第二节　进气道

　　进气道的作用就是在各种工作情况下，向发动机提供足够的空气，并保证气流能平滑地进入发动机，以使压气机能稳定地工作。进气道有两种：亚音速和超音速进气道。在现代大型民用飞机上，进气道是发动机吊舱的组成部件之一，都采用亚音速进气道。

一、亚音速进气道

　　在亚音速飞行的飞机上，发动机进气道是扩张形的亚音速进气道，典型的是空速管形短进气道，如图 13.9 所示。进气道的进口，或称为"唇部"，设计为翼型，使气流能以最小的损失进入进气道。当侧风进气时，其可避免气流在进口的分离。即使气流分离了，其所造成的损失也最小。"唇部"逐渐收缩而形成进气道的最小截面，即"喉部"。"喉部"的尺寸决定了发动机的进气量。从"喉部"开始至压气机进口，截面逐渐扩张。空气以大气压力进入进气道后，边流动边扩压。经过扩张后，使得压气机进口流场均匀，以利于压气机工作。

　　当飞机在巡航飞行时，这种进气道还能充分利用空气的冲压效果，从而可弥补空气在进气道内的流动损失。为了减轻重量，进气道采用"空腔"结构，即由外表层和内表层构成。内、外表层一般由复合材料(碳纤维)制成，内、外表层靠前后两壁板支承。前壁板一般是金属的(如钛合金)，后壁板是由金属或碳/环氧树脂复合材料制成。进口"唇部"一般是铝合金的。"唇部"内表面需要加热，以防进口结冰。为了降低进气噪音，进气道内表面镶有蜂窝结构消音板。进气道靠螺栓直接固定在压气机进口的安装边上。

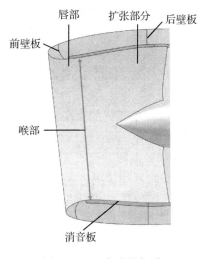

图 13.9　亚音速进气道

对于三发飞机来说，在机身垂尾处的发动机埋在飞机机身内，其进气道为"S"型扩张进气道。现代发动机的进气道的表面设计都采用了"三维"设计和计算流体力学模型，以优化表面形状，减小流动损失，提高进气效率。

二、超音速进气道

超音速飞行的飞机要采用收敛-扩张形或变几何面积进气道，以满足空气扩压和压气机进口的需求。超音速气流先在收敛形通道内减速扩压，直到最小截面处，即进气道的"喉部"，气流达到音速。气流在"喉部"产生正激波，气流经过正激波后，变为亚音速，之后进入扩张通道，进一步减速扩压，这样到了压气机进口，气流速度就比较低了。

超音速进气道应满足飞机在亚音速、跨音速和超音速飞行三种情况下对进气的需要，为此，一般常用变几何面积进气道，也就是说根据飞行情况，改变进气道的几何截面形状，形成收敛-扩张形进气道。图 13.10 为可移动锥式变几何截面收敛-扩张形进气道的原理图。

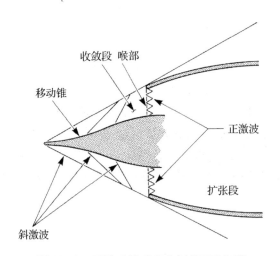

图 13.10　可移动锥式变几何截面进气道

中间的锥体可前后移动，改变"喉部"的大小和位置。"喉部"截面之前是收敛形通道，"喉部"截面之后是扩张形通道。超音速气流在锥体上产生斜激波，气流经过这些激波后，减速增压，到达"喉部"截面时，气流速度达到马赫数 1，产生正激波。之后，气流变为亚音速，在随后的扩张形通道内进一步扩压，直到压气机进口。但目前民用飞机采用的都是亚音速进气道，所以最常见的是如图 13.9 所示的短型、圆形亚音速进气道。

第三节　发动机防火系统

一、推进系统的通风冷却

发动机在工作过程中产生的热量会传给发动机外表面所安装的附件。这些附件包括燃油系统附件、滑油系统附件、液压油系统附件以及一些电器元件和线束等。这些部件都被包裹在吊舱内，它们需要散热。所以，推进系统都设计了相应的通风冷却系统，以确保这些部件在合适的温度环境下工作。同时通风系统还可把吊舱内的可燃气体排到大气中，起到防火的作用。

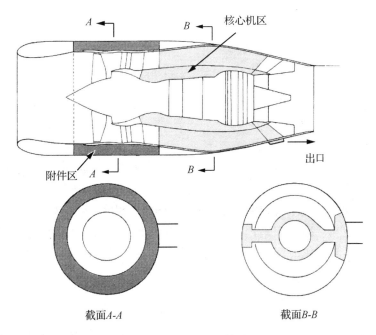

图 13.11　MD90 推进系统分区图

为了对吊舱进行通风冷却，一般把吊舱分成不同区域，各区之间靠防火墙隔开，以阻挡火焰的传播。另外，发动机一旦着火，吊舱也有一定的包容能力，避免火传给飞机。不同区域都要进行严格的工程测试，以确定这些区域的最大温度和所需的冷却空气量，以便在设计吊舱时，能设计出相应的通风冷却气量。图 13.11 是波音 MD90 飞机推进系统的分区情况。可见整个推进系统分成两个区域，一区是风扇机匣外围区域，区域的外围是风扇整流罩，前端是进气道后壁板，后端是"C"涵道前壁板；二区是"C"涵道的内环管与核心机机匣之间所包围的区域，也叫核心机区。这两个区域的区别是，一区安装有附件齿轮箱等大量附件和电器系统（包括EEC），也叫附件区，此区域的温度相对于核心机区要低。核心机区主要是燃油管路和滑油管路和引气系统的部件，该区内包含有高压压气机、燃烧室和涡轮，所以核心机区的最大特点就是温度高。

为了给附件区提供通风冷却，在上风扇整流罩靠前缘处开了两个进气口，在下风扇整流罩上有出气孔，参见图13.12。当飞机前行时，冲压空气从两个进气口进入该区域，在区内流动，最后从底部的出气口排出，实现对附件区内的所有部件进行冷却，并吹除该区域内的可燃气体。但当飞机静止不动时，该区只能靠自然对流换热来进行散热。后来把通风进气口改在进气道上，见图13.13，开口靠近进气道顶部，在进气道后壁板上有"Y"形出气口，把进来的空气引入一区。这种结构在许多涡轮风扇发动机上被采用。

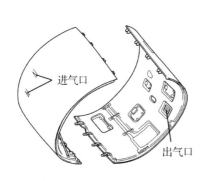 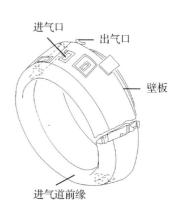

图13.12　风扇整流罩上的进、出气口　　　　图13.13　进气道上的进气口

核心机区的通风冷却空气则主要来自涡轮机匣的冷却空气和从"C"涵道上的专门开孔进入的风扇空气。冷却完涡轮机匣的空气和从专门开孔进入的外涵道空气在核心机区内流动，为该区域提供冷却。尾喷管的外侧有一出气口，通风冷却空气从此口排出。

二、发动机防火系统

为了满足发动机防火的需要，一般把与燃油、滑油和液压油有关的部件安装在低温区，如风扇机匣，并且尽可能做到"干、湿"分离。油管路一般也由耐火/防火材料制成。发动机还有漏油排除系统，把有可能的漏油排放到机外，以防积聚在推进系统内。前面讲的推进系统的分区和通风冷却也是防火措施之一，但万一发动机着火了，就要求发动机防火系统能及时发现火情，并能迅速灭火。

发动机防火系统包括火警探测、火情警告和灭火三部分。火警探测系统通过监控防火区的温度来判断发动机有没有着火。一旦感受到着火，警告系统就会在驾驶舱内给出视觉和听觉警告，以告知驾驶员哪台发动机着火了。当驾驶员确认着火后，通过操作灭火系统，向发动机喷射灭火剂，及时快速地扑灭火情。

1. 火警探测和警告系统

1）火警探测和警告系统应满足的要求

（1）能及时探测到火情或发动机过热现象，并能及时在驾驶舱内给出警告哪台发动机出现了火情。火警信息一般是红色，包括红色火警警告灯和红色发动机着火文字信息，还伴有连续不断的火警铃声。

（2）当火被熄灭后，能及时给出提示。若再燃还能再次及时给出警告。

（3）系统的可靠性高，避免虚假火警信息；维护方便，能对系统进行维护检测，及时发现问题，以便采取相应的维修措施。

火警探测系统一般被安装在发动机可能着火的区域内。在现代涡轮发动机上，都采用双回路火警探测系统，即在防火区域内并联安装两套火警探测器，然后再把不同区域内的火警探测器连接在一起。

火警探测和警告系统的组成见图13.14。探测器感受防火区内的温度变化，产生相应的信号，把此信号送给火警探测控制组件。该组件对接收到的信号经处理、判断后，给出火警警告信息。为了提高火警信息的可靠性，正常情况下，火警控制组件的是按"与"门逻辑工作的。即必须两套探测系统都给出着火信号后，控制组件才认为着火，否则其就断定为虚假信号。若其中一套探测系统故障了，则控制组件就只能依靠剩下的一套正常的探测系统来工作。若在短时间内两套探测系统都故障了，则火警探测控制组件给出着火警告。

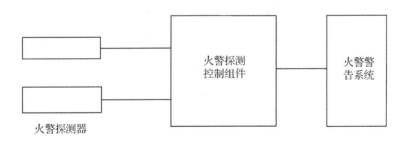

图13.14　火警探测和警告系统

2）火警探测器

在现代涡轮发动机上常用的火警探测元件有电阻/电容感应型和气压感应型两种。典型的电阻电容型是 GRAVINER 火警线，气压型是 SYSTRON DONNER 火警线。

（1）GRAVINER 火警线

GRAVINER 火警线的组成包括一根一定长度的不锈钢细管（外壳），管内中央是一根电极线，在电极线与管壁之间是一种热敏半导体材料，见图13.15。

半导体材料有一个特点，就是当温度升高时，其电阻值下降。另外，中央电极线和外壳之间又形成一电容器，其电容值则随温度升高而增加。火警探测控制组件给火警线加交流电，这样一来，当火警线所在区域的温度升高时，火警探测系统的电阻下降、电容升高，当这两个值变化到某一范围时，则控制组件就断定着火。这些值的变化不但取决于温度，还与火警线的长短有关。但若火警线出现短路、开路等损伤时，火警探测监控组件只会探测到电阻所引起的电压变化，而不会感受到电容的变化，这样一来其就认为火警线出现了问题。

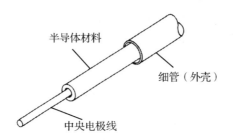

图 13.15　GRAVINER 火警线构造示意图

（2）SYSTRON DONNER 火警线

SYSTRON DONNER 火警线（图 13.16）看上去就是一根不锈钢细管，细管的一端是密封的，另一端连在一工作端上。工作端内有两个靠气体压力作动的薄膜式电门。细管内有一根芯线，芯线和管壁之间充满了某种气体（如氦气）。芯线表面包裹有一种特殊材料，这种材料包含有某种惰性气体。该材料有个特点，即温度升高到一定水平后，其能向外释放所含的惰性气体，而温度低于相应值时，其又能把该气体吸收回去。

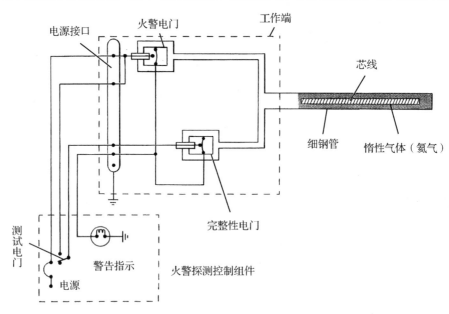

图 13.16　SYSTRON DONNER 火警线原理图

工作端内的两个电门，一个是火警电门，另一个是监控火警线完整性，即火警线有无损伤的电门。正常情况下，火警电门处于断开位，而完整性电门处于闭合位。当火警线所在的区域整体温度升高时，管内气压升高，这主要是由氦气受热膨胀造成的。当压力升高到一定值后，薄膜电门移动至与触点闭合位，即火警电门闭合，向火警控制组件发送信号。若区域内某处着火了，则局部温度会升高很多，此时，芯线就会释放所吸收的惰性气体，从而引起管内压力升高，造成火警电门闭合。所以，这种火警线既能探测防火区整体温度的升高，又能探测局部温度的升高。若管壁破裂，引起密封在管内的气体外漏，则工作端内的完整性电门感受到压力下降后，薄膜移动，使触点断开，向探测控制组件发出故障信号。

由图 13.16 可见，火警线与火警探测控制组件连接，火警探测控制组件向火警线供电。火警探测系统有测试电门，按下此电门可对火警探测系统进行检查。从图中可见，测试电门闭合时，系统形成回路，给出火警指示，表明线路正常；若有故障，则线路不能形成回路，则会给出故障信息。

（3）火警线的布局

火警线一般安装在最有可能着火的区域。火警线通常靠卡子固定在支承管上，然后再把支承管安装在火警探测区。不同区域的火警线再串联或并联在一起，之后连到飞机上的火警探测控制组件上。图 13.17 是某发动机火警线的安装图。火警线被安装在围绕附件齿轮箱的区域、核心机机匣的顶部和底部。附件齿轮箱区域尽管温度不高，但安装有含油的部件和电气部件，所以需要火情探测。核心机区不但温度高，而且还有燃油、

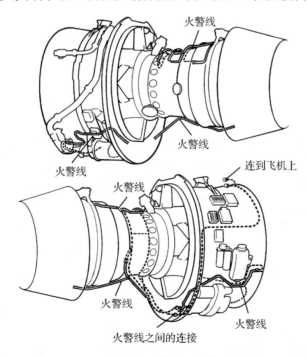

图 13.17　火警线的安装

滑油管路，所以也需要防火。火警线的安装回路详图见图 13.18。用卡子把火警线固定在支承管上时，为了保护火警线，一般要用衬套，常用的衬套材料为特氟龙。卡子是快卸式的，更换火警线时，一般是连同支承管一起拆下，换上整套新的，并安装在原来的位置即可。

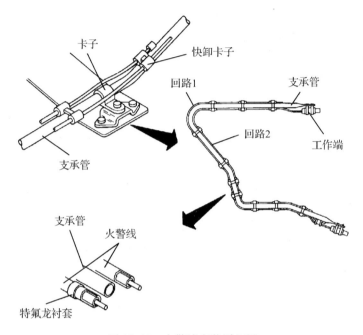

图 13.18　火警线安装详细图

2. 灭火系统

灭火系统包括灭火瓶、灭火控制电门或灭火手柄、灭火剂喷射管路和灭火指示装置。现代发动机所用的灭火剂是高效灭火剂，如溴化三氟甲烷（CF_3Br）。灭火剂靠氮气加压在密封的球形钢瓶内（灭火瓶）。灭火瓶装在飞机上，图 13.19 是麦道 90 飞机的灭火瓶，其安装在飞机增压舱后面，一共有两个灭火瓶，每个灭火瓶都有三个释放口，可分别向任何一台发动机喷射灭火剂，另外，还可向辅助动力装置（APU）喷射灭火剂。

灭火瓶上一般有下列部件：压力电门、释放口和罐装口。此外，还会贴有告示牌，以提醒维护人员正确处理灭火瓶，参见图 13.20。压力电门感受瓶内的压力，当瓶内压力低到一定值时，压力电门在驾驶舱内给出灭火瓶释放指示，以提醒驾驶员或维护人员，瓶内的灭火剂已释放。维护时，可对该电门进行测试，以检查灭火剂释放监控系统的好坏。

罐装口用来罐装灭火剂。一个灭火瓶可能有一个释放口，也能有两个释放口，甚至更多。图 13.20 中的灭火瓶就有三个释放口，分别是向 1 号和 2 号发动机的释放口和向 APU 的释放口。每个灭火瓶都能向任何一台发动机和 APU 喷射灭火剂。释放时，灭火剂沿喷射管路喷射到防火区。

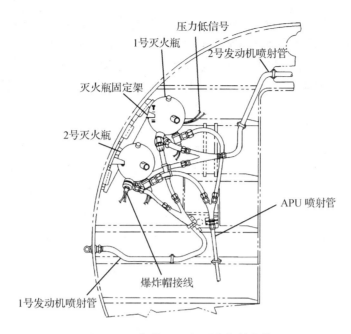

图 13.19　麦道 90 飞机灭火瓶的安装

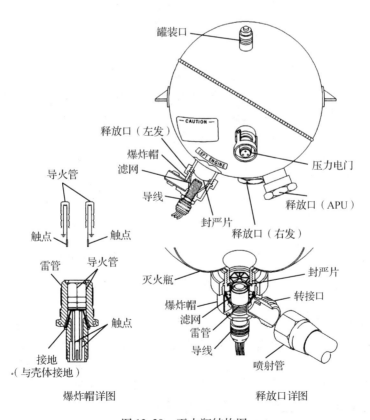

图 13.20　灭火瓶结构图

灭火瓶的释放口靠封严片封死，释放口处装有爆炸帽。爆炸帽内有雷管，参见图13.20中的详图。雷管有两个导火管（电引信），导火管引爆雷管，雷管把封严片炸开。当操纵灭火电门或灭火手柄时，灭火电路就向导火管发送引爆电流，从而迅速引爆雷管，炸开封严片。这样靠高压封装在瓶内的灭火剂就会沿管路快速喷射到防火区（如图13.17中安装火警线的风扇机匣区和核心机区）。释放出口有滤网，其可把破碎的封严片堵住，防止这些碎物进入释放管路而造成堵塞。

发动机着火后，操纵灭火系统的同时，还要把着火的发动机与飞机之间隔离开来，以避免火势蔓延到飞机其他系统。被隔离的系统包括燃油、引气、电源和液压油系统。所以，灭火系统被操纵后，该发动机燃油系统的翼梁活门（低压燃油关断活门）被关闭；发动机所带动的发电机供电线路断路；发动机引气交输活门关闭；与发动机反推系统相连的液压系统关闭。图13.21给出了麦道90飞机发动机灭火操纵系统。

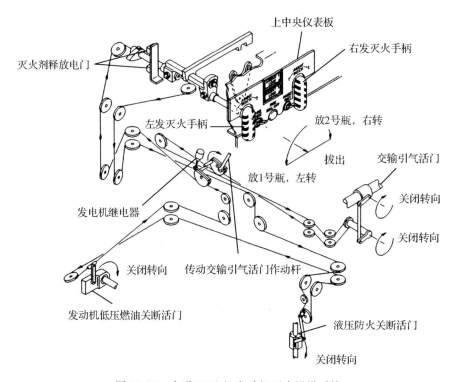

图13.21　麦道90飞机发动机灭火操纵系统

麦道90飞机的灭火操纵系统包括灭火手柄、钢索和滑轮。灭火手柄在上中央仪表板上，手柄带有火警灯。当相应发动机着火后，手柄灯亮（红色）。灭火时，先拔出灭火手柄，然后再左、右转动灭火手柄，这样才作动灭火瓶释放电门，释放灭火剂。灭火手柄向左旋转，释放1号灭火瓶；向右旋转，释放2号灭火瓶。

灭火手柄拔出的动作会引起下列事件发生：

（1）关闭发动机燃油系统的低压燃油活门。

（2）关闭液压活门。

（3）关闭气源系统的交输引气活门。

（4）发电机供电继电器跳开，即切断从发动机向飞机的供电。

（5）解除火警铃，即切断铃声。但火警信息仍然显示，火警灯仍然亮。

当一个灭火瓶释放完之后，相应灭火瓶释放灯（琥珀色）就亮。此信号由灭火瓶上的压力电门给出。若此时火警没有解除，则向相反的方向旋转灭火手柄，就可释放另外一个（2号）灭火瓶。

通常情况下，发动机灭火后就不再起动了，以防再次引起火情。

为了保证发动机防火系统工作可靠，系统有自检功能。火警探测控制组件可不断监控火警线的状况，一旦发现问题会及时给出指示和信息。另外，防火系统通常还有人工检测电门，可人为测试整个系统的状态，这包括火警线、火警指示、灭火指示、灭火电路等的状态，若发现问题，也会给出相应的指示或信息。

第十四章 发动机维修

第一节 发动机维修概述

发动机维修是指在发动机的使用寿命期内，为了保证发动机能够安全、可靠和经济的使用，对发动机所做的必要维护和修理工作。发动机的维修可分为两大类，即发动机在翼维护和大修。

在翼维护包括航线维护和定期维护，是指发动机在翼的情况下，对发动机所做的一系列维护和修理工作。发动机大修是指把发动机从飞机上拆下来，送回大修厂，把发动机分解而进行的一系列修理。

一、发动机在翼维护

发动机在翼维护可分为定期维护和不定期维护。定期维护是发动机厂家为了保证发动机安全、可靠地工作，所制定的最基本的维护工作内容，此工作内容是根据 MSG-3 制定的。定期维护一般是按发动机的工作循环、工作小时数或日历时间来制定定期维护的时间间隔，如 A 检、B 检、C 检等。如空客公司规定，A 检是 600 个工作小时，或 750 个循环或 100 天；C 检是 6000 个工作小时，或 4500 个循环或 20 个月。这些维护包括飞机过站维护和航线维护。维护内容是根据发动机厂家制定的发动机管理大纲编制的。内容包括发动机/动力装置外部目视检查；系统功能/工作检查；发动机孔探检查；定期检查和更换某些部件，如定期检查滑油系统的磁堵、检查滑油量、加滑油、定期更换/清洗燃油滤和滑油滤等。不定期维护是指那些由与时间无关的事件所引起的维护，如发动机的外来物损伤、飞机硬着陆等事故后所做的检查和维护修理。另外，通过发动机指示系统所观察到的一些不正常现象如超转、超温等，或发动机自检（BITE）设备给出的故障信息等，这些都需要及时采取一些必要的检查和修理。

发动机的不定期维护可能造成航班的晚点或取消，所以对于航空公司来说，能准确、及时地排除故障是很重要的。这就要求维护人员要掌握必要的维护信息，熟悉排故程序。现代发动机都采用了 FADEC（全功能数字式发动机电子控制系统）系统，它能在发动机工作过程中，监控发动机的工作状态，出现问题后能自动记录、储存故障数据和故障出现时发动机的工作状况，并给出警告信息。这样就为不定期维护提供了必要的发动机健康状况信息，可根据这些信息合理安排发动机的不定期维护，合理分配维护工作，从而可避免航班延误和航班取消。

视情维护也是目前发动机维护所采用的一个原则，即根据发动机的具体工作情况决定采取什么样的维护内容，从而最大限度地延长发动机的在翼寿命和提高可靠性。即整台发动机不再有一固定寿命，发动机不再按固定寿命来拆换了，而是按发动机的具体情况来决定是否换发和大修。尤其是单元体式结构的发动机，可只针对某个单元体进行更换和修理，从而可最大化每个单元体的在翼寿命，尽可能使发动机的在翼寿命更长些。发动机的健康状态可通过定期检查（如涡轮叶片、燃烧室等部件的孔探结果）、发动机性能趋势监控（如转子转速裕度、排气温度裕度等）等反映出来。但一些时限件，如压气机盘、涡轮盘、压气机轴、涡轮轴等都还是有强制寿命要求的，这些部件的使用时间一定不能超过其规定寿命。

视情维护的发动机允许系统中的某些部件出现故障，但由于系统都采取了一定的余度设计，部件故障后不会对安全造成影响。视情维护和过去的定寿发动机的维护不同。

定寿维护是一种预防性维护，对性能衰退的部件做了硬性寿命规定，到了规定的时间就得对部件做规定的维护措施。这种时间规定一般可按日历时间、发动机的工作时间和发动机的工作循环来制定。相应的维护措施包括勤务、完全或部分大修和部件更换等，从而使得这些部件恢复到能继续使用到下一次规定的时间。

视情维护也是一种预防性维护，但它是通过对系统中的部件，按一定的标准做定期检查和测试后决定该部件是否可继续使用；或继续使用到规定下次检查、测试时间；或延长、缩短下次检查、测试的时间间隔；或要使发动机继续工作，必须对发动机做哪些工作；或发动机再工作多久就得换掉。所以说，视情维护是在部件出现故障之前就把它拆下来，而不是把部件一直用到出现故障为止。这种拆换有可能导致发动机的拆换。

发动机性能变化趋势监控是监控发动机状态的一个很好的工具，它能及时发现发动机性能、工作参数的变化情况。我们根据发动机的使用情况，合理运用趋势分析，可及时预测发动机的某个系统或部件有可能出现的问题，为发动机维护提供必要的信息。为了很好地反映发动机性能变化情况，一般监控下列参数的变化情况：转子转速、排气温度（EGT）、燃油流量、滑油消耗量、发动机振动情况、排气温度（EGT）裕度和转子转速裕度等。这些参数的变化趋势或突变，能使我们及时发现问题，并可用来预测发动机换发时间。

发动机清洗也是日常维护的一个重要内容。发动机工作过程中，空气中的污染物、杂质颗粒就会残留在发动机内部而影响发动机性能，从而增加发动机的工作温度。这些脏东西沉积在叶片和压气机通道中，不但会影响压气机和风扇的效率，而且也会对核心机的流通能力造成一定影响，从而使得 EGT 裕度、压气机喘振裕度和转子的转速裕度下降，耗油率升高。通过定期清洗发动机就可恢复发动机性能，提高 EGT 和喘振裕度，增加发动机在翼寿命，节省燃油，降低 CO_2 的排放。但发动机清洗时，一定要注意放气管路、活门、引气管路和传感器等的防护，不要让清洗液进入这些部件而影响它们的正常工作。必要时，清洗后可对这些部件进行清洗液的吹除工作。

二、发动机大修

发动机大修的目的就是恢复发动机性能和可靠性。为了达到此目的，一般要根据发动机的在翼时间长短和发动机性能衰退情况制定不同级别的修理方案。发动机大修一般包括下列过程：分解、清洗、检查、修理、组装和试车。

1. 分解

把发动机分解成单个部件。对于单元体发动机，先把它分解成单元体，然后再分解每个单元体。发动机分解一般有两种方式：垂直分解和水平分解。

2. 清洗

把发动机分解成单个零部件后，下一步工作就是清洗。这包括去油，脱漆，去碳，去除部件表面沉积物、腐蚀和氧化层，去除部件表面的保护涂层和热端部件表面的隔热涂层等。清洗是发动机大修过程很重要的一步，只有清洗干净了，才能做下一步的检查和修理。清洗技术和清洗剂很关键，在清洗过程中，既要去掉该去的东西，又不能对零部件造成损伤和腐蚀。对清洗技术的选择与要去除的东西和部件本体材质有关。另外，由于环保的要求，清洗剂的选择也受到了一定的限制。

3. 检查

清洗干净的部件要进行检查，这包括目视检查、尺寸检查和裂纹、内部损伤检查。目视检查取决于检查人员的经验，要根据厂家的技术要求对部件进行检查。有些部件有尺寸要求，以确保它们装配后能满足间隙配合等方面的要求。对于人眼不能看到的损伤（如微小裂纹、内部损伤），尤其是一些关键部件（如盘、轴等），一般用无损探伤法来检查。常用的无损探伤检查方法有：渗透法（如着色渗透和荧光渗透法）、磁力探伤、X 光检查以及超声波检查等。这些检查都需要专业人员来完成。

4. 修理

修理一般包括焊接、钎焊、镀层、保护层喷涂、热端部件隔热涂层的喷涂、机匣和转子上的封严涂层的喷涂等。等离子喷涂是做封严涂层的常用方法。修理后一般对修过的部件还要做无损探伤检查。由于现代发动机上复合材料的应用越来越多，因此对复合材料的修理需求也越来越多。

5. 组装

对于单元体结构的发动机，一般先把每个单元体都组装好，然后再把单元体组装成整台发动机。在单元体组装过程中，对于发动机转子如风扇、压气机和涡轮转子等都要进行平衡，即单元体平衡。

6. 试车

把组装好的发动机送到试车台进行试车，以检验修理后的发动机的性能是否达到了要求，并检查发动机的振动是否满足要求、发动机的燃油和滑油系统有无漏油、发动机的控制系统是否校装合适等。为了便于比较，在试车台上测得的发动机工作参数和性能参数都要转换成海平面高度、国际标准大气条件下的参数。一般要做的试车包括：

（1）磨合：磨合试车是用来确保转子叶尖封严和转子篦齿封严等逐步切入封严层。这主要包括发动机从慢车到最大功率状态下的缓慢减速和加速。在这过程中要严格控制发动机的稳定时间，以确保封严篦齿逐步切入封严层。磨合做好了，可避免发动机使用初期出现封严损坏而造成发动机性能下降。

（2）加速、减速检查：即检查发动机从慢车到最大功率状态时的加、减速时间是否满足限制要求。

（3）性能检查：新生产或大修过的发动机都要做出厂性能检查试车。这主要包括把发动机开车稳定在不同的功率状态下，测量发动机的性能参数。这些功率状态一般从中间某一功率到最大功率之间选取几个点，当发动机在这些点下稳定工作时，测量发动机的工作参数和性能参数，看它们是否满足适航要求和客户要求。

三、大修费用

对于航空公司来说，不但发动机本身价钱贵，而且大修费用也高。因此，发动机使用和维护的好坏，不仅影响飞机的使用和飞行安全，而且还直接影响航空公司的经济效益。这就要求航空公司应该使用好、维护好发动机，以保持发动机所固有的可靠性水平，延缓发动机的性能衰退，延长发动机的在翼寿命（或两次大修之间的时间间隔），从而降低发动机的使用成本，提高经济效益。那么，怎样才能做到这一点呢？

1. 从发动机使用角度来分析

现代航空发动机是由多个单元体组成的，每个单元体的寿命都会对整个发动机的寿命有一定的影响。尤其是一些在外场无法更换的单元体，其故障后发动机就得换发。在组成发动机的这些单元体中，涡轮部件的工作环境最恶劣（温度高、负荷大），其中高压涡轮喷嘴环和高压涡轮工作叶片最为突出。喷嘴环处不但温度最高，而且温度的周向分布还有可能不均，从而在涡轮喷嘴环内引起很大的热应力。高压涡轮在高温环境下高速旋转，不但工作温度高，而且负荷还很大。所有这些对涡轮部件的工作都是不利的。因此，一般来说，高压涡轮工作叶片的寿命是导致发动机首次换发的主要因素。但应指出的是，涡轮部件寿命的长短主要取决于其所受的峰值温度（即涡轮进口温度的峰值）。此值越大，对材料的影响就越大，涡轮的性能衰退就越快。图 14.1 显示了 RB211-524 发动机高压涡轮工作叶片的寿命与进口温度的关系。从图中可看到涡轮进口温度每下降50℃，涡轮的使用寿命会增加一倍。因此，在发动机的使用过程中，尽量减小涡轮进口温度，对增加发动机的使用寿命是非常有利的。涡轮进口温度的最大值是在飞机起飞过程中出现的。起飞时，涡轮进口温度受下列因素影响：

（1）起飞推力。起飞时所用的推力越大，相应涡轮进口温度就越高。

（2）起飞时的场温。大气温度越高，在同样的推力下，涡轮进口温度就越高。

（3）客舱环境控制系统的使用情况，即从压气机引气量的多少。

在这三个因素中，大气温度无法人为控制，但是我们可以控制客舱环境控制系统的使用。客舱环境控制系统是通过从压气机引气来实现对客舱的空调和增压。为了减轻发动机的负荷，降低涡轮进口温度，在起飞过程中，可把空调组件关闭，暂停从压气机中引气，等飞机转入爬升状态后再逐渐把空调组件打开。这样做，客舱的温度不会有明显的变化，对旅客的影响较小，但对发动机却很有好处。相反，若起飞过程中空调组件完全打开，则由于发动机负荷加大，涡轮进口温度会升高。以装在波音747飞机上的RB211-524发动机来说，其涡轮进口温度会增加15℃。

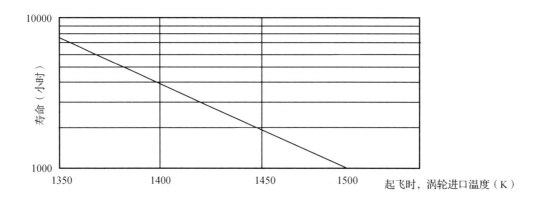

图14.1　RB211-524发动机高压涡轮叶片的工作寿命与进口温度之间的关系

起飞时所使用的推力的大小是影响发动机寿命的一个重要因素，那么，如何选择一个恰当的起飞推力呢？起飞所需的推力与飞机的起飞重量有关。起飞时，飞机的重量越小，则所需的起飞推力就越小。因此，应加强对飞机起飞重量的管理，每次飞行时，都应尽可能减轻飞机的起飞重量。即在满足载客/载货量的前提下，应合理地控制所加燃油量和飞机的携带水量。其中，对于燃油来说，在可能的情况下，应把燃油的装载量减少到所需的最小量。

由于载客量、载货量等原因，飞机起飞时不一定是在最大载重量下起飞，这时所需的起飞推力要比发动机所能提供的最大起飞推力小。这样，就可不必使用最大起飞功率，而采用减推力起飞，以降低涡轮的进口温度。下面以装RB211-524发动机的波音747飞机为例来说明这一问题。图14.2为RB211-524发动机的额定平推力（用EPR表示），横坐标为大气温度，纵坐标为 EPR，可看出最大 EPR 为 1.68。图 14.3 为波音 747 飞机的起飞包线，最大起飞重量为 400 吨，所需发动机的 EPR 值为 1.68。从图中可看到，当大气温度超过 30℃时，此飞机不能全载起飞。

若假设实际起飞重量为 350 吨、大气温度为 20℃，从图 14.3 可看到，在此起飞重量下，即使大气温度为 39℃，飞机仍能起飞，而实际大气温度为 20℃。因此，这时可使用减推力起飞。为了使用减推力起飞，可通过假设大气温度的方法来选择起飞推力。假设大气温度为 39℃，从图 14.2 可查到，39℃时发动机能产生的 EPR 值为 1.56。即当发动机以 1.56 为起飞 EPR 值时，飞机即可安全起飞，但此时涡轮进口温度会下降许多。同时使用减推力后，还能节省燃油。

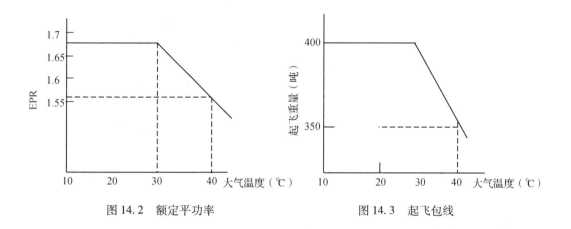

图 14.2　额定平功率　　　　　　　　图 14.3　起飞包线

因此，为了能够最大寿命地使用发动机，应做好以下几点：

（1）起飞时，在条件允许的情况下，使用减推力。

（2）起飞时，关闭空调组件，以减轻发动机负荷。

（3）管理好起飞重量。

2. 从维修的角度来看

前面提到过，发动机的维护有两类：在翼维护和返厂大修。在翼维护包括定期维护和不定期维护。返厂大修是指把发动机从飞机上拆下来，送回修理厂进行发动机修理/翻修。但如何组织进行/管理发动机的翼上维护？如何确定哪些发动机应返厂大修？返厂后应修理、翻修/大修哪些单元体或部件，且修理后应满足哪些标准，才能保持/提高发动机的可靠性，优化发动机的性能，延长在翼寿命，减少使用维修费用呢？这就是发动机管理所需解决的问题。

（1）管理好发动机的在翼维护。

由于现代民用航空发动机一般都采用单元体结构，并配备有很强的状态监控设备，这就为管理发动机的在翼维护提供了必要的前提条件。单元体设计的特点是，允许只更换有故障的单元体，且同型发动机的同型号的单元体是可互换的。只要把故障的单元体拆掉，换上同型号的单元体，即可组成一台新的发动机，这样就使航空公司自己更换某些单元体成为可能。在发动机的维护过程中，应充分利用发动机的状态监控设备，如磁性屑探测器、发动机振动监控设备、孔探检查和某些系统的自检设备，可及时发现发动机所存在的问题，并予以及时的、正确的处理。

另外，充分利用发动机厂家所提供的发动机性能监控软件监控发动机性能的变化情况，也可为发动机的日常维护、发动机排故障、发动机拆换等提供必要的参考数据。根据发动机性能的衰退情况，尤其是 EGT 裕度的变化情况，可合理地使用发动机的最大起飞推力，或在机队内部，根据不同飞机的航线特点合理地调换发动机，以发挥发动机的最佳性能，合理安排发动机的换发时间和修理范围，从而最大限度地延长发动机的在翼寿命，节约发动机的修理/大修费用。

为了合理地做好日常维护，航空公司还应与发动机厂家合作，针对自己飞机的使用情况以及工作环境，制定必要的辅助检查、维修项目。

（2）严格管理/实施发动机厂家所下发的各种服务通告和改型通告。

（3）建立一套完整的发动机大修管理程序。

发动机送厂大修的费用是很高的。因此，航空公司应从确定发动机的拆换到确定发动机的大修范围、内容，建立一套完整的管理程序，以改进或保持发动机的可靠性，增加发动机的可利用率，延长发动机的在翼寿命，降低使用费用。

当单元体结构发动机刚开始投入使用的时候，航空公司送修发动机时，只是大修/修理有故障的部件/单元体，而忽略了其他的单元体/部件，结果发现大修后的发动机运行的时间并不像预期的那么长。另外，从数理统计的角度来看，对于单元体结构的机械，若某次修理时，只更换了坏的单元体，而不管其他单元体，用 WEIBULL 分析的方法可计算出修理后机械的特征寿命，该寿命要比原机械的特征寿命短。但若大修时对其他部件/单元体，根据不同情况也做不同程度的修理，则会发现这样大修后的发动机的在翼寿命会有明显的改进。对其他单元体中的哪些单元体进行修理，以及进行什么样的修理，这就是发动机管理的一个重要内容。为了解决这个问题，一般发动机厂商要与用户合作，制定相应的发动机管理大纲。一般来说管理大纲为组成该发动机的各部件/单元体制定了相应的软时限（SOFT TIME）和不同级别的修理范围。根据各单元体的实际工作时间和状况，与相应的软时限比较，来确定修理级别。图 14.4 说明了对要大修的发动机，按发动机管理大纲制定修理方案的流程。

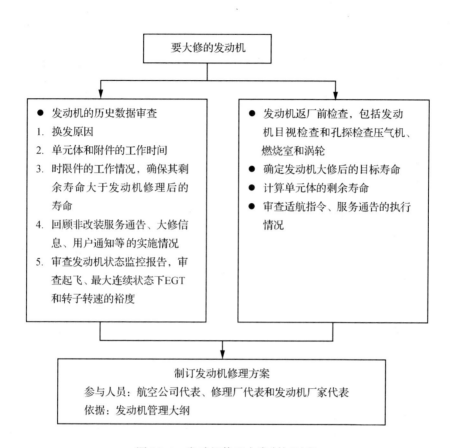

图 14.4　发动机修理方案制订过程

　　在制定发动机修理方案时，要经过一系列检查程序，图 14.5 是为罗·罗公司发动机制定修理范围的流程图。

　　航空公司的使用已证明，发动机管理大纲能使发动机的返厂率和使用费用下降。值得一提的是发动机管理大纲的制定是由发动机用户与发动机制造厂家共同来完成的。因此，航空公司应与发动机厂家合作，根据自己发动机的使用情况制定适合自己的发动机管理大纲，从而使发动机的管理大纲达到既能保持发动机的最佳可靠性水平和运行费用，又能最小化发动机意外故障给飞机正常运行带来影响的目的。

　　综上所述，只要加强发动机的使用管理和维护管理，就能延长发动机的翼上寿命，降低航空公司的发动机使用费用。

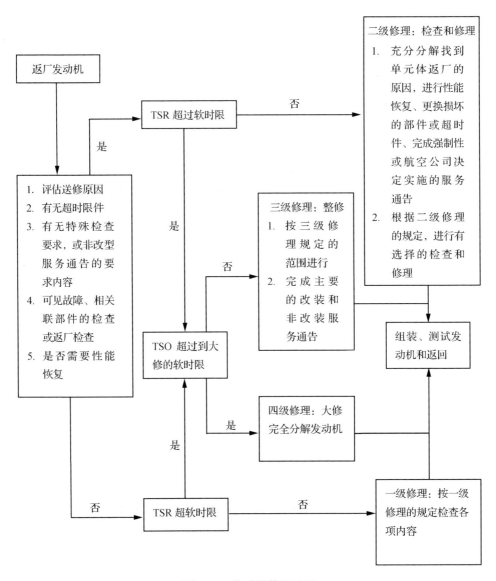

图 14.5　发动机修理流程

注：

整修（REFURBISH）：指对发动机或单元体进行的恢复性修理，以确保发动机达到使用费用与发动机性能比最佳；

修理（REPAIR）：指通过更换或处理失效了的或损坏的部件，使其恢复使用的工作过程；

大修（OVERHAUL）：指使部件恢复到相应手册中所规定的最高标准所必需的修理；

TSR：指自上次整修到此次拆卸或自新发动机到此次拆卸所经历的使用时间；

TSO：指自上次大修到此次拆卸或自新发动机到此次拆卸所经历的使用时间。

四、孔探检查

孔探检查是发动机日常维护和定期检查内容之一。通过孔探设备我们可查看发动机内部损伤情况，并根据损伤的类型、大小来判断发动机能否继续使用或继续使用多久。一般来说，发动机热端部件（如燃烧室、涡轮等）有定期孔探检查要求，而冷端部件一般没有定期检查规定。所谓的定期检查，就是在飞机维护手册中规定这些部件的检查时间间隔，即每隔多久就对这些部件做一次孔探检查，以确认它们的损伤情况。时间间隔通常是以发动机的工作小时或工作循环的形式给出，如每隔600个循环做检查。根据定期孔探检查可得到如下结论：

（1）发动机可以继续使用到下次规定的孔探时间再做检查。

（2）延长孔探检查的时间间隔，如由原来的600循环改为750循环。

（3）发动机可允许再工作多久（如30个循环）就得换发。

（4）即刻换发。

在维修手册中，对不同的部件以及同一部件的不同区域都规定了可能会出现的各种损伤的限制范围。孔探检查的关键是确认这些损伤和损伤所在的区域，并估算损伤的大小，这样才能对照手册中的损伤限制作出判断。要作出判断有两点很关键。第一点是损伤的定义。因为损伤不同，对其限制也不同。所以，检查人员首先应该确认损伤，即所看到的是什么类型的损伤，给出损伤的名称。各种损伤的定义，在维护手册中也有具体的说明。当不明白所看到的损伤是何种损伤时，应查看手册中的定义，以防误断。另外，对于压气机叶片来说，由于叶片表面沉积物的存在，对判断叶片是否有损伤有一定的影响，尤其是叶片前缘的沉积物容易造成误判。所以观察时，一定要仔细小心或由多人重复观察，以确认是损伤还是沉积物。

第二点就是判断损伤大小。现在许多孔探设备都带有测量功能，这不但为估算损伤大小提供了方便，而且也提高了尺寸估算的准确度。但若不具备测量功能，评估损伤大小就只能靠检测人员了，这时我们就需要周边环境作参考。如对于叶片来说，我们从手册中可知道叶片的高度和弦宽，这两个参数就是我们估算损伤的参考。有一点要注意的是，通过孔探设备所看的图像，和实物相比会有一定的放大。在估算损伤大小时，确定损伤的起始和终止点很重要。尤其是有两种以上损伤连在一起时，这时应注意手册中的规定或测量范例，不要小估了损伤。

除了定期孔探检查之外，当发动机出现事故后，一般也需要做孔探检查，即不定期孔探检查。如发动机喘振、超转、超温以及外来物进入发动机等，这些事故都有可能造成发动机内部损伤。例如，喘振可能造成压气机叶片损伤（如叶片叶尖卷曲）。

在孔探过程中可能会出现的问题有两个：一是孔探设备卡在发动机内部，尤其是柔性孔探仪。所以孔探之前了解发动机内部结构很重要。只有知道了发动机内部结构，才能知道看到的是什么、在什么地方可能被卡住。二是损伤孔探设备。这主要是由于温度高而造成烧伤和其他意外损伤，如设备放在地面上被踩踏、车轧等，这就要求维修人员工作要小心，暂时不用的设备放在安全处。航后孔探时，必须等发动机冷却后再进行。

五、发动机的封存

发动机的封存也是维护工作之一。封存不当，会给发动机内部结构、滑油和燃油系统造成腐蚀损伤。储存不当，还可能造成发动机返厂，以恢复发动机的可用性。封存包括在翼封存和翼下封存。发动机的封存与大气湿度和封存时间长短有关。一般发动机厂家都会根据具体的大气条件和封存时间的长短给出具体工作内容，相关规定都会写在飞机维护手册的 71 章中，如干燥剂的使用、燃油系统的油封和发动机轴承的油封等。封存后的发动机再次使用之前，应先解除这些封存内容。

第二节　MSG-3

MSG 是维修指导团队的缩写（Maintenance Steering Group），它起源于 20 世纪 60 年代。当时发现飞机的推进装置从活塞发动机换成涡轮喷气式发动机后，其可靠性有了很大的提高，而原来所广泛使用的"定寿"式维修的方法不但变得不再有效，而且还浪费部件寿命，所以从 1960 年到 1968 年之间，美国的联邦航空管理局、美国交通运输委员会、航空公司以及飞机制造商就不断寻找新的维修理论来替代原来的维护理论，以便能有效地制定飞机及动力装置的定期维修方案。MSG-3 就是指用来开发飞机维修方案的一套系统的方法。

在 MSG 之前，飞机维修是基于"定寿"的预防性维修。即定期更换部件或恢复部件的性能，并且把部件的寿命写入维修方案中。在制定维修工作计划时，要根据这些硬性寿命来制定相应的方案。这种方式一般来说比较保守，大多数部件起初规定的寿命都比较短，部件的可靠性在使用中不断得到验证，这样带来的好处是部件的可靠性有保证，但不经济。另外，若所更换部件的剩余寿命较长的话，所造成的浪费就更加严重。采用定寿维护，部件的更换率较高，所以，其带来的另一个问题就是零部件的储备量高。对航空公司来说，这也是一笔不小的费用。在飞机的不断使用中，经过对部件性能的监控和大修情况的监控，为了降低费用，就得延长某些部件的使用寿命。

在 1968 年编制了 MSG-1，当时它被用来开发波音 747 飞机的定期维修方案。随后，在 1970 年，又为制定 L1011 飞机的维修方案而制定了 MSG-2，到为波音 757 和波音 767 飞机制定维修方案时，才进一步发展了 MSG-3。MSG 制定飞机定期维修方案的方法是，根据飞机部件或系统的重要程度，以及这些部件或系统的故障特性、故障可被发现的程度和相应可采取的修理措施，制定一系列的规则，然后根据这些规则再制定飞机各系统和动力装置的维修方案。在 MSG-1 和 MSG-2 中对这些规则的解释，相当多的都是给出了一些范围，而没有详细的规定，这样就会导致制定维修方案时，在利用这些规则时，就会有很大的灵活空间。由于具体使用这些规则的人员所掌握的经验或信息不同，相应所制订出的方案就会不同。MSG-3 力求尽可能把这些规则制定得详细些，其中一些规定、定义也尽可能详细，从而不给应用人员留下模糊的余地。

MSG-3 主要定义了下列内容：

（1）哪些系统、设备需要定期维护？

（2）这些系统、设备的重要程度如何？

（3）如何对它们进行维护？

（4）维护的时间间隔是多少？

对于新开发的飞机来说，在其交付用户之前，航空管理当局都有相应的管理条例要求以保证飞机的持续适航，飞机厂家必须向用户提供飞机维修方案。这些维护方案就是用来指导航空公司制定其初始维修内容的基础。

在 MSG-3 的开发过程中，有如下机构参与：

（1）指导委员会（Industry Steering Committee，ISC）：组成成员主要来自飞机制造商、发动机生产商和航空公司（用户）。其职责就是管理维修方案的开发过程，制定相关的方针策略，为定期维护检查时间间隔制定初始的目标，指导各工作小组的工作，并在生产商和用户之间起联系作用。ISC 还负责把所有工作小组的工作内容综合起来，形成维修方案，并交送 MRB。

（2）工作小组（Working Groups）：组成成员有来自用户和飞机制造商的专家代表以及航空管理当局的人员。这些小组负责如机身结构、系统、动力装置、电气/电子、飞行控制/液压和区域检查等。各小组负责各自的内容，他们按照指导委员会的要求制定相应的维修方案。

（3）维修审查委员会（Maintenance Review Board，MRB）：即适航管理当局。其负责批准 ISC 上交的工作内容，以形成有关维护内容的 MRB 文本。该文本就是最后航空公司用来制定其飞机维修方案的根据。

MSG-1 首次引入了大修和视情的维修概念，用来取代定寿维修。MSG-1 要求在开发维修大纲时，把一些工程上的判断做量化处理，并且还要考虑到新飞机的余度设计。但这种量化处理也只是初步的量化，如把失效后的风险、后果和维护手段做了不同级别的规定。MSG-2 是在 MSG-1 的基础上，又引入了状态监控的概念。由于以可靠性为中心的维修概念的提出和新飞机中的电子设备在控制和指示系统的应用不断增加等原因的影响，对 MSG-2 的逻辑分析系统做了进一步调整后，发展了 MSG-3。

MSG-3 开发维修方案的目标是为航空公司开发有效的、经济的维修方案。该方案应该满足下列要求：

（1）确保实现所维修设备固有的安全性能和可靠性水平。

（2）当设备衰退后，能恢复其固有的安全性能和可靠性水平。

（3）对于那些在实际使用中发现的固有可靠性水平不恰当的项目，要收集相关信息，以便今后改进这些项目的设计。

（4）以最少的费用来实现上述目标。

上述目标中的一个最大特点就是，通过维护并不能提高设备的固有可靠性水平和安全性能，它只能阻止它们的衰退。若发现固有性能水平不当，则只能通过改进设计来实现。

MSG-3 把维护工作内容分成两组。第一组就是定期维护工作任务。其目标就是防止设备的固有安全性能和可靠性水平的衰退。定期的维护包括：（1）润滑/勤务；（2）工作检查/目视检查；（3）检查/功能检查；（4）性能恢复；（5）报废。另外一组就是非定期维护内容，即在定期维护之间发生的一些维护工作。这些非定期维护的目标就是把发生故障的设备恢复到一个可接受的水平。

MSG-3 在开发维修方案过程中，把工作内容分成三部分，每部分都有自己的分析逻辑。这三部分分别是：

（1）系统和动力装置；

（2）机体结构；

（3）区域检查。

MSG-3 的分析方法有两套逻辑程序，一套用于系统和动力装置的分析，另一套用于机身结构分析。在系统和动力装置的分析过程中，MSG-3 采用了"从上到下"的分析逻辑。这不同于原来偏重于从单个部件到系统的逻辑过程。换句话说，MSG-3 逻辑思路是，如果一个系统故障了，它对飞机的工作有何影响；而不是万一系统中某个部件坏了，会产生什么后果。

在制定维修方案时，MSG-3 把飞机按照 ATA（美国运输协会）的规定分成各组成系统和子系统，然后对每个系统可能出现的失效、失效造成的后果和失效原因进行分析。图 14.6 给出了飞机及其系统、子系统的举例。如 75 章气流系统，又可分成附件和动力装置冷却、发动机冷却和封严、轴腔的冷却等子系统，而某个子系统可能还可分成若干部分。

MSG-3 对系统和动力装置的分析逻辑中还定义了重要维护项目（Maintenance Significant Item，MSI）。对于各系统和动力装置，MSI 是指那些如果故障了会引起下列结果之一的项目：

（1）对飞机的安全有影响（包括地面和飞行）；

（2）在工作过程中不能被探测发现；

（3）对工作有重大影响；

（4）可能会产生重大经济影响。

对于非 MSI 项目不需要日常维护，而对于 MSI 项目就需采取进一步的措施。对于每个 MSI 都要确定下列四个问题：

（1）该项目的功用；

（2）如何确认该项目失效；

（3）功能失效的影响；

（4）失效的原因。

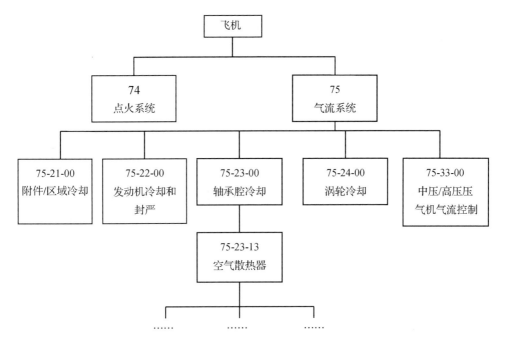

图 14.6　飞机系统、子系统结构

系统和动力装置的逻辑分析可分成两个阶段：

第一阶段：确定功能失效的后果。在这里有四个问题需要回答：

（1）故障对机组或工作人员来说是明显还是隐含？

（2）故障或由该故障所引起的问题是否对安全有影响？

（3）故障有无经济影响？

（4）隐含故障是否对安全有影响？

从图 14.7 中可见，先分析故障是隐含还是明显。明显故障的出现能让机组或工作人员及时发现，隐含故障则相反。然后再把这两种故障按对安全的影响情况进行划分，即有安全影响和无安全影响。之后再分析此故障对飞机运行有无经济影响。

根据回答结果可进入第二阶段。在第二阶段中，对故障的原因进行分析，并根据不同故障给出所采取的措施。

在第一阶段中，对问题的回答可以有五个类别，它们是：

（1）明显故障，有安全影响；

（2）明显故障，有经济影响；

（3）明显故障，无经济影响；

（4）隐含故障，有安全影响；

（5）隐含故障，无安全、经济影响。

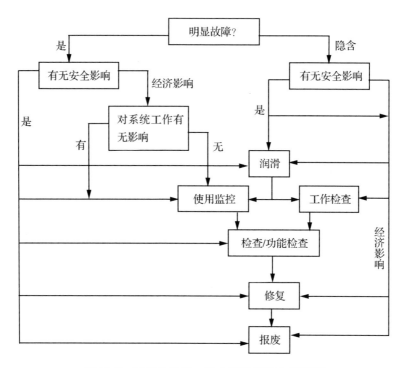

图 14.7　MSG-3 系统、动力装置逻辑分析程序

　　阶段二提供了解决故障的方式，即采取什么样的维护措施。由图 14.7 可见，可选的维护措施有：（1）润滑或勤务：目的是为了使部件能满足工作要求。（2）工作检查或目视检查：这项工作只针对那些有安全影响和无安全影响的隐含故障项目，目的是为了发现故障所在。（3）检查/功能检查：检查是指对该项目进行查看，以判断是否有潜在的故障（即探测衰退情况和实际故障）。有三种类别的检查：常规目视检查、详细检查和专项检查。功能检查是指把检查测得的结果与规定标准对比，看是否满足要求。（4）修复：在到达专门规定的时间限制之前或到了该限制时，对项目进行恢复。恢复时，要做的工作可能是清洁或只替换某单个部件甚至完全大修。（5）报废：即到了规定寿命时报废。（6）使用监控：该维护措施在 MSG-3 第一修订版中已删除。具体选择什么维护措施取决于第一阶段回答的五个结果，对应于不同的回答结果都有相应的选择维护措施的细则，但总原则是：（1）针对该项目，该维护措施可实施。（2）该措施实施后能减小失效风险，或把失效风险减小到一定水平。（3）费用经济。（4）对于有安全影响的故障，若无维护措施可选，则该项目就得重新设计。维护措施选定之后，还要根据以往的经验数据和其他飞机的维修经验，确定实施维护措施的时间间隔，即定期维护的时间间隔。最后列出每个 MSI 的所有维修工作任务，并制订开展每项工作任务的具体步骤。

　　对于机体结构部分，MSG-3 采取的分析方法是把结构损伤的后果与定期维护任务结合起来。对每个结构项目按它对飞机持续适航的影响程度和可能会出现的各种损伤来评估。评估损伤时要考虑偶发损伤、环境影响造成的衰退和疲劳损伤。

区域检查的分析方法是把飞机分成不同区域，对这些区域实施目视检查。常规的目视检主要是看有无明显不满意的状况和偏差。在对系统、动力装置和机体结构的分析过程中，会列出所有常规目视检查内容，这些内容可放到区域检查里。

在 MSG-3 的应用过程中需要大量的分析工作和实际经验，它为应用者提供分析规则和详细的定义以及事先对可能出现的故障的分析过程，因此，它在制定飞机维修方案时得到了广泛的应用。

第三节　ETOPS 维护

ETOPS 是 Extended-range Twin-engine Operations 的缩写，即双发飞机延程飞行。它是国际民航组织为确保双发飞机飞行安全而制定的标准。其规定了双发飞机当一台发动机停车后，靠另一台发动机能继续飞行多长时间。在这段时间内，飞机能找到一个机场降落。如 120 分钟 ETOPS 是指，双发飞机单发后，能再飞行 120 分钟。在这段时间内，飞机应能找到一个机场降落。

最初这个问题是在 1953 年由美国有关方面提出。当时规定，双发飞机单发飞行时，最多能再飞行 60 分钟。这样一来就限制了双发飞机可飞行的航路。也就是说，在双发飞机飞行的航路上任何一点，若出现单发，则飞机必须要在 60 分钟内能找到一个备降机场降落。若航路不满足这个条件，则不允许双发飞机在这样的航路飞行。后来这一规定也就形成了美国联邦航空管理局（FAA）对双发飞机可飞航路的管理条例。这样一来，对双发飞机来说，很多航路（如跨水域的航路，例如跨洋飞行）就无法飞行，从而限制了双发飞机的使用。为了能突破 60 分钟限制，飞机和发动机厂家就不断对飞机、发动机进行改进，提高其可靠性，并且对这种 ETOPS 飞机的维护方式和内容以及飞机操作程序也做了调整。

随着涡轮喷气推进系统可靠性的不断提高，在飞行过程中，出现发动机空中停车的危险被大大降低，并且随着新飞机的发展、飞行技术的不断进步，要求放松时间限制的呼吁就越来越强烈。到了 20 世纪 60 年代，国际民航组织（ICAO）把对双发飞机的限制扩展到 90 分钟。空客公司当时开发了双发的空客 300 飞机。随后波音公司开发了波音 757、767，空客开发了空客 310 这些双发飞机，并且这些飞机都向 FAA 和 ICAO 证明了其能开通国际跨洋飞行的安全可靠性。到了 1985 年，FAA 才正式批准了 ETOPS 条例，并批准把时间从 60 分钟延长到了 120 分钟，即 120 分钟 ETOPS，这也就是现在真正意义上的延程飞行。这样上述飞机就可跨大西洋飞行了。到了 1988 年，FAA 又把 ETOPS 延长到了 180 分钟。这就使得双发飞机相对于三发和四发飞机来说，就更具有了竞争优势。

为了满足 ETOPS，适航管理部门对飞机做了很多具体的要求，如推进系统、液压系统、导航系统、燃油系统和灭火系统等。另外还对维修计划、机组培训等也有具体的规定。对推进系统来说，当初考虑 ETOPS 时，发动机的可靠性是最重要的指标，也就是发动机的空中停车率。要取得 120 分钟 ETOPS，要求发动机的空中停车率为每 1000飞行小时，停车 0.05 次；而 180 分钟 ETOPS 所要求的空中停车率是每 1000 飞行小时为 0.02 次。但随着发动机可靠性的不断提高和发动机性能的优异表现，双发飞机的安全性能越来越高，堪比三发和四发的飞机，再加上多年来 ETOPS 飞行经验的积累，现在再考虑 ETOPS 飞行时，发动机的安全可靠性已不再像以往那么首要了，影响飞行安全的其他因素被越来越多地考虑进来，如飞机其他系统的可靠性、天气条件、备降机场的情况等。

现在适航管理机构正在考虑扩大 ETOPS 的定义范围，即改变其针对双发飞机的定义。把 ETOPS 变成 "Extended Operations"，既适用于多发飞机的延程飞行，又对已有的 ETOPS 管理条例进行更改和补充。

飞机具有 ETOPS 的能力，航空公司要想使用这一能力，必须得到适航部门的批准。为确保安全，适航部门一般要对运营该机型的航空公司进行一段时间（1～2 年）的审核，以确保该航空公司有足够的维修能力、保障能力和 ETOPS 运营经验，经过这些程序之后，才会批准其执行 ETOPS 航班运营。

一直以来，获得更长时间的 ETOPS 是飞机发动机厂家和航空公司的愿望，但要获得批准，不单单是飞机、发动机硬件的可靠性问题，同时也涉及飞行和维护问题。下面从维护的角度来介绍如何保证飞机的 ETOPS 能力。除了正常的维护之外，根据 FAA 的建议，应该对 ETOPS 飞行的飞机进行下列维护内容。

一、发动机状态监控

现在发动机厂家都提供发动机状态监控程序，用来监控发动机性能衰退情况以及可能会出现的故障。监控的发动机参数通常包括转子转速、燃油流量、发动机排气温度、发动机转子的振动值以及滑油压力、温度等。在飞行过程中，这些参数被机载的数据采集系统收集并保存。等飞机落地后，把它们输入到发动机状态监控程序。监控程序会给出这些参数的变化趋势，根据趋势变化情况可分析发动机的问题所在，计划制定发动机修理方案，采取相应的维护措施，从而预防故障的出现，避免空停、延误、返场、备降等事故的出现，提高飞机遣派的可靠性，为 ETOPS 提供保障。若出现数据漂移，可及时发现发动机可能出现的故障，以便及时修理，并有效地防止故障的再次出现，提高飞行可靠性。现在有的航空公司利用通讯卫星，在飞机飞行过程中就直接把采集的数据下传到监控中心，使监控程序能及时跟踪发动机，在飞机落地之前就能给出要出现或已出现的问题，使航空公司能更早地安排维修计划，为保证飞行提供了必要条件。

现在发动机状态监控程序，已经不仅仅只用于 ETOPS 飞行的发动机监控了，其他发动机也已采用了这项监控措施。

发动机状态监控中的另一个重要监控内容是滑油消耗量。坚持记录发动机的每次加油量，从而可计算出发动机滑油消耗量的变化情况。在 ETOPS 飞行之前，比较每个航班的每小时滑油消耗量的变化情况。若出现异常，则应及时找出原因，采取维护措施，然后再放飞。滑油消耗量的增加表明发动机可能存在漏油现象。

二、避免双发同时进行类似的维护工作

对于双发飞机来说，为了避免双发出现同样的问题，以及维护过程中可能会出现的人为差错出现在双发上（这样会在飞行过程中造成双发失效，从而影响飞行安全），FAA 以及飞机厂商都建议，不要同时对两台发动机进行类似或相同的维护工作。这样就要求航空公司做好发动机维修计划，避免返场维修时（定检），对双发的关键系统做相同或类似的工作。这一原则不仅适用于双发飞机，同样也适用于多发飞机的维护问题。

但在实际工作中这有可能是无法避免的，这时可采取如下措施：

（1）把工作人员分成两组，每组负责一台发动机的维护工作。维修工作完成之后，交换检查各自的工作，以确保没有差错。

（2）有针对性地制定维修后检查单，或做相应的功能检查。

（3）加强员工对发动机关键系统、部件的重要性认识。如若磁堵漏装了封严圈，则发动机工作时，就会漏滑油等。

（4）对于必须同时进行的工作，制定专门的工作程序，以确保工作不出漏洞。这可能包括更多的检查内容、专用的系列工装、工具等。

这一原则同样也适用于影响飞机 ETOPS 飞行的飞机其他系统。

三、跟踪影响 ETOPS 飞行的事件，提高可靠性

当对 ETOPS 飞行有影响的系统或部件出现问题后，应及时调查事件或故障的原因，分析引起故障的各种因素，排除人为因素或维护不当所引起的事件，看是否可通过改进维护措施来减少或避免故障再次发生。例如，可建立专门工作小组，以处理有关发动机空中停车以及飞机主要系统故障等问题。该小组的成员可包括航线工程师、系统工程师和相关机械人员。

四、严格实施厂家对 ETOPS 飞行的飞机各项规定

飞机或发动机厂家都规定有放飞前的 ETOPS 检查内容，对服务通告的实施情况要严格检查，确保关系到 ETOPS 的项目完整实施。建立完善的 ETOPS 维修技术档案，对员工进行有关 ETOPS 维护知识的培训。建立完善的管理机制，确保飞机零部件和构型满足 ETOPS 要求。

若把针对 ETOPS 飞机的维护要求用于其他飞机上，同样也会大大提高飞行的可靠性和安全性。

第四节　人为因素

随着航空工业的不断向前发展，新技术、新材料、新电子设备不断出现，使得飞机、发动机的可靠性水平在不断提高。通过对过去飞机事故的调查发现，由飞机、发动机本身的故障而导致的事故在不断下降，而由维修引发的事故比例却在逐步上升。波音公司的数据表明，飞机事故中有 15% 与维修差错有关。通过对 20 世纪 60 年代以后所发生的航空事故的统计表明，与人为因素有关的事故所占的比例已从原来的 20% 升高到了 80%。因此，维修差错不但影响飞行安全，而且也会给航空公司带来一定的经济影响。因为不管是航班取消、延误还是返航、备降等，都要花费航空公司一大笔钱。据说在美国，每年由于维修差错给航空公司带来的损失高达十几亿美元。

因此，人们越来越清楚地认识到，人为因素是航空事故中的一个重要环节。在航空工业中，起初人们把人为因素的着重点放在驾驶舱内的机组人员身上，因为大多数飞行事故都与机组人员的人为差错有关。但后来随着对不同飞机事故的调查、研究发现，在飞机的设计和维护过程中同样也存在着由人为因素而引起的安全隐患。尤其是 1988 年美国 ALOHA 航空公司的波音 737-200 飞机发生事故之后，美国国家交通安全委员会调查发现，事故的原因中许多方面都与人为因素有关。

人为因素中的人包括机组人员、空管人员、遣派人员、维修人员等与飞机使用、控制和维修有关的人员。人在工作过程中总会有出错的时候，也有疏忽的可能，而这些纰漏就有可能对飞机的运行造成安全隐患。现代飞机、发动机在设计时就考虑了人为因素，以尽可能避免维护时可能出现的人为差错。比如航线可更换组件一般都有防止装错的措施，如在同一处的电插头都带有不同的键和键槽或线束长短不同，以防插错位置；在同一处的管件，为防装错，管件接口尺寸不同；为了防止部件装反，采用不对称的螺栓孔等等。但人为错误又与工作环境、管理情况、监督情况、工作人员自身的素质（体力、文化程度、情绪、熟练程度、工作习惯等）、工作人员的受训情况、工作时间限制、对出现工作失误/差错人员的处理方式等因素有关。因此，在维护工作中，要想减少人为差错，应该从多方面入手。

那么，在飞机维修过程中，维修人员容易出哪些差错呢？国外某航空公司对维修质量缺陷的分析表明，在飞机维修过程中，维修人员容易出的错误或疏忽主要有：

（1）遗漏（漏装部件、漏做某些步骤等，如加滑油后忘了盖油箱盖或油箱盖没盖好、磁堵拆下后忘了装回等）占 56%。国外某航空公司曾经出现过发动机磁堵检查后未装回就放飞的事故。我国的某航空公司曾经出现过放飞前忘摘飞机空速管保护套等事故。

（2）装配错误占30%。这包括装配工序或程序不对，没按照标准施工来操作，不使用标准的工具，或设备、工具校准不合适等。

（3）用错了部件占8%。

（4）其他原因占6%。

从中可看出遗漏是造成维修质量缺陷的主要问题，也就是说维修人员最容易出的错误是遗漏。通过对组装过程和分解过程进行比较，还发现问题更容易出现在组装过程。经常出现的一些遗漏有：

（1）维修之后，未解除部件的锁定或销钉未拆就放飞。如在飞机、发动机维修过程中，有时需安装校装销、安全销等，而完成工作后，忘了拆；有时还会出现把工具遗漏在飞机上等。装 V2500 发动机的空客 320 系列飞机，曾出现过多起飞机起飞过程中风扇整流罩被吹掉的事故。调查发现，事故的原因是维护人员没有锁紧或忘了锁紧整流罩的锁扣。

（2）油滤/通气口的帽盖未拧紧或拆下后未装回。

（3）某些部件未拧紧或仍处于断开或松动位置。

（4）漏装垫片或多装垫片。

（5）工具、备用紧固件等未拆掉或未回收。

（6）紧固件未拧紧或力矩拧紧的顺序不对，或未拧到规定的值。

（7）拆掉的面板未装回等。

人们为什么会出这些差错或疏忽呢？从维修角度来看，我们应注意哪些问题呢？

（1）维修人员不严格遵守维修手册中规定的具体步骤，而是凭记忆或想当然想怎样做就怎样做。尤其是在做一些简单的维护工作或从事某项工作的时间长久以后，就更易出现这类问题。我们知道不管是飞机厂家，还是发动机厂家，他们都会针对飞机、发动机使用过程中出现的问题，定期对维护手册进行修订或下发服务通告等技术文件。因此，维修人员应及时了解这些变化，而不应单凭记忆来进行维修工作。另外，不同厂家对标准施工的要求也不一定一样，有时尽管零部件看上去类似，但有可能其拆装步骤不同或所用工具不同。为了防止这类错误的出现，一方面要加强对维修人员在遵守维修规定方面的培训，另一方面应制定严格、详细、清楚的工作单。

（2）分神。指工作中注意力不集中或受周围其他因素干扰，而漏忘一些该做的事或步骤。尤其是一些工序较长的维修工作或有中间休息时，更容易出现此类的问题。针对这类错误，在维修过程中，应加强工作程序管理，这包括开始、工作进行过程和结束程序的全程管理。例如，在工作的每一阶段都应标记出未完成的项目，在进行下一阶段工作之前（如中间休息后开始工作时），应先回过头来检查一下已经做过的项目，再进行下一步；当完成某项工序后，应加强检查，包括维修人员自己检查和他人的重复检查。另外，检查单应详细、合理，以确保检查的有效性。

（3）人手不够，即所配备的人员不够或所配备的人员中能熟练地完成任务的人员不够，新手太多。

（4）疲劳，这包括体力劳累或大脑疲劳。一方面是维修人员自身的问题，另一方面则需管理部门合理安排工作时间和换班制度，并随季节调整作息时间。尤其是好多维修工作都是夜间进行，而经常上夜班的人员一般都会有睡眠问题。睡眠不好，就容易疲劳。长时间不睡，也会降低人的工作效率。有研究表明，睡眠缺乏对人在工作时的影响和喝酒对人的影响是类似的。在换班制度安排上，现在越来越多的公司都采用了 12 小时工作制，而不是 8 小时工作。相对于 8 小时换班制，采用 12 小时换班有以下好处：每班能完成更多的工作、减少了换班次数，工作人员能有更多的休息时间。

另外，作为维修人员，当发现自己处于精力/体力的低潮时，应及时让他人详细检查自己所做过的工作。

（5）维修人员的思想情绪，即维修人员对某些问题不满或持不同的看法。不愿意干所做的工作或嫌待遇不好等，这些影响人的士气的因素都会影响人的行为。对维护工作监管得过于严格，也会影响工作人员情绪。

（6）缺少必要的培训。当引进新机型或新维修程序后，应加强对维修人员的培训，应让每个人都熟悉和掌握新内容、新步骤，并为维修人员提供最新的维修手册。另外，为了增强维修人员的技能和技术水平，应定期对维修人员进行技术、技能培训。另外，还应开展人为因素培训，教给他们可实际操作的避免人为错差的方法。这种培训应该对涉及维护工作的所有人员实施，包括做维修工作的人员、技术人员、管理人员、质控人员和零部件管理人员。

（7）赶时间。为了让飞机尽快投入运营，航空公司总是想压缩飞机停场时间，使得维护人员总面对时间压力。当维修人员为了尽早完成任务而赶时间时，就要"走捷径"，以使飞机尽快投入运营，这种情境下维护人员容易出错或伤害自己。当对某系统做了工作后，维护手册一般都规定有事后检查内容，如功能测试、重复检查等，以便能及时发现问题。但由于时间紧，这时最有可能出现检查不充分或不检查就把飞机放走这类事件，从而导致维护错差没能及时被发现。

（8）工具。包括两个方面，一是工具缺乏或所用的工具不标准，或维修人员使用了不当的工具；另一方面是工具管理混乱。对于航空公司来说，出于经济考虑，可能会出现工具不全或所使用的工具质量不好等问题。工具缺乏就相当于给了维修人员违规的机会，容易出现使用其他不合适工具的情况。这样做的结果就是达不到相应的工艺要求或装配标准。使用的工具不当还会对部件造成损伤或达不到维修手册所规定的标准。尤其是一些专用或特殊工具，对于不同的飞机和发动机，厂家都有一些自己的规定，有时单从工具的外观不易看出其差别，这就更应注意专用工具的专用。而工具管理混乱，一方面容易造成工具丢失（遗漏在飞机内或发动机内）而引起一些意外的事故；另一方面，工具使用时间长了，也会有一定的损伤，从而影响其使用后的效果。

备件缺乏也是个问题。有时由于缺乏备件，可能会出现延长该换零部件的使用时间，或从其他飞机拆件而装到另一架飞机上。这也给事故埋下了可能性。

（9）工作环境。环境温度太高或太低都会影响维修人员的行为和工作效率，也容易使维修人员"走捷径"。光线不好，也会影响工作。

（10）缺乏相互协作或沟通。当多数人一起共同完成某项任务时，大家之间相互合